CMP BOOKS

机工IT

计算机前沿技术丛书

图解版

Apache
RocketMQ

进 阶 之 路

林俊杰　著

U0240402

机械工业出版社

CHINA MACHINE PRESS

本书以 Apache RocketMQ 4.9.5（编写本书时最新的 4.x 版本）为基础，从 Apache RocketMQ 的实际使用、原理剖析，大规模消息集群下企业级落地的实践以及所面临的挑战，逐一由浅入深地进行讲解。

全书分 3 篇，共 16 章。基础篇包含第 1~4 章，主要讲解 Apache RocketMQ 入门以及如何掌握 Apache RocketMQ 的基础使用。原理篇包含第 5~12 章，主要讲解了消费原理、负载均衡原理、顺序消息原理等核心的 RocketMQ 部分。进阶篇包含第 13~16 章，主要讲解消息幂等、双活设计等进阶为架构师必须掌握的内容。讲解过程中抛弃了传统的源码解析这种较枯燥的手段，而是更多地利用以下方式帮助读者更快、更轻松地接受 Apache RocketMQ 的原理：通过近百张原创的手绘图，形象地描述 Apache RocketMQ 的运作过程、原理；通过与 Kafka、RabbitMQ 等成熟的消息中间件产品做对比的方式，有助于读者对相关知识触类旁通，举一反三；每章都有思考题，以便于读者总结思考所学内容，进行灵活运用。随书附赠示意代码，获取方式见封底。

本书适合对 Apache RocketMQ 感兴趣的读者阅读。本书的内容能帮助读者快速地从入门到精通，并借助书中所总结的实践经验，在工作中更好地设计出高并发、高可用的后台系统，支撑互联网业务的高速发展。

图书在版编目（CIP）数据

Apache RocketMQ 进阶之路 / 林俊杰著. -- 北京：机械工业出版社，2024.10. --（计算机前沿技术丛书）.
ISBN 978-7-111-76655-1

Ⅰ. TP316. 4

中国国家版本馆 CIP 数据核字第 2024NE5067 号

机械工业出版社（北京市百万庄大街 22 号　邮政编码 100037）
策划编辑：李晓波　　　　　责任编辑：李晓波　杨　源
责任校对：郑　婕　李　杉　责任印制：常天培
固安县铭成印刷有限公司印刷
2024 年 11 月第 1 版第 1 次印刷
184mm×240mm·21 印张·425 千字
标准书号：ISBN 978-7-111-76655-1
定价：119.00 元

电话服务　　　　　　　　　网络服务
客服电话：010-88361066　　机　工　官　网：www.cmpbook.com
　　　　　010-88379833　　机　工　官　博：weibo.com/cmp1952
　　　　　010-68326294　　金　书　网：www.golden-book.com
封底无防伪标均为盗版　机工教育服务网：www.cmpedu.com

前　言

PREFACE

为什么写这本书

随着移动互联网的充分发展，各种新技术层出不穷，只有优秀的技术才能经得起行业的考验。而消息中间件是后台技术栈中绕不开的一个技术组件，其是应对海量用户、高并发、高可靠的架构挑战的超级利器。Apache RocketMQ 正是这样一款足够优秀的消息中间件产品。Apache RocketMQ 脱胎于阿里巴巴的"双十一"，经过多年"双十一"洪峰流量的考验，其性能、稳定性已经得到证明，而后广泛应用于多个大型的互联网公司，如滴滴、微众银行等，已经成为国内最优秀、最受欢迎的消息中间件之一。

经过多年的发展，介绍 RocketMQ 的书籍、文章已不少。读者可以借助这些优秀的书籍、文章去学习 RocketMQ 的使用，去了解源码的实现。然而一些书籍或者博客文章大多基于源码解读的方式展开，这种方式对于深入学习确实很有益处，但是学习难度较大且较为枯燥，使初学者产生畏难情绪。

笔者于 2016 年因公司项目需要，开始学习并使用 Apache RocketMQ，之后有幸认识了社区中多位优秀的贡献者，从而也成为 Apache RocketMQ 的贡献者之一。之后在知乎、博客等平台撰写了多篇介绍 RocketMQ 原理的文章，因文章的风格深入浅出、图文并茂，得到 Apache RocketMQ 作者的赞赏。本着希望优秀的 Apache RocketMQ 的原理能被更多人认识与学习，遂产生了系统地撰写一本介绍 Apache RocketMQ 原理的书籍的想法。之后有幸结识到机械工业出版社的编辑，在他们的帮助和鼓励下，历时两年完成了本书的撰写。

本书的亮点

本书的宗旨是让读者能轻松掌握 Apache RocketMQ 的原理、最佳实践，所以放弃了贴源码、贴示意代码的传统方式。而是大量采取图表说明的方式进行展开。希望通过这种方式能帮助读者利用地铁上、睡觉前等碎片时间轻松理解 Apache RocketMQ 的原理并掌握其优秀的实践。

同时，本书的结构采取由浅入深的方式。全书分基础篇、原理篇、进阶篇。基础篇讲解 Apache RocketMQ 的基础使用及一些最佳实践的总结。原理篇按模块点深入讲解 Apache RocketMQ 的核心设计，是 Apache RocketMQ 设计中最精华的部分，通过此部分的学习，读者将深入掌握别人需要阅读源码才能掌握的优秀设计。进阶篇则是笔者在多年大型互联网项目的实践中遇到的一些高级话题、难题，能帮助不少开发人员成为优秀架构师。

在内容上，本书采取类比讲解的方式去展开一些知识点。例如讲解顺序消息的章节同时也会介绍 Kafka 的实现、在讲解事务消息的章节也会介绍分布式事务的通用解决方案，通过这种方式很容易引导读者思考和联想，使得知识的掌握更为轻松。

类似课堂的学习一样，每一章的结束都会留一道或数道思考题，以便进一步加深对知识的掌握与理解。

读者对象

希望学习 Apache RocketMQ 的人员。

已经有 Apache RocketMQ 的使用经验，希望能进一步了解其原理、掌握最佳实践的人员。

从事消息中间件或者分布式系统研发的开发人员。

企业消息中间件的维护、运维人员。

Apache RocketMQ 社区贡献者。

如何阅读本书

本书内容虽然已深入到 Apache RocketMQ 的核心原理部分，但是内容的展开会采取循序渐进的方式进行。本书分三大部分。

第 1 部分是基础篇，包含第 1~4 章，主要讲解 Apache RocketMQ 入门及其基础使用。

第 2 部分是原理篇，包含第 5~12 章，主要讲解如消费原理、负载均衡原理、顺序消息原理等核心的 RocketMQ 部分。

第 3 部分是进阶篇，包含第 13～16 章，主要讲解如消息幂等、双活设计等进阶为架构师必须掌握的内容。

对于大部分读者，均可以按顺序阅读本书。而对于对 RocketMQ 已经有一定了解的研发人员，可以跳过基础篇的部分从原理篇开始阅读。同时，读者也可以对感兴趣的话题在进阶篇及原理篇中寻找对应的章节进行阅读。

勘误与支持

由于笔者水平有限，编撰仓促，书中难免会出现错误，恳请读者的批评、指正。若您有更多宝贵的建议或者意见，也欢迎发送邮件到 linjunjie@ apache.org。笔者期待和您交流更多关于 Apache RocketMQ、消息中间件、系统设计的话题。

致　谢

首先感谢这些年来笔者公司的同事及领导。通过和他们的交流以及给予的指导，笔者才能有幸深入地了解 Apache RocketMQ 中优秀的设计原理，同时有机会参与到高并发、高可用的项目设计中。

其次感谢 Apache RocketMQ 社区的维护者，正因为他们的努力，一款如此优秀的开源软件才能让更多的人了解、使用。

最后，笔者要诚挚感谢机械工业出版社的编辑及其他工作人员，有了大家的幕后努力及默默贡献，本书才得以顺利出版。

目录 CONTENTS

前　言

基　础　篇

原　理　篇

第5章 RocketMQ 消费原理 / 88
CHAPTER.5

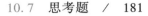

进 阶 篇

第13章
CHAPTER.13

大型系统中实现消息
幂等 / 240

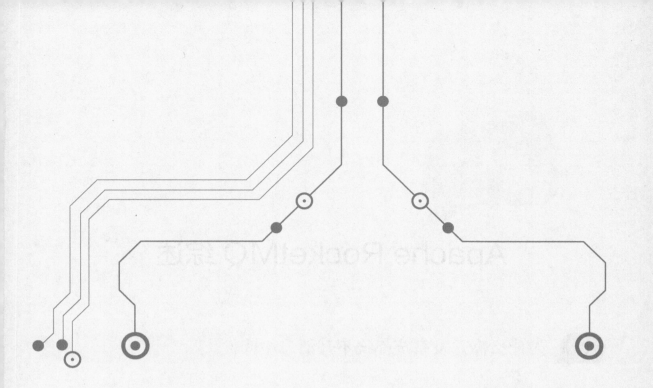

基 础 篇

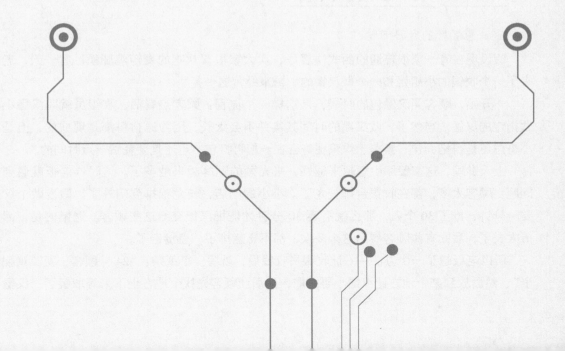

Apache RocketMQ 综述

1.1 为什么高并发系统都绕不开消息中间件

为什么需要消息中间件？为什么大型的互联网系统都绕不开消息中间件？

相信过往的经历里（如架构选型、技术面试等），你或多或少思考过这个问题。其中的答案对于部分读者而言更是信手拈来：如削峰填谷、解耦、最终一致性等。

但是你是否想过，为什么解决互联网场景问题必须要有这些特性？又为什么非得用消息中间件来实现这些特性？下面的例子可以帮助你找到以上问题的答案。

▶▶ 1.1.1 初识互联网的架构

1. 一家餐厅的发展历程

假设现在有一家很普通的西式快餐厅，卖大家很喜欢吃的麦辣鸡腿堡。有一天，老板请来了一个收银的小姐姐和一个做汉堡的小哥来经营这个餐厅。

一开始，顾客买汉堡包的时候，是这样一个流程：顾客点餐后，收银员就叫汉堡小哥去做指定的汉堡。当然了，做汉堡的时间其实并不会太长，因为原材料都是现成的，但是汉堡小哥总还是得把面包、素菜、炸鸡腿等合在一起再打包，也还是要耗费一点时间的。

上天眷顾，这家餐厅生意越来越好，来光顾的顾客越来越多了。这时候老板就遇到一个问题：顾客太多，都在收银台排长龙了。小小的门店，长龙都排到门外了。假设做个汉堡需要一分钟，排了 30 个人，那么就需要 30 分钟才能把汉堡交给这些顾客。遗憾的是，因为队伍太长了，后面有些顾客看到这么多人，都不愿意排了，直接走了。

所以老板想了一个办法——让收银员收钱后，就写一个纸条："24 号顾客，麦辣鸡腿堡一个"，然后放到某个地方让汉堡小哥去取，然后让顾客先找个地方坐下来等取餐了。汉堡小哥等忙完了就取一个纸条，做对应的汉堡，然后送给顾客。这个方法的确好使，长龙的问题终于有了很好的解决方法，毕竟收个钱花不了多少时间。

生意越做越好，业务自然也就越来越多。老板除了卖汉堡之外，又开始打算卖炸薯条和比萨了。但是这个事情不可能都由汉堡小哥去做呀，人家也不愿意啊，毕竟只拿一份工资要做三份工作？另一方面，培训成本等也是问题。所以老板又去请来了薯条小哥和比萨师傅做对应的食品。

这时候轮到收银小姐姐头痛了。因为卖的东西品种越来越多，一个顾客可能同时买汉堡、薯条和比萨，另一个顾客可能只买汉堡。针对前一种情况，这位小姐姐就需要写三张纸条，递到汉堡区、薯条区和比萨区，她做的事情也越来越多了。

随着老板的业务越来越多，还做起了雪糕、粥、咖啡等生意。这位小姐姐终于不堪重负，离职了。

老板想了想，他打算搞一套订单系统，在厨房挂着一个大屏，里面显示所有下单的数据，包含哪个客户要吃什么食物。这样老板新招聘来的小姐姐只需要把客户下的订单录入系统，然后靠屏幕显示给厨房的各个厨师即可。于是，老板拿出自己的"祖传"编程技术，编写一套下单系统，并购买了几个屏幕。老板把系统部署后，就把屏幕挂在不同的工作间里（汉堡区、雪糕区等）。让不同的厨师看着自己工作区的屏幕来工作。

之后，门店运作非常顺畅，生意也做得越来越好。但是头痛的是，系统做得不好，业务太多的时候就时不时出现宕机的状况，而最惨的是宕机重启后，还没取餐的订单数据都不再显示了，导致客户投诉很严重。老板最后不得不花钱去找一个专业的公司采购了一套带云存储的系统。

2. 餐厅演进类比互联网架构演进

以上这个故事虽然是虚构的，但实际上和互联网产品的发展阶段十分类似，以下一一对应进行说明。

1）一开始只经营单一业务，收银员下单后需要直接通知汉堡小哥。对应着的就是初始版本的系统逻辑通常比较简单，系统使用点对点的同步调用。

2）生意越来越好，导致长龙排到门口，新来的客户都不愿意进店了。对应的是业务带来的流量越来越多，耗时导致同步调用达到并发的极限，最后无法支撑更多的请求。

3）通过写纸条的方式加速收银的速度。对应的就是把同步请求异步化，增加自身系统的吞吐量。

4）老板除了卖汉堡之外，还卖起了薯条、雪糕、比萨等，导致收银小姐姐工作难度上升而离职。对应的则是互联网业务逻辑越来越复杂，系统要对接太多外部系统而导致维护、开发成本太复杂，程序员离职。

5）老板自己写了一个订单系统，采取屏幕显示的方式降低了收银小姐姐的工作难度。对应的就是采取消息的模式，做系统的解耦。

6）老板自己写的系统在业务量大的时候出现宕机。对应的则是消息系统不堪重负，自身支撑不住高并发。

7）老板的系统宕机后，出现未取餐数据丢失的情况。对应的则是消息系统没有高可靠保证，导致消息有丢失的可能。

8）老板购买了一套专业的系统，解决宕机和重启后数据丢失的问题。对应的则是架构师通过合理的技术选型，选择了一套高性能、高可靠的消息中间件。

相信通过这样一个小小的故事，你已经了解到消息中间件在其中存在的价值是什么了。最后回到一开始"为什么大型的互联网系统都绕不开消息中间件？"这个问题的答案上，展开削峰填谷、解耦、最终一致性这三点进行独立解读。

▶▶ 1.1.2　大型互联网系统遇到的共性挑战

1. 削峰填谷

这里所谓的削峰填谷，其实本质就在于业务系统的处理能力超过了业务的生产速率，就像这家餐厅一样，客户来的速度总是比厨师烹饪一个食物的时间要快得多。所以需要把厨师的工作给异步化。这听起来挺简单的，但实际上是要求这个中间的消息系统具备抗流量的能力，也就是说，消息系统的速度本身应该是支持超高并发的。否则，就像老板自己写的订单系统一样，在流量大的时候就宕机了。

2. 解耦

所谓解耦，就是当 A 系统本来需要和 B、C、D 多个系统交互的状态中解放出来。转向 A 系统和消息系统交互，消息系统自己保证把消息投递给 B、C、D 多个系统交互。这样 A 终于不需要和 B、C、D 进行对接口协议了，也不需要应付接口变更、服务不稳定等问题了。同时，这也为 A、B、C、D 系统本身异构化提供了支持，也就是说，此时此刻 A 系统可以使用 Java 编写，B 系统完全可以使用 Go 语言编写，非常方便。

3. 最终一致性

所谓最终一致性，类似于前文所举的餐厅下单的例子。餐厅并不会保证一手收钱一手交货，而是先收了你的钱，再通过异步的方式保证餐食能就绪，让你去取。

类比在分布式架构中就是，A 系统的事务需要和 B 系统的事务保持一致。互联网系统通常不使用分布式事务的方式去让两者强一致，因为这往往意味着低并发（想想餐厅一开始排长龙的例子）。而是采取消息投递的方式，让 B 系统的事务能最终完成。

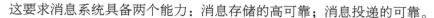
这要求消息系统具备两个能力：消息存储的高可靠；消息投递的可靠。

所谓消息存储的高可靠意味着消息系统重启不会丢失消息，甚至消息系统一个节点的磁盘损坏了也不丢失消息。所谓消息投递的可靠，意味着消费者在消息明确消费完成之前，消息系统都不应该标记这个消息是已投递状态或者删除消息。

4. 消息中间件如何应对三大挑战

以上三点，在大型互联网业务的情况下，至少会占其一，有时甚至三者全占。所以消息系统就成为解决这些问题的一个最佳实践了。可能读者注意到前文一直使用"消息系统"这个词，而不是用"消息中间件"。因为理论上餐厅的管理者也可以像这个老板一样自己研发一套消息系统去解决类似的问题。但事实上，要想处理好这三点非常不容易。

消息中间件就是这类问题通用解决方案的产物。不同的消息中间件会有不同的实现原理，而大体上都会有类似的特性，并且在某个特性上通常有自己闪光的表现。这就是为什么大型互联网业务架构下，都绕不开消息中间件的原因——互联网系统需要用一个消息系统去解决削峰填谷、解耦、最终一致性的问题，而消息中间件就是这个消息系统最佳实践的落地产物。

作为互联网的架构师或者技术专家，往往都是需要选择一款合适业务场景的消息中间件的。如果没有合适的，自己研发一套消息系统或者基于开源的消息中间件做定制，也是一个选择。

▶▶ 1.1.3 为什么要选择 Apache RocketMQ

既然要做选型，就要了解对应技术对象的重要特性和表现。相信到这里，读者已经知道了大型互联网系统能从消息中间件中获取最重要的三项收益，那么接下来将看看如果将这三个任务交由 Apche RocketMQ 来完成的话，它的表现如何。

1. RocketMQ 处理削峰填谷的表现

一个消息中间件要能做到削峰填谷，需要对其性能有很高的要求，因为它需要自身撑得住洪峰的流量。否则，如果它的性能和业务应用的性能表现差不多的话，开发人员何必引入中间件？RocketMQ 在性能上有很好的表现，按照公开的压测数据，RocketMQ 能拥有媲美 Kafka 的性能发送表现，并且在大量分区的场景下性能远超 Kafka。除了性能之外，削峰填谷还要求消息中间件有很好的堆积能力，因为生产端的速率可能远超消费端，如果消息持续地大量生产，就有大量消息堆积的情况发生。RocketMQ 的消息堆积能力是无上限的，理论上其堆积的能力就是其磁盘可用的大小，且在消息大量堆积的场景中，在性能上维持很好的表现。

2. RocketMQ 如何实现解耦

RocketMQ 使用的是 Topic+ 订阅的模式作为其消息模型，所以消息是支持同时分发到不同的消费者组的，这个模型对于消息解耦来说异常重要。它使得生产者可以完全不关心有谁在订阅消息，也不关心消费者有几个、是否在线等，只需要关注消息生产即可。剩下的工作均由 RocketMQ 解决。同时 RocketMQ 还支持广播模式，对于需要把消息投递到所有实例的场景，RocketMQ 也能很好地支持。

3. RocketMQ 的最终一致性

实际上，利用消息系统做最终一致性需要消息系统很多方面的努力。从特性上，RocketMQ 支持消息高可靠，消息的可靠投递，甚至还支持事务性消息，这使得 RocketMQ 可以成为互联网场景下做最终一致性的"屠龙宝刀"。

从以上三点上看，RocketMQ 对于这三大任务的完成度都很高，是互联网高并发场景下的"神器"。

4. 常见消息中间件特性对比

为方便大家做选项参考，表 1-1 从特性、性能、运维的角度对比了主流消息中间件，供读者参考。因本书主要讲解 Apache RocketMQ 的核心内容，这里不具体展开。

表 1-1　常见消息中间件特性对比

分　类	特　性　点	RabbitMQ	Kafka	Pulsar	RocketMQ
特性	消费模式	push	pull	push	pull
	延迟消息	√	×	√	√
	死信队列	√	×	√	√
	优先级队列	√	×	√	√
	消息回溯	×	√	√	√
	消息持久化	√	√	√	√
	消息确认机制	单条	Offset	Offset+单条	Offset
	消息顺序性	×	分区有序	流模式有序	分区有序
	消息查询	√	×	√	√
	消息可靠性	高	高	高	高
	事务消息	×	√	√	√
性能	单机性能	中	高	高	高
	消息延迟	微妙级	5ms	5ms	ms 级
	支持主题数	千	百	百万级	万级
运维	高可用	主从架构	分布式架构	分布式架构	主从架构
	管理后台	独立部署	独立部署	无	独立部署

1.2 了解 Apache RocketMQ

1.2.1 RocketMQ 简介

Apache RocketMQ 是一款 Apache 开源的、分布式的高性能消息中间件和流数据处理平台。RocketMQ 的前身是 MetaQ，当时是阿里巴巴内部的消息中间件。经过阿里巴巴"双十一"的长期磨炼，MetaQ 经受住了各种海量用户、高并发场景的考验。在这个过程中修炼成了很多内功，而这些内功实际上是可以应对不同业务场景需求的。在阿里巴巴内部经过 3 个版本迭代后，把 MetaQ 进化成了更为通用的 RocketMQ。到 2017 年，阿里巴巴决定把 RocketMQ 贡献给 Apache，并成功"毕业"，成为 Apache 顶级开源项目之一，并一直到现在。

因为其强大的特效、出色的性能表现，在国内有很多互联网企业纷纷基于 RocketMQ 搭建自身的技术架构。经过多年的实践，无论是千万 DAU 的大型互联网应用，还是业务复杂的金融应用，都取得了许多成功的实践经验。时至今日，Apache RocketMQ 已经发展成为国内首屈一指的消息中间件。

RocketMQ 在 GitHub 上的社区也非常活跃，现在已经有 19 万多的 star 和 10 万多的 fork，足以可见其社区的成熟度。目前，Apache RocketMQ 的最新版本是 5.1，是一个基于云原生时代的全新版本。值得注意的是，因为本书撰写时间的限制，所有的特性及原理更多是基于 4.x 的最新版本，也就是 4.9 的版本。4.x 的版本也是业界中使用最广泛，最为稳定的版本。

1.2.2 RocketMQ 发展史

纵观整个 Apache RocketMQ 的发展历史，最早可以追溯到 2007 年阿里巴巴内部的 Notify 项目。在经过了十年的发展，在 2017 年正式成为 Apache 顶级项目，也是国内首个互联网中间件在 Apache 上的顶级项目。

在经过接近 10 年的发展后，互联网场景下的消息应用已经被充分的实践，而这个过程中，RocketMQ 一直在经受国内互联网高速发展带来的挑战，已经被充分地验证过，这是一款非常可靠的消息中间件。

其发展的历程如图 1-1 所示。

为了支持阿里巴巴内部适应淘宝更为复杂的业务、更为海量的使用场景，阿里巴巴启动了第一代的消息队列服务研发，名称为 Notify，这款消息中间件也是阿里巴巴第一次在消息中间件领域的尝试，期间积累了很多国内互联网特有的使用场景的设计经验。

随着阿里巴巴业务的急速发展，消息量极大地上升，阿里巴巴急需一款对于消息堆积有

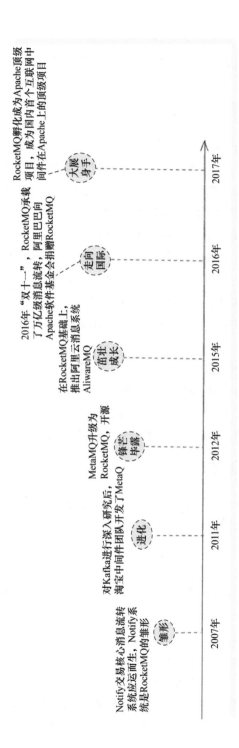

● 图1-1 Apache RocketMQ 发展历程

海量支撑能力的消息中间件。在这个背景下，阿里巴巴在充分研究过 Kafka 原理后，借鉴了其很多优秀的设计经验，设计出了 RocketMQ。自此 RocketMQ 正式诞生。

随着 RocketMQ 在阿里巴巴内部"双十一"的优异表现，越来越多的人开始研究并使用 RocketMQ。在开源三年后，RocketMQ 已经在国内小有名气，终于在 2016 年，阿里巴巴决定贡献给 Apache。在通过社区的一系列修改、评审及一些代码调整后，RocketMQ 以 4.0 版本的新面目正式进入 Apache 的孵化阶段，并于 2017 年成功"毕业"，成为 Apache 的顶级项目。这是国内首个互联网中间件在 Apache 的顶级项目，也是继 ActivveMQ、Kafka 后，Apache 消息中间件家族的一员"猛将"。

▶▶ 1.2.3　RocketMQ 在"双十一"的表现

作为最具有挑战的消息应用场景之一："双十一"，RocketMQ 的表现极为优异。公开的资料表示，RocketMQ 在 2016 年的"双十一"上已经支撑了超过 10000 亿的消息流转，其性能及稳定性让人瞩目，如图 1-2 所示。

现在的 RocketMQ，已经被国内众多互联网公司广泛地使用，除了阿里巴巴以外，RocketMQ 还在微众银行、OPPO、VIVO、小米、VIPKID、蚂蚁金服、滴滴等知名的互联网公司实践中，不断地证明自己是一个能适应各种场景的、可靠的、高性能的消息中间件。

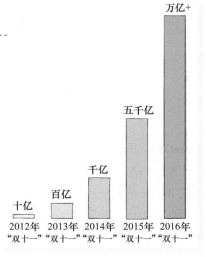

● 图 1-2　历年"双十一"Apache RocketMQ 处理的消息量

1.3　RocketMQ 核心概念与特性

接下来先从全局的角度看，RocketMQ 由哪些部分组成，并介绍其中的一些专有的概念、特性，以便为后面的学习打好基础。在介绍概念的同时，笔者也会尝试用最简单的语言概括其原理，这些原理在后面的章节中会深入展开，所以如果在阅读的过程中出现无法理解的情况，也不用担心，现阶段只需要有一个模糊的概念认知即可。

下面来一起了解这些核心概念和特性吧。

▶▶ 1.3.1　RocketMQ 组件

通常情况下，一个比较完整的 RocketMQ 可能会由图 1-3 所示的组件组成。

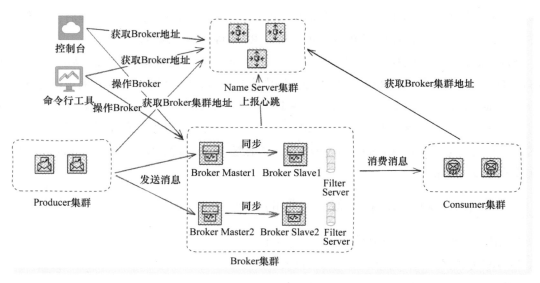

RocketMQ 的服务端由 Broker 和 Name Server 组成，其中 Broker 是消息存储的组件，Name Server 则是一个路由查询的组件，这两个组件都是支持集群部署的。在较老的版本中，开发人员还可以在 Broker 的同一台机器里部署一个 Filter Server 的组件。

而消息的生产者会集成到应用中，生产者也是支持集群部署的，故而应用在集群部署的同时，生产者就会形成一个集群。

同理，消息的消费者也会集成到应用中，消费者也是支持集群部署的，故而应用在集群部署的同时，消费者也会形成一个集群。需要注意的是，消费者集群会共同承接 Broker 下发的消息，如果是集群模式的话，这些消息会被均匀（是否完全均匀由负载均衡策略控制）地投递。而如果是广播模式的话，集群下的所有消费者实例都会收到同一份消息。

和生产者、消费者类似的客户端，在 RocketMQ 中还有控制台、命令行工具。

下面将介绍这几个组件。

1. Broker

Broker 是 RocketMQ 实际上处理消息存储、转发等功能的服务器。每个 Broker 都会单独存储消息以及与消息相关的索引文件。

Broker 可以集群部署，部署后以 group 划分逻辑单元。每个 group 只允许一个 master，每个 master 可以有多个 slave。而只有 master 才能进行消息的写入操作，slave 则不允许。

而 master 和 slave 都允许读取消息，默认情况不加以配置的话，所有消息读写的工作都会在 master 上执行；如果 master 挂了，slave 存在的话，读操作会自动交由 slave，使得消息的读取不会受到影响。

slave 会从 master 中同步消息文件。同步策略取决于 master 的配置，可以采用同步双写、异步复制两种。Broker 向所有的 NameServer 节点建立长连接，注册主题信息。

2. NameServer

NameServer 是 RocketMQ 的寻址服务，用于聚合 Broker 的路由信息。

在 RocketMQ 的交互流程中，所有类型的客户端都会和 NameServer 进行通信。通过和 NameServer 的通信，客户端会获取到对应主题的路由信息，从而知道这些主题对应的 Broker 地址，以便与 Broker 通信。

NameServer 也是集群部署的，但是每个 NameServer 实例都可以认为是一个无状态的节点。NameServer 之间采取 share-nothing 的设计，互不通信。所以单一 NameServer 节点存储的信息就是全量的 Broker 路由信息。

客户端连接 NameServer 的时候，只会在集群中随机连接一个，以做到分散 NameServer 单一节点压力的作用。

NameServer 所有状态都从 Broker 上报而来，本身不会持久化任何状态，所有数据均在内存中。

因为客户端通常都会缓存 NameServer 地址，所以如果中途所有 NameServer 都挂了，那么客户端将无法感知路由信息的更新，但不会影响和已知的 Broker 进行通信，即消息的收发依旧是正常的。

3. 生产者

生产者是 RocketMQ 的消息生产组件，属于客户端的一种。生产者会通过 NameServer 获取到自己准备发送的 Topic 路由信息，从而和对应的 Broker 节点通信来投递信息。

4. 消费者

消费者是 RocketMQ 消费消息的组件，属于客户端的一种。消费者需要指定自己订阅的 Topic，然后通过 NameServer 获取到全量的该 Topic 的队列信息，然后每个消费者的实例会通过一个叫作 Rebalance 的机制去分配这些队列的信息，使得消息能在不同消费者实例间做负载均衡。

5. 其他客户端

实际上，除了以上四个最基本的组件外，通常研发人员还会在生产上部署一个 RocketMQ Dashboard 控制台，以方便运维。事实上，这个控制台也是客户端的一种，它也是通过 NameServer 获取到 Broker 集群的地址，再通过某些运维命令获取到集群具体的一些信息或者更新 Broker 的数据（如创建主题）。

还有一种客户端就是直接在命令行敲的一些运维命令。实际上，当研发人员进行运维命令操作的时候，也是临时创建了一个客户端的过程。命令行工具会先和 NameServer 通信获取到对应的 Broker 地址，再根据 Broker 做对应的运维操作。当然，命令结束之后会关闭连接，所以这是一种临时的客户端。

6. Filter Server

Filter Server 是 RocketMQ 老的组件之一，可以认为是 Broker 的一个延展组件。Filter Server 只能运行于 Broker 所在的同一台机器上。

正常情况下，RocketMQ 提供了 Tag 的方式用作消息过滤，但是如果有复杂的过滤需求，可能不足以应付。这是 Filter Server 当初设计出来的原因，其存在的目的是为了解决当时 Tag 过滤不足以满足需求的场景，这时候用 Broker 的 CPU 资源换取网卡资源。

如果部署了 Filter Server，当拉取消息的时候，消息会先经过 Filter Server。Filter Server 靠上传的自定义 Class 做消息过滤，过滤消息后才推给消费者。当然，即便没有 Filter Server，开发人员也可以在客户端做对应的过滤工作。当初设计 Filter Server 的初衷是因为 RocketMQ 的瓶颈往往在网卡，而 CPU 资源却很闲。客户端做大量的过滤工作实际上是为了让无效的消息占用网卡资源。

使用 Java 类上传作为过滤表达式是一个双刃剑，一方面方便了应用的过滤操作且节省网卡资源，另一方面也带来了服务器端的安全风险（消费端上传的 Class 要保证过滤的代码足够安全）。

需要注意的是，现在 Filter Server 已经弃用，因为 RocketMQ 贡献给 Apache 后，提供了类 SQL92 表达式进行过滤的特性，一些复杂的过滤工作完全可以不使用 Filter Server 了。

以上为 RocketMQ 使用中的一些核心组件，下面介绍一些 RocketMQ 的专业术语。

▶▶ 1.3.2 术语

RocketMQ 有一些专业的术语，为了保证后续读者学习上没有理解障碍，下文先介绍一下最基本的术语及其含义和基本原理。如果你一时无法理解，也没关系，目前阶段仅需要了解其概念即可。

1. Producer Group

标识发送同一类消息的 Producer，通常发送逻辑一致。发送普通消息的时候，仅标识使用，并无特别用处。

若发送的是事务消息，则 Producer Group 用以表示发送事务消息的事务者标识。举个例子，如果发送某条事务消息的 producer-A 宕机，使得事务消息一直没有提交（commit）或者回滚（rollback），事务消息一直处于 PREPARED 状态并超时。这时候 Broker 会回查同一个 Producer Group 的其他实例，确认这条事务消息应该是 commit 还是 rollback。

2. Consumer Group

标识一类 Consumer 集合的名称。这类 Consumer 通常消费同一类型消息，且消费逻辑一致。同一个 Consumer Group 下的各个实例将共同消费 Topic 的消息，起到负载均衡的作用。

而消费进度会以 Consumer Group 为粒度去管理，不同 Consumer Group 之间消费进度彼此不受影响，即消息 A 被 Consumer Group 1 消费过，也可以再给 Consumer Group 2 消费。

注：RocketMQ 要求同一个 Consumer Group 的消费者必须要拥有相同的注册信息，即必须要听一样的 Topic（并且 Tag 也一样）。

3. Topic

消息主题。标识一类消息的逻辑名字，消息的逻辑管理单位。无论消息生产还是消费，都需要指定 Topic。

4. Tag

消息标签。RocketMQ 支持在发送的时候，给消息打上标签，同一个 Topic 的消息逻辑管理是一样的。但是消费某 Topic 消息的时候，如果订阅的是 Tag A，那么 Tag B 的消息将不会被投递。

5. Message Queue

Message Queue 简称 Queue 或 Q，是消息物理管理单位。一个 Topic 将有若干个 Q。若 Topic 同时创建在不同的 Broker 上，则不同的 Broker 上都有若干 Q 消息将物理地存储落在不同 Broker 节点上，具有水平扩展的能力。

无论是生产者还是消费者，实际的生产和消费都是针对 Q 级别的。例如 Producer 发送消息的时候，会预先选择（默认轮询）向该 Topic 下面的某一条 Q 的发送；Consumer 消费的时候也会负载均衡地分配若干个 Q，只拉取对应 Q 的上面的消息。

每一条 Message Queue 均对应一个 consumequeue 文件，这个文件存储了实际消息的索引信息，即使文件被删除，也能通过实际纯粹的消息文件（commitlog）恢复回来。

6. Offset

RocketMQ 中，有很多有关 Offset 的概念。但通常所代指的都是暴露到客户端的逻辑 Offset。所以一般不特指的话，Offset 就是指逻辑 Message Queue 下面的 Offset——逻辑 Offset。

可以认为一条逻辑的 Message Queue 是一个无限长的数组。每一条消息进来，数组下标就会加 1。这个数组的下标就是逻辑 Offset。数组的两端则是 Min Offset 和 Max Offset。

一条 Message Queue 中的 Max Offset 增加的话，表示进来了一条新消息。需要注意的是 Max Offset 并不是最新那条消息的 Offset，而是当前最新消息的 Offset+1。

而 Message Queue 的 Min Offset 则标识还能消费的最小 Offset。你可能会有疑问，如果 Message Queue 是数组，那么最小 Offset 不是应该都是 0 吗？的确，一开始 Min Offset 就是从 0 开始的，但是消息不可能无限量地存储，迟早会被清理掉。当消息被物理地从磁盘删除时，对应的 Message Queue 的 Min Offset 就会修改，也就对应着慢慢增大了。这意味着比 Min Offset 要小的那些消息已经不在 Broker 上了，无法被消费。

7. Consumer Offset

这是 RocketMQ 中一个非常重要的概念，用于标记 Consumer Group 在一条逻辑 Message Queue 上的消费进度。其背后语义是："如果想开始下一次消费，那么下一条消费的消息应该从这里开始"。即这个数值是目前最新消费的那条消息的 Offset+1 的值。

消费者拉取消息的时候必须要指定 Offset（RocketMQ 采用 Pull 模式投递消息，所以 Broker 不主动推送消息），Broker 接收到请求的时候，会搜索对应 Offset 的消息返回给消费者。当这个 Offset 的消息在成功消费后，会在内存里作标记，随后会定时持久化。

需要注意的是，Consumer Offset 的持久化在不同的消费模式下会有所不同，在集群消费模式下，这个持久化会到 Broker，而在广播模式下，会持久化到本地文件。

一旦消费者重启/扩容/缩容等需要判断从什么 offset 开始消费的时候，消费者会先获取持久化的 Consumer Offset，再发起消费请求。

以上就是 RocketMQ 最重要的一些术语，这些术语会贯穿本书的所有章节。介绍完术语之后，下文将介绍一下 RocketMQ 的特性，这些特性也会有一些专有名词需要读者提前了解。

▶▶ 1.3.3 RocketMQ 重要特性

RocketMQ 有很多优秀的特性，其中有些特性的实现可能和主流实现不太一样。下面介绍一些比较重要的特性。介绍特性的同时，笔者也会简单概括其实现原理，如果暂时无法理解，也没有关系，读者可以在后面的章节加深理解。

1. 集群消费

集群消费是消费者的一种消费模式。表现为一个 Consumer Group 中的各 Consumer 实例分摊去消费消息，即一条消息只会投递到一个 Consumer Group 下面的一个实例。而不同的 Consumer 则相互不受影响。

实际上，每个 Consumer 实例都在平均分摊 Message Queue 去做拉取消费。例如某个 Topic 有 3 条队列，其中一个 Consumer Group 有 3 个实例（可能是 3 个进程，或者 3 台机器），那么每个实例只消费其中的 1 条队列。

而由于 Producer 发送消息的时候是轮询所有的队列去分摊消息生产的压力的，所以消息会平均散落在不同的队列上，可以认为不同队列上的消息大体是平均的。那么消费者实例也就可以认为平均地消费消息了。

集群模式下，消费进度的存储会持久化到 Broker 的文件中。

2. 广播消费

广播消费是消费者的另一种消费模式。表现为消息将会对一个 Consumer Group 下的各 Consumer 实例都投递一遍。也就是说，即使这些 Consumer 属于同一个 Consumer Group，消息也会被 Consumer Group 中的每个 Consumer 都消费一次。另外，广播消费也支持多消费者组（Consumer Group）共同消费一样的主题，也就是说，不同的 Consumer Group 也都可以同时消费这个主题的消息。

实际上，RocketMQ 并没有广播消息这样的概念，而是通过修改负载均衡策略的方式实现广播——一个消费组下的每个消费者实例会共享某 Topic 下的 Message Queue 去拉取消费，所以消息会投递到每个消费者实例上。

这种模式下，消费进度会存储持久化到实例本地。

3. 事务消息

在多个事务需要保持最终一致的时候，通常会采取消息去作为保证的媒介。但是如何保证消息的发送和本地事务本身的成功一致，这是事务消息需要解决的问题。

在实现上，RocketMQ 在执行本地事务之前会发送一条半消息（half message），这条半消息发送成功后，才会让本地事务执行。本地事务执行完成后，会依赖其结果（提交或者回滚）去更新半消息的状态。如果是提交状态，那么 RocketMQ 才会把消息投递出去。

4. 定时消息

RocketMQ 支持消息的发送和消息的投递时间是分开的。即消息发送后虽然存储了，但是并不会立刻投递，而是在一定时间后才触发投递。

但是 RocketMQ 4.x 的版本暂不支持精确的定时投递，而是支持具有延迟的投递。默认情况下，RocketMQ 内置预设值的延迟时间间隔为：1s、5s、10s、30s、1min、2 min、3 min、4 min、5 min、6 min、7 min、8 min、9 min、10 min、20 min、30 min、1h、2h。当 Broker 发现消息有指定延迟级别时，它会把消息暂存在一个用户不可见的主题中，有单独的定时任务管理这些延迟消息，直到其发现达到可投递的时间，才恢复到用户原来指定的目标主题中进行投递。

5. 顺序消息

实际上在 RocketMQ 中并不存在顺序消息这一概念，但 RocketMQ 通过约束生产者和消费者的某些行为来达到类似顺序消息的能力。

首先，RocketMQ 要求消费消息的顺序要同发送消息的顺序一致，且这些消息需要投递到相同的队列。

由于 Consumer 消费消息的时候是针对 Message Queue 顺序拉取并开始消费的，且一条

Message Queue 只会给一个消费者（集群模式下），所以只要消息生产和消费顺序一致，那么就有能力保证同一个消费者实例对于队列上消息的消费是有序的。

达到顺序生产这个要求之后，还要求消费者消费有序。RocketMQ 提供了顺序消费的模式，可以保证同一个队列上的消息是串行消费的。在 RocketMQ 中，顺序消费主要指的是队列级别的局部顺序。

综上两点，对于生产者而言就要求 Producer 应该以单线程顺序发送该批次要求顺序的消息，且发送到同一个队列；而 Consumer 端，则要求启用顺序消费的模式（使用 MessageListenerOrderly 的回调）。

6. 普通顺序消息

普通顺序消息是顺序消息的一种，正常情况下可以保证完全的顺序消息。然而一旦发生异常，如 Broker 宕机或重启，由于队列总数发生变化，消费者会触发负载均衡。默认的负载均衡算法采取哈希取模平均，这样负载均衡分配到定位的队列会发生变化，使得队列可能分配到别的实例上，则会短暂地出现消息顺序不一致。

如果业务能容忍在集群异常情况（如某个 Broker 宕机或者重启）下，消息短暂的乱序，使用普通顺序的这种模式比较合适。

具体实现如上文介绍顺序消息时所示，只要生产者能保证顺序生产且投递到同一个队列，消费者采取顺序消费即可。

7. 严格顺序消息

严格顺序消息也是顺序消息的一种，即无论正常、异常情况，都能保证消息消费顺序。

从 RocketMQ 实现上，这会牺牲分布式 Failover 特性，即 Broker 集群中只要有一台机器不可用，则整个集群都不可用，服务可用性大大降低。

如果服务器部署为同步双写模式，此缺陷可通过 Slave 自动切换为主避免，不过仍然会存在几分钟的服务不可用。

实现上，RocketMQ 除了像普通顺序消息那样要求生产者顺序生产，消费者启用顺序消费外，还需要保证全局的队列数只有一条。换句话说，严格顺序消息只能让所有的消息消费变成完全串行。

1.4 RocketMQ 初体验

本节将快速体验一下 RocketMQ。学习如何安装、启动 RocketMQ 以及体验最基础的消息生产及消费。

▶▶ 1.4.1 安装 RocketMQ

虽然现在各大云厂商对 RocketMQ 都已经支持了，在云上使用只需要用鼠标单击购买链接，一整套 RocketMQ 的服务端就会初始化完成。但是无论是从学习还是从有些场景需要自建 RocketMQ 上来说，开发人员都需要从最原始的流程中开始，那就是下载和安装 RocketMQ。

而安装 RocketMQ 有两种方式，一种方式是用官方提供的 Binay 包进行直接安装。另外一种方式则是通过下载源码进行编译安装。

1. 通过安装包安装 RocketMQ

所有的安装包下载地址都可以在官网 https://rocketmq.apache.org/release-notes/ 中找到。以 4.9.5 为例，在 Linux 的服务器上，可以简单地通过以下命令进行下载安装。

```
# 通过链接下载二进制包
$wget https://dist.apache.org/repos/dist/release/rocketmq/4.9.5/rocketmq-all-4.9.5-bin-release.zip
# 解压缩
$unzip rocketmq-all-4.9.5-bin-release.zip

# 进入目录即可得到所有二进制包内容
$cd rocketmq-all-4.9.5-bin-release
```

2. 通过源码安装 RocketMQ

另一种方式是直接下载源码，然后编译得到二进制包。这要求开发人员需要先在机器上安装好 Maven 和 Git。这两个都是基本的开发工具，如何安装和使用这两个工具不在本书介绍范围内。

```
# 从 GitHub 上面拉取代码,注意这里默认的代码分支是最新的 master 分支
$git clone https://github.com/apache/rocketmq.git
$cd rocketmq
# maven 打包
$mvn -Prelease-all -DskipTests clean install -U
# 不同的分支、不同的时间,这里的 RocketMQ 版本可能不一样,请注意自己的版本
$cd distribution/target/rocketmq-4.9.5/rocketmq-4.9.5
```

以上两种方式最后的安装效果是一样的，作为开发人员，笔者更建议大家采取第二种方式。因为学习源码是深入了解 Apache RocketMQ 的必由之路。

▶▶ 1.4.2 启动 Name Server

前面介绍过，RocketMQ 的服务端由两个组件组成，一个是 Broker，另一个是 Name Server。而启动 Broker 之前，必须要有 Name Server，下面看看基于前面的安装包，如何启动一个 Name Server。

在安装包中，已经准备好了很多启动脚本，启动 Name Server 很简单，只需要以下一行代码：

```
### 在本机启动 Name Server
$nohup sh bin/mqnamesrv &
```

脚本执行后，日志会打印（输出）到 ~/logs/rocketmqlogs/namesrv.log 中。通过 tail-f 的命令去观察日志输出：

```
### 观察 Name Server 启动日志
$tail -f ~/logs/rocketmqlogs/namesrv.log
```

如果能看到下面这样的输出，证明启动成功了

```
The Name Server boot success...
```

注意，启动成功之后，Name Server 进程会在端口 9876 上进行监听。

▶▶ 1.4.3 启动 Broker

启动完 Name Server 之后，就可以启动 Broker 了。真实场景下 Broker 和 Name Server 可能是分离的，所以研发人员可能需要另外一台服务器去启动 Broker。不过当前阶段，初学者可以仅用一台机器去体验这个流程。

由于前面已经启动了一个 Name Server 的进程，端口是 9876。而启动 Broker 的时候，需要指定一个 Name Server 地址用于心跳上报，所以读者可以用以下的命名轻松启动一个 Broker 实例。

```
### 启动 Broker,Name Server 地址是本机的 9876 端口
$nohup sh bin/mqbroker -n localhost:9876 &
```

脚本执行后，日志会打印到 ~/logs/rocketmqlogs/broker.log 中。同样，读者可以用 tail -f 的命名去观察日志输出：

```
### 观察日志输出
$tail -f ~/logs/rocketmqlogs/broker.log
The broker[broker-a,192.169.1.2:10911] boot success...
```

以本机 ip 是 192.169.1.2 为例，由于默认情况下 Broker 的名称就是 broker-a，那么启动正常的情况下，读者应该能看到下面这样的日志：

```
The broker[broker-a,192.169.1.2:10911] boot success...
```

▶▶ 1.4.4 关闭 Broker 和 Name Server

有启动进程的脚本，自然就会配套关闭进程的脚本。在需要优雅关闭服务的时候会用到。这其中的命令也非常简单。

1. 关闭 Broker

```
$ sh bin/mqshutdown broker
The mqbroker(36695) is running...
Send shutdown request to mqbroker(36695) OK
```

2. 关闭 Name Server

```
$ sh bin/mqshutdown namesrv
The mqnamesrv(36664) is running...
Send shutdown request to mqnamesrv(36664) OK
```

▶▶ 1.4.5 验证收发消息

由于安装包中准备好了最基本的收发用例，其实初学者一行代码都不用写就可以马上体验到简单的收发消息的流程。要收发消息，首先需要发送一条消息，下面介绍如何快速验证发送消息。

1. 设置 Name Server 环境变量

首先，读者需要在系统变量中告诉收发消息的例子进程需要连接的 Name Server 地址在本机的 9876 端口。当然如果是通过一些公有云做测试，这里就需要改成公有云的公网域名。

```
$ export NAMESRV_ADDR=localhost:9876
```

2. 使用 demo 发送消息

然后就可以执行预设好的一些 demo 命令：

```
$ sh bin/tools.sh org.apache.rocketmq.example.quickstart.Producer
```

这时应该会看到类似以下的输出，即证明发送成功了。

```
SendResult [sendStatus=SEND_OK, msgId= ...
```

这里实际上是执行了二进制包中的一个 org.apache.rocketmq.example.quickstart.Producer 的示例代码。这里面的逻辑很简单，就是立刻创建一个生产者，然后发送消息，最后关闭生产者。这部分代码大家可以在对应的源码中找到。

3. 使用 demo 消费消息

有了消息后，读者可以启动一个消费者 demo 进程去消费这条消息。这样的 demo 进程同样已经预先准备好了，执行以下命令即可：

```
$ sh bin/tools.sh org.apache.rocketmq.example.quickstart.Consumer
```

之后，应该会看到类似下面这样的日志输出：

```
ConsumeMessageThread_1 Receive New Messages: [MessageExt...
```

这个 demo 进程实际上是启动了一个消费者，监听了前面生产者 demo 发送的消息主题，所以这里就能消费到前面发送的 demo 消息了。

1.5 本章小结

本章通过一个故事，帮助读者了解一个互联网架构的演进过程会遇到的各种挑战，以及消息中间件是如何发挥其作用的。大体上，消息中间件能帮助完成以下的任务：

1）削峰填谷。

2）解耦。

3）最终一致性。

随后，简单介绍了 RocketMQ 的发展历程，了解了其在阿里巴巴内部经过 10 年的发展，最终成功迈进顶级 Apache 项目的行列。介绍了 Apache RocketMQ 是由 Broker、Name Server 及客户端组成的，也介绍了一些核心的 RocketMQ 术语和核心特性，同时也对其背后的基本原理做了简单介绍。

最后，讲解了如何快速安装 RocketMQ 并体验了用 RocketMQ 收发消息的过程。

1.6 思考题

思考题一

一个消息中间件或者互联网后台系统要做好最终一致性，需要做许多工作。本章没有指出都有哪些工作。不知道读者是否了解消息中间件和应用程序的哪些环节是可能会因处理不当而导致事务无法最终一致性的？

思考题二

本章提到阿里巴巴当时随着淘宝的业务发展，急需一个具有堆积能力良好的消息中间件。那么，为什么在互联网场景下堆积能力是一个很重要的特性？

思考题三

要实现顺序消息，无论是消息生产还是消息消费，在实际使用上都有约束。在消息消费方面，本章提到了要用顺序消费的回调去消费消息，那么对于消息顺序生产，要怎样实现消息顺序投递到同一个队列？例如现在订单消息里有创建、支付、发货三个消息需要顺序执行，具体要怎样投递？

第2章

►►►►►►►

RocketMQ 消息生产

RocketMQ 的消息生产是开发者接触 RocketMQ 的第一个流程，流程本身不复杂，却能反映很多 RocketMQ 的优秀特性。

2.1 生产者概述

在消息中间件中，向消息中间件发送消息的一方被称为生产者，在 RocketMQ 中叫作 Producer。消息生产通常是很多业务逻辑中的一小部分，例如订单创建的过程可能会涉及订单数据库的存储、缓存的更新、一系列外部系统的接口调用，最后还会有一个消息的投递，所以生产者通常不是独立部署的一个服务，而是嵌入到服务本身。正常的一个服务只需要接入 RocketMQ 的 client SDK 接口即可轻松发送消息。

►► 2.1.1 生产者实例

发送消息需要新建一个生产者的实例。这个实例会管理和 Broker、Name Server 的连接，开发者只需要调用这个实例的接口，就可以完成一次或多次的消息发送。通常情况下，一个应用进程只需要一个生产者实例即可。这样可以大大减少连接数及资源管理的开销。

►► 2.1.2 生产者组

每次新建一个生产者实例的时候，是需要一个生产者组名。生产者组是一个逻辑概念，标记一批逻辑一致的生产者实例的标识，同一个生产者组可以发送不同主题的消息。除了标识之外，如果涉及事务消息，事务消息在发起消息回查的时候，会向发送消息的生产者组下的任意实例发起回查。

2.2 认识 RocketMQ 消息

发送消息的时候，开发人员需要新建一个消息，下面介绍 RocketMQ 的消息是由什么组成的，同时又有什么类型。

▶▶ 2.2.1 消息结构

Topic：主题。发生消息必须指定一个主题，即消息会往这个主题中发送。通常情况下，研发人员会用 RocketMQ Console 去创建主题，也可以用 RocketMQ Cli 创建。如果 Broker 开启了自动创建主题的设置，在发送消息的瞬间也会自动创建主题。

Body：消息体。消息的内容。消息体是发送消息时的必需项，其类型是消息数组。发送的时候特别需要注意其编码格式，例如通常情况下开发人员喜欢使用 JSON 格式进行编码，那么消息消费的时候也需要用 JSON 格式解码。

Properties：消息扩展属性。非必需项，用以传递一些不希望放到 Body 但是却希望跟着消息传达出去的元信息。RocketMQ 的很多特殊能力其实都是借助 Properties 实现的，例如 Tag、Key、延迟级别等。RocketMQ 还支持基于 Properties 做消息过滤。例如在 Properties 中设置了订单的支付日期，消费者是可以基于这个支付时间做过滤的，如只消费最近 24h 支付的订单消息。

Tag：标签，非必需项。实际上消息体中并没有标签的字段，其存储依赖于 Properties。标签主要用于给消费者订阅时做更细粒度的控制用，例如同样是订单的主题，消息里面打上了 create、close、pay 三类不同的标签，某个消费者如果订阅主题的时候指定了 create 标签，那么 Broker 就只会投递 create 标签的消息。需要注意的是，RocketMQ 在发送消息的时候只支持配置一个标签，但是订阅的时候是可以订阅多个标签的。

▶▶ 2.2.2 消息类型

RocketMQ 支持普通消息、批量消息、分区顺序消息、全局顺序消息、延迟消息和事务消息。

普通消息：普通消息是开发人员用得最多的消息。这些消息投递上并没有特殊的限制，可以并发地进入一个主题的不同队列，也可以并发地投递到消费者实例中。普通消息的生产性能极高，可以达到十万级别的 TPS，甚至可以直接打满一张千兆的网卡。

批量消息：准确地讲，批量消息不是一种消息类型，而是一种发送方式。RocketMQ 支持一批消息只调用一个接口就整体发送出去，这样能有效减少 IO 次数，提升发送消息吞吐量。

　　分区顺序消息：顺序消息的一种。实际上也属于普通消息，只是把需要顺序消费的消息按照一定规则发送到同一个队列中，那么这些消息都会落到同一台 Broker 的实例，这批消息生产的 TPS 就受限于该实例。

　　全局顺序消息：它是分区顺序消息的特殊情况，意思是某个主题全局只有一个队列，那么全局的生产 TPS 就受限于该 Broker 的性能。而且由于消费者是按照队列做负载均衡的，意味着全局也只有一个消费者实例能在该主题上进行消息消费。

　　延迟消息：消息发送的时候，指定一个延迟级别。每个延迟级别代表了延迟不同的时间，达到该时间后，消息才会投递到消费者进行消费。这是一个很实用的功能，因为很多时候都要做一些类似订单超时、短信定时发送之类的功能，如果没有延迟消息的特性，开发人员通常需要实现一套任务调度系统，才能完成类似的功能。

　　事务消息：它是 RocketMQ 一个非常强大的特性，需要使用特殊的事务生产者 API 才能发送此消息。RocketMQ 事务消息解决的问题是保证多个操作或者数据库的变更是同时成功的，消费者才会消费消息。借助 RocketMQ 事务消息，业务系统可以优雅地实现分布式事务落地。

2.3　消息发送实战

▶▶2.3.1　发送普通消息

发送普通消息是最常见的使用方式之一，接口也是最易用的。一个常见的 Demo 如下：

```java
public class SimpleProducer {
    public static void main(String[] args) throws Exception {
        // 初始化一个生产者实例,初始化时需要指定生产者组名
        DefaultMQProducer producer = new DefaultMQProducer("MyProducerGroup"); // 1)
        // 设置 Name Server 的地址
        producer.setNamesrvAddr("localhost:9876");  // 2)
        // 启动生产者实例
        producer.start();// 3)
        // 创建一个消息,参数依次为:主题、标签、消息 Body
        Message msg = new Message("TopicTest" /* Topic */,"TagA" /* Tag */,
            ("Hello RocketMQ " + i).getBytes(RemotingHelper.DEFAULT_CHARSET) /* Message
body */
            );  // 4)
        // 调用 Send 接口发送这条消息,发送结果会同步返回
        SendResult sendResult = producer.send(msg);  // 5)
        System.out.printf("%s%n", sendResult);
        //当不再使用这个生产者时关闭。实践场景通常是服务关闭的时候才需要关闭生产者
```

```
        producer.shutdown();
    }
}
```

发送普通消息需要以下 5 步。

1）创建一个生产者的实例。

2）为实例设置对应的 Name Server 地址。如果 Name Server 是集群的话，这里可以填写所有 Name Server 实例的地址。

3）启动生产者实例。

注：以上三个步骤通常是服务启动的时候在初始化动作里完成的。

4）创建一个消息。

5）调用接口发送消息。

▶▶ 2.3.2　发送批量消息

发送批量消息和发送普通消息几乎一样，只是发送的时候入参可以传入一个消息列表，以下是一个 Demo。

```java
public class SimpleBatchProducer {
    public static void main(String[] args) throws Exception {
        // 初始化一个生产者实例,初始化时需要指定生产者组名
        DefaultMQProducer producer = new DefaultMQProducer("MyProducerGroup"); // 1)
        // 设置 Name Server 的地址
        producer.setNamesrvAddr("localhost:9876");  // 2)
        // 启动生产者实例
        producer.start();// 3)

        //发送批量消息,要求这一批的所有消息都属于一个主题才行,消息的 waitStoreMsgOK 状态要一致,并且不能使用延迟特性
        String topic = "BatchTest";
        List<Message> messages = new ArrayList<>();
        messages.add(new Message(topic, "Tag", "OrderID001", "Hello world 0".getBytes()));
        messages.add(new Message(topic, "Tag", "OrderID002", "Hello world 1".getBytes()));
        messages.add(new Message(topic, "Tag", "OrderID003", "Hello world 2".getBytes()));
// 4)
        //调用批量 send 接口发送
        producer.send(messages); // 5)
        //当不再使用这个生产者时关闭
        producer.shutdown();
    }
}
```

发送批量消息也需要 5 步。

1）创建一个生产者的实例。

2）为实例设置对应的 Name Server 地址。如果 Name Server 是集群的话，这里可以填写所有 Name Server 实例的地址。

3）启动生产者实例。

注：以上三个步骤通常是服务启动的时候在初始化动作里完成的。

4）创建一批需要批量发送的消息实例。发送的时候要求这一批消息必须要一样的主题，且 waitStoreMsgOK 属性一致，不支持延迟特性。还有一个需要注意的点是，这一批消息加起来不能大于 1MB，如果大于，需要做分批。

5）调用接口发送消息。

▶▶ 2.3.3 发送顺序消息

顺序消息是一种很有用的特性。它解决这样一个问题：某类消息需要按照其发布的顺序来消费。例如创建订单和支付订单的场景下，如果发送普通消息，那么消费者的消费顺序是先消费了支付订单的消息，接着消费创建订单的消息。这样就有逻辑问题了。如果发送的是顺序消息，那么就可以保证消费者是先消费创建订单的消息，再消费支付订单的消息。

实际上，RocketMQ 在代码中并没有一个类型可以标记这个消息是顺序消息，而是从使用方式上入手。RocketMQ 存储上可以保证某个队列是 FIFO 的，所以只要保证消息能发送到同一个队列，就能保证消息是按顺序投递给消费者的。这时候，通常需要一个 shard 的规则去指定某个消息散列到指定的队列中。在订单的例子中，开发人员可以用订单号去散列，那么同一个订单号的消息肯定会散到同一个队列中。

RocketMQ 的 send 接口重载了一个带 MessageQueueSelector 参数的 send 接口，开发人员可以借助这个接口实现指定队列发送，以下是一个示意代码。

```java
public class OrderProducer {
    public static void main(String[] args) throws UnsupportedEncodingException {
        try {
            // 初始化一个生产者实例,初始化时需要指定生产者组名
            DefaultMQProducer producer = new DefaultMQProducer("OrderProducer");// 1)
            // 设置 Name Server 的地址
            producer.setNamesrvAddr("localhost:9876");  // 2)
            // 启动生产者实例
            producer.start();// 3)
            for (int i = 0; i < 100; i++) {
                int orderId = i % 10;
```

```
            Message msg =new Message("OrderTopic", "TagA", "KEY" + i,
                    ("Order Message " + i).getBytes(RemotingHelper.DEFAULT_
CHARSET)); // 4)
            SendResult sendResult = producer.send(msg, new MessageQueueSelector() {
// 5)
                @Override
                public MessageQueue select(List<MessageQueue> mqs, Message msg, Obj-
ect arg) {
                    Integer id = (Integer) arg;
                    int index = id % mqs.size();//按照订单ID对队列数量取余去散列队列
                    return mqs.get(index);
                }
            }, orderId);

            System.out.printf("%s%n", sendResult);
        }

        producer.shutdown();
    } catch (MQClientException | RemotingException | MQBrokerException | Interrupte-
dException e) {
        e.printStackTrace();
    }
    }
}
```

发送顺序消息也需要 5 步。

1）创建一个生产者的实例。

2）为实例设置对应的 Name Server 地址。如果 Name Server 是集群的话，这里可以填写所有 Name Server 实例的地址。

3）启动生产者实例。

注：以上三个步骤通常是服务启动的时候在初始化动作里完成的。

4）创建顺序发送的消息，这个消息和普通消息没有什么区别。

5）调用接口发送消息。这时候需要传入一个 MessageQueueSelector 的对象，这个对象要做的事情就是给某个消息选择一个队列。在以上的示意代码中，利用订单 ID 对队列数量取余处理来选择一个队列，那么具有同一个订单 ID 的消息肯定会得到同一个余数，故而发送到同一个队列中。

需要注意的是，发送顺序消息只能保证消息是顺序存储到队列中，并顺序投递给消费者。但是消费者因为本身是可以并发消费的，所以需要保证完整顺序消费逻辑，还需要对消费者做一定的调整，这会在后面章节讲解，在此先略过此问题。

▶▶ 2.3.4 发送延时消息

延时消息是 RocketMQ 的一个重要特性。有些时候，在系统发送消息之后并不希望下游系统马上能消费，而是希望到未来的某个时间才消费，例如系统在凌晨的时候出现一批用户，希望这批用户在早上 9 点的时候收到一个消息推送。那么凌晨的时候后台系统可能会发出一批消息，但是这个消息不希望马上被消费，而是在 9 点的时候才消费，从而实现定时推送。这时候就可以利用 RocketMQ 的延时消息。

RocketMQ 内置支持 18 个级别的延迟消息，具体如表 2-1 所示。

表 2-1 RocketMQ 内置延迟级别

延 迟 级 别	延 迟 时 间	延 迟 级 别	延 迟 时 间
1	1s	10	6min
2	5s	11	7min
3	10s	12	8min
4	30s	13	9min
5	1min	14	10min
6	2min	15	20min
7	3min	16	30min
8	4min	17	1h
9	5min	18	2h

这是配置在 Broker 端的，研发人员也可以继续扩充更多级别，单位最大可以按天计算。发送延迟消息是一个很简单的事，和普通消息几乎没有差异，唯一区别只是给消息设置一下延迟级别，以下是一个示意代码。

```
public class DelayProducer {
    public static void main(String[] args) throws Exception {
        // 初始化一个生产者实例,初始化时需要指定生产者组名
        DefaultMQProducer producer = new DefaultMQProducer("MyProducerGroup"); // 1
        // 设置 Name Server 的地址
        producer.setNamesrvAddr("localhost:9876");  // 2
        // 启动生产者实例
        producer.start();// 3
        // 创建一个消息,参数依次为:主题、标签、消息 Body
        Message msg = new Message("TopicTest" /* Topic */,"TagA" /* Tag */,
            ("Hello RocketMQ " + i).getBytes(RemotingHelper.DEFAULT_CHARSET) /* Message
body */
```

```
    );  // 4)
    //设置消息在 10s 后投递消费
    message.setDelayTimeLevel(3);// 5)
    // 调用 Send 接口发送这条消息,发送结果会同步返回
    SendResult sendResult = producer.send(msg);  // 6)
    System.out.printf("%s%n", sendResult);
    //当不再使用这个生产者时关闭
producer.shutdown();
    }
}
```

发送延迟消息和发生普通消息相比，只多了以下这一步：

调用消息的 setDelayTimeLevel 设置延迟级别。其他步骤均是相同的，在此不再重复。

▶▶ 2.3.5 发送事务消息

事务消息是 RocketMQ 非常独特的特性。它解决这样一个问题：发送的消息希望在本地的事务执行成功了才会被消费到，执行失败的话不会被消费到。换句话说，是为了解决本地事务和消息发送这两者是一致的，不会出现事务成功了消息没发送，或者事务失败了消息却发送了的情况。

要解决这个问题，RocketMQ 设计了半消息的概念，实际上事务消息就是先发送一个半消息到一个消费者不可见的主题中，然后执行本地事务，如果本地事务是成功的，那么就确认这条半消息使之变成普通的消息；如果本地事务是失败的，那么就回滚这条半消息。这个过程可能会出现本地事务的生产者突然挂机了，导致没有确认/回滚半消息的情况，这时候 Broker 就会发起回查来检查应用的本地事务状态，以决定该半消息是应该提交还是回滚。

事务消息的整体流程如图 2-1 所示。

● 图 2-1　事务消息的整体流程

　　相对于其他，要实现事务消息的发送会稍微复杂一点，最主要的原因是因为嵌入了本地事务的操作过程以及需要提供一个接口给 Broker 进行回查。为了更简单地示意事务消息的使用，以下假设本地事务的流程仅仅是在 Map 中更新一个状态，相对应的事务回查状态就是对 Map 的状态进行查询。

　　要告诉 RocketMQ 本地事务是怎么操作的、怎么回查，开发人员需要实现 TransactionListener 的接口。里面有两个方法，一个是 executeLocalTransaction 的方法，用来告诉 RocketMQ 提交半消息之后怎么执行本地事务；另一个是 checkLocalTransaction，这个方法是给 RocketMQ Broker 回查事务状态的。

　　以下是一个示意代码：随机把三分之一的消息设置为提交状态、三分之一设置为回滚状态，另外三分之一设置为未确认状态。

```java
public class TransactionListenerImpl implements TransactionListener {

    // 创建一个自增计数器,后面按照自增计数器的值来模拟事务状态
    private AtomicInteger transactionIndex = new AtomicInteger(0);
    // 创建一个 ConcurrentHashMap 来模拟存储本地事务的状态
    private ConcurrentHashMap<String, Integer> localTrans = new ConcurrentHashMap<>();
    @Override
    public LocalTransactionState executeLocalTransaction(Message msg, Object arg) {
        int value = transactionIndex.getAndIncrement();
        // 简单模拟本地事务的动作,按照自增数对 3 取模
        // 余数=0,状态是未知;余数=1,状态是提交;余数=2,状态是回滚
        int status = value % 3;
        localTrans.put(msg.getTransactionId(), status);
        return LocalTransactionState.UNKNOW;
    }
    @Override
    public LocalTransactionState checkLocalTransaction(MessageExt msg) {
        // 这里模拟回查的过程,因为本地事务的状态用本地的 Map 去模拟了,所以这里直接查询 Map 状态
即可
        Integer status = localTrans.get(msg.getTransactionId());
if (null != status) {
            switch (status) {
                case 0:
                    return LocalTransactionState.UNKNOW;
                case 1:
                    return LocalTransactionState.COMMIT_MESSAGE;
                case 2:
                    return LocalTransactionState.ROLLBACK_MESSAGE;
                default:
```

```
                return LocalTransactionState.COMMIT_MESSAGE;
            }
        }
        return LocalTransactionState.COMMIT_MESSAGE;
    }
}
```

以上是一个很简单的示意代码，麻雀虽小五脏俱全。在真实的场景下，executeLocalTransaction 的实现很可能是执行一段数据库的写操作或者调用下游系统的接口；checkLocalTransaction 则是检查数据库写操作是否已经完成，或者调用下游的一些查询接口确认下游系统的执行状态。

在本地事务相关的操作代码已经就绪的时候，接下来介绍发送事务消息的方法。首先，需要发送事务消息，开发人员构建的生产者必须是 TransactionMQProducer 的实例。其次发送消息的接口也是有所区别的，需要调用 sendMessageInTransaction 这个接口。完整的示意代码如下：

```
public class TransactionProducer {
    public static void main(String[] args) throws MQClientException, InterruptedException {
        // 创建事务生产者
        TransactionMQProducer producer = new TransactionMQProducer("MyTransactionProducer");  // 1)
        // 设置 Name Server 的地址
        producer.setNamesrvAddr("localhost:9876");  // 2)
        // 回查事务执行的线程池,如果没有设置,会使用默认公共线程池,真实场景下建议设置
        ExecutorService executorService = new ThreadPoolExecutor(2, 5, 100, TimeUnit.SECONDS, new ArrayBlockingQueue<Runnable>(2000), new ThreadFactory() {
            @Override
            public Thread newThread(Runnable r) {
                Thread thread = new Thread(r);
                thread.setName("transaction_thread_");
                return thread;
            }
        });
        producer.setExecutorService(executorService);  // 3)
        //需要准备一个事务回调器,即上面实现好的 TransactionListener 实例
        TransactionListener transactionListener = new TransactionListenerImpl();
        producer.setTransactionListener(transactionListener); // 4)
        producer.start(); // 5)
        // 下面的示意代码尝试发送 10 条事务消息
        String[] tags = new String[] {"TagA", "TagB", "TagC", "TagD", "TagE"};
```

```
for (int i = 0; i < 10; i++) {
    try {
        Message msg =
            new Message("TopicTest1234", tags[i % tags.length], "KEY" + i,
                ("Hello RocketMQ " + i).getBytes(RemotingHelper.DEFAULT_CHAR-
SET)); // 6)
        SendResult sendResult = producer.sendMessageInTransaction(msg, null); // 7)
        System.out.printf("%s%n", sendResult);

        Thread.sleep(10);
    } catch (MQClientException | UnsupportedEncodingException e) {
        e.printStackTrace();
    }
}

// 这里睡眠一段时间,用以观察 Broker 的事务回查逻辑
Thread.sleep(60000);
// 当确认事务消息不需要发送的时候, 关闭生产者实例
producer.shutdown();
    }
}
```

发送一条事务消息需要 7 步。

1）创建一个事务生产者的实例。

2）为实例设置对应的 Name Server 地址。如果 Name Server 是集群的话,这里可以填写所有 Name Server 实例的地址。

3）创建并设置一个线程池,用以执行事务回查。这一步不是必需的,如果没有设置,会共享一个全局的线程池。

4）设置好事务回调器实例,用以执行本地事务和回查本地事务状态。

5）启动生产者实例。

6）创建消息。注意:这里事务消息和普通消息没有创建上的差异。

7）调用 sendMessageInTransaction 接口来发送事务消息。

可以看到,即便是发送事务这种非常强大特性的消息,从使用的角度看,代码的开发量也是很小的。而通常情况下,在没有 RocketMQ 事务消息的帮助下,开发人员要实现本地事务和消息发送的一致性是要做很多工作的(在后面介绍事务消息原理的时候会涉及),但是有了 RocketMQ 事务消息,仅需要做少量的改造就能完成消息发送和本地消息的最终一致性,实在是非常强大的利器。

2.4 消息的三种发送模型

RocketMQ 发送消息有三种发送模型，分别是同步、异步、单向。前两种都能在 Broker 得到发送消息的响应状态，所以是相对可靠的发送模型，两种的区别实际上是不同的线程模型的发送方式。而单向模型是一种特殊的发送方式，它发完消息就立刻返回了，并不会有任何来自 Broker 的响应，所以它速度很快，却是一种不可靠的发送方式。

下面分别看看这三种发送方式具体是如何使用和运作的。

▶▶ 2.4.1 发送同步消息

发送同步消息是最常用的消息发送方式之一。同步消息的发送非常符合直觉，生产者在发送一条消息之后，当前的线程会一直等待 Broker 的响应，只有得到了响应结果或者发送超时了，方法才会返回，换句话说，线程才可以继续往下做别的事。如果需要用同步发送的模型依次发送 3 条消息，那么第 1 条消息（A）在发送成功后，线程才会发送第 2 条消息（B）；在第 2 条消息返回后，才会发送第 3 条消息（C）。同步消息发送流程如图 2-2 所示。

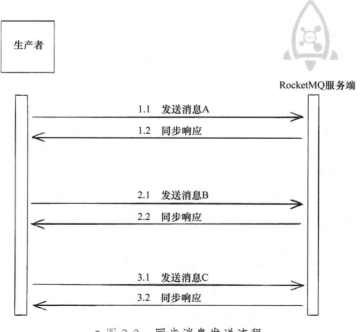

● 图 2-2 同步消息发送流程

可靠的同步发送消息模型可以广泛应用于各种场景，例如重要的通知、关键的异步调用等。

同步消息的发送示意代码其实就是前面提到的发送普通消息的示意代码，在此不再赘述。

但是，既然同步发送会得到 Broker 的响应，那么就需要知道都有哪些响应。假设 send 方法没有抛出异常，意味着发送都是成功的，但是发送成功不意味着消息一定都符合预期，里面也分很多种状态，状态都会在 sendResult 中返回。以下对每种状态进行说明。

1）SEND_OK：消息发送成功。最常见的发送状态。消息发送成功也不意味着消息是完全可靠的。后面章节提到消息可靠性的时候会专门展开讲解。这里仅需要知道如果返回 SEND_OK 的话，意味着 Broker 一切正常，该做的都已经做了。

2）FLUSH_DISK_TIMEOUT：消息发送成功但是刷盘超时。得到这种状态意味着消息已经进入 Broker 的队列（内存）了。这时候如果服务器宕机，消息会丢失（这里说的丢失仅限该机器，如果 Slave 已经同步了该消息，还能在 Slave 中找到）。刷盘方式的不同会影响这里的表现，后续有关消息可靠性的章节会展开讲解。这个状态仅会在同步刷盘（默认策略为异步刷盘）的策略下才可能得到。

3）FLUSH_SLAVE_TIMEOUT：消息发送成功，但是服务器同步到 Slave 时超时。此时消息至少已经进入服务器队列中，如果磁盘没刷盘完成且服务器宕机，消息可能会丢失。此错误只有在 Broker 设置为同步 Master 的时候才有可能获得（默认为异步 Master）。这个状态意味着消息并不一定备份成功，但也不一定是失败的。

4）SLAVE_NOT_AVAILABLE：消息发送成功，但是 Slave 不可用。此时消息已经进入 Broker 的队列，如果 Master 宕机，而消息会丢失（假设刷盘也没有成功的话）。此响应码也仅限于 Broker 设置为同步 Master 的时候才可能获得，常见于同步 Master 但是没有挂 Slave 的单节点模式。

▶▶ 2.4.2　发送异步消息

发送异步消息意味着生产者发送了消息之后，该工作的线程会立刻返回，线程可以继续做后面的工作，例如发送下一条消息，或者执行数据库查询等。当消息发送的响应从 Broker 回来之后，RocketMQ 会通过异步回调的方式告诉你。这种发送模式适用于对耗时、性能比较敏感，但是又需要知道发送结果，以便于做后续动作的情况，例如视频上传消息发送完成之后，需要通知转码服务，所以需要消息发送的结果，这时候可以把通知转码服务的代码逻辑放到回调中实现，如图 2-3 所示。

异步消息发送和同步消息发送的唯一区别就是需要实现一个回调接口（SendCallback）。发送异步消息的示意代码如下。

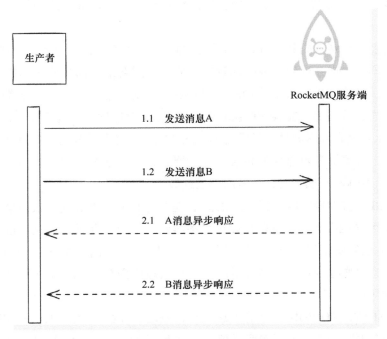

● 图 2-3 异步消息发送流程

```java
public class AsyncProducer {
    public static void main(String[] args) throws Exception {
        // 初始化一个 producer,并设置 Producer group name(生产组名)
        DefaultMQProducer producer = new DefaultMQProducer("MyProducer"); // 1)
        // 设置 Name Server 地址
        producer.setNamesrvAddr("localhost:9876"); // 2)
        // 启动 producer
        producer.start();   // 3)

        int messageCount = 100;
        for (int i = 0; i < messageCount; i++) {
            try {
                final int index = i;

                // 创建一条消息,并指定 topic、tag、body 等信息
                Message msg = new Message("TopicTest",
                    "TagA",
                    "Hello world".getBytes(RemotingHelper.DEFAULT_CHARSET)); // 4)
```

```
        // 异步发送消息,发送后会立刻返回,发送结果通过 callback 返回给客户端
        producer.send(msg, new SendCallback() { // 5
            @Override
            public void onSuccess(SendResult sendResult) {
                System.out.printf("%-10d OK %s %n", index,
                    sendResult.getMsgId());
            }
            @Override
            public void onException(Throwable e) {
                System.out.printf("%-10d Exception %s %n", index, e);
                e.printStackTrace();
            }
        });
    } catch (Exception e) {
        e.printStackTrace();
    }
}

// 这里睡眠一段时间,用来等待 Broker 的响应,方便观察回调的日志
Thread.sleep(5000);
// 一旦 producer 不再使用,关闭 producer
producer.shutdown();
    }
}
```

异步发送代码与同步发送代码唯一区别在于调用 send 接口的参数不同，在此不再赘述。

需要注意的是异步发送是不会等待发送返回的，取而代之的是 send 方法需要传入 Send-Callback 的实现。而 SendCallback 接口有 onSuccess 和 onException 两个方法，分别表示消息发送成功和消息发送失败之后的回调动作。

▶▶ 2.4.3 发送单向消息

发送单向消息是一种特殊的发送模型，生产者只需把消息发送出去，发送出去后接口就会立刻返回，不会等待任何 Broker 的应答。也就是说生产者无法通过接口的返回值或者回调知道发送的结果。这种发送消息的方式耗时非常短，一般在微秒级别。适用于某些耗时非常短，但是对可靠性要求不高的场景，常见于日志收集的场景。

其模型非常简单，如图 2-4 所示。

发送单向消息和发送普通消息几乎没有区别，唯一的区别就是换成 sendOneway 接口即可。以下是发送单向消息的示意代码。

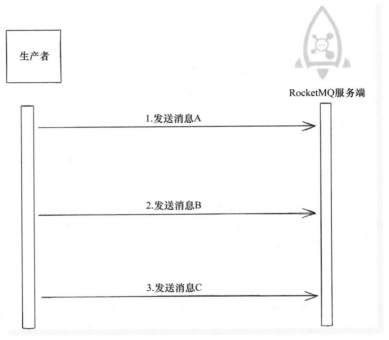

● 图 2-4　单向消息发送流程

```
public class OnewayProducer {
    public static void main(String[] args) throws Exception{
        // 初始化一个 producer,并设置 Producer group name
        DefaultMQProducer producer = new DefaultMQProducer("MyProducer");// 1)
        // 设置 Name Server 地址
        producer.setNamesrvAddr("localhost:9876");// 2)
        // 启动 producer
        producer.start();// 3)

        // 创建一条消息
        Message msg = new Message("TopicTest" /* Topic */,
            "TagA" /* Tag */,
            ("Hello RocketMQ ").getBytes(RemotingHelper.DEFAULT_CHARSET) /* Message body */
        );// 4)
        //调用 sendOneway 方法发送,通过 oneway 方式发送消息时获取不到发送响应
        producer. sendOneway(msg)
        // 一旦 producer 不再使用,关闭 producer
        producer.shutdown();
    }
}
```

发送单向消息的代码和发送同步消息的代码唯一的区别就是调用的接口是 sendOneway 而不是 send，所以具体过程不再赘述。

需要注意的是，发送单向消息如果出现消息发送失败，应用是无法感知的。

这时候因为没有重试相关的手段，所以消息是有可能丢失的。若不能接受消息的丢失，建议选用可靠同步或可靠异步发送方式。

2.5 生产者最佳实践

生产者的使用非常简单，但是因为有不同的消息类型和不同的发送方式，故而很多时候选择合理的消息类型或者消息模型是最重要的实践决策。下面总结其中的区别。

▶▶ 2.5.1 不同消息类型的选择

RocketMQ 消息类型对比如表 2-2 所示。

表 2-2　RocketMQ 消息类型对比

消息类型	优　点	缺　点	适应场景
普通消息	相比其他消息类型，性能最优。因为没有太多额外的特性要求，也没有额外的分区选择的约束	消息的生产是无序的	绝大部分场景适用
顺序消息	在分区内是有序的	不能保证绝对有序，如果 Broker 宕机，因为分区的数量发生改变，会影响顺序性	需要保证不同消息的消费顺序和发送顺序一致的场景，例如部分和时序相关的事件消息，如订单支付、订单发货的事件。注：因为需要人工选择分区，需要避免数据倾斜的问题
延迟消息	RocketMQ 自带的特性，无须额外的开发即可实现类似定时推送的功能	暂不支持任何时间的延迟推送。延迟级别的级别数量越多，对于 Broker 的压力越大，会影响投递的准确性	
事务消息	RocketMQ 自带的强大特性，不需要额外太多的技术设计便可实现本地事务和消息发送的最终一致性	只能用于保证消息的生产和本地事务的最终一致性。消息消费如果失败并不能回滚生产方的本地事务，需要业务自己想办法解决消费的最终成功	依赖消息做最终一致性的场景

▶▶ 2.5.2 不同消息发送模型的选择

不同消息发送模型则主要影响性能和可靠性，其对比如表 2-3 所示。

表 2-3 不同的发送模型对比

发送方式	优 点	缺 点	适 应 场 景
同步发送	可靠。顺序发送时需要这种模式。支持批量发送的模式	性能相对最低	绝大部分场景适用
异步发送	可靠，性能好	使用稍微复杂一点。因为是异步模型，调用发送接口后，很多动作可能已经完成，故异步接受发送失败的响应后，可能需要考虑降级、回滚等	性能相对要求更高，但是也希望得到可靠响应的场景
单向发送	性能最高，使用最简单，完全无须关心返回值	消息有丢失的可能性	对消息丢失不敏感的场景

▶▶ 2.5.3 发送消息的实战建议

（1）Keys 的使用

较为关键的消息，尽量在业务层面定义唯一的标识，用以设置 keys 字段，以便定位消息丢失、消费轨迹等问题。RocketMQ 支持根据 topic、keys 来快速检索一条消息。但是 keys 尽可能全局唯一，大量的 keys 重复会严重影响检索的性能。

例如一个订单类的消息，建议把订单号设置为其 keys。

```
String orderId = "202304018923546";
message.setKeys(orderId);
```

（2）发送日志打印

每次发送消息之后，是否成功都会有具体的返回结果。而且返回结果中除了发送的状态外，还会返回其 msgId、发送成功的队列、对应的 offset 等。这对于判断消息是否有重复、消息最终是否丢失等极为有用，建议重要的消息发送一定要打印其结果。

（3）发送失败处理

生产者的发送方法通常都自带内部重试，重试逻辑如下。

1）至多重试 2 次（同步发送为 2 次，异步发送为 0 次）。

2）如果发送失败，则轮转到下一个 Broker。

3）向 Broker 发送消息产生超时异常，就不会再重试。

以上策略一定程度上保证了消息发送的高可靠性。但是如果业务本身对于消息的可靠性要求较高，那么在发送失败的时候，建议业务在应用层面增加重试的逻辑。例如把发送失败的消息持久化到数据库中，然后使用后台线程重试发送，以确保消息最后是成功发送的。

（4）Broker 角色

与 Kafka 不同，RocketMQ 消息持久化的可靠性策略并不是在客户端调用发送时决定的，而是由 Broker 本身的角色决定的。Broker 角色分为 ASYNC_MASTER（异步主机）、SYNC_MASTER（同步主机）以及 SLAVE（从机）。如果对消息可靠性要求比较严格，建议采取 SYNC_MASTER + SLAVE 的方式部署。如果对可靠性要求不高，对性能要求更高，可以采取 ASYNC_MASTER + SLAVE 的方式部署。

（5）刷盘策略

RocketMQ 的刷盘策略分为 SYNC_FLUSH（同步刷新）和 ASYNC_FLUSH（异步刷新）。前者会损失很多性能，但会更加可靠。通常情况下，如果是带着备机的部署方式，研发人员可以调整 Broker 的角色以调整可靠性策略，而不建议改为 SYNC_FLUSH 的刷盘策略。

2.6 本章小结

本章介绍了生产者的概念和 RocketMQ 消息的结构及类型。同时也介绍了 RocketMQ 的 5 种消息特性、3 种发送模型具体是如何使用的。最后还介绍了生产者的最佳实践。

2.7 思考题

消息发送失败时，如果采取重试的方式，是否会带来重复消息的问题？如果有，应该怎样避免其影响？

RocketMQ消息消费

RocketMQ 的消费流程是开发者接触 RocketMQ 最多的流程，也是原理相对比较复杂的流程。

3.1　消费者概述

在消息中间件的领域中，从消息中间件消费消息的一方被称为消费者。在 RocketMQ 的概念中叫作 Consumer。有些时候，消息消费可能是业务逻辑中的一小部分，例如刷新一下缓存等，这时候消费者通常不是独立部署的一个服务，而是嵌入到服务本身的。有些时候消费逻辑是很重的部分，例如处理一系列的发货、通知等逻辑。为了和其他逻辑做隔离，这时候可能一个消费者就是一个独立的服务。

▶▶3.1.1　消费者实例

消费消息需要新建一个消费者的实例。这个实例会管理和 Broker、NameServer 的连接，通常情况下，开发者只实现消费消息的逻辑即可。RocketMQ 的客户端会自动管理好和 Broker、NameServer 的连接，并且会自动拉取消息、提交消费进度等。

▶▶3.1.2　消费者组

在前面的章节介绍过这个概念。消费者组是 RocketMQ 非常重要的概念。通常情况下，一类相同消费逻辑且订阅关系一样的服务实例都应该归属在同一个消费者组内。RocketMQ 的消费逻辑大多都是基于消费者组管理的。一个消费者组可以订阅多个主题。

3.2 初探消费流程

▶▶ 3.2.1 消息存储与消息队列的关系

前面章节介绍了消息的生产流程，知道了消息的发送是需要指定主题的。对于 Broker 来说，其实消息不仅仅是存储在主题中，而是存储主题的某个队列中的。例如一个主题如果有 4 个队列，消息在发送的时候就需要决定属于这个主题的哪个队列（默认会采取轮询的方式），所以从逻辑上可以认为消息是存储在某一个确定的队列上的。

▶▶ 3.2.2 消息消费与消息队列的关系

既然消息是存储在队列上的，那么如果在同一个主题下的其他队列上做消息查找，肯定是查找不到的。这意味着消息的消费者实际上是需要感知到消息是在哪个队列的，否则根本消费不到。

RocketMQ 的消费者采取的是拉取模式消费，这意味着 RocketMQ 需要知道具体有哪些队列才能进行拉取。而 RocketMQ 采取了和 Kafka 类似的手段进行消息拉取，即先给消费者实例分配队列，然后消费者实例仅对已分配的队列进行消费，如图 3-1 所示。

从图 3-1 可以发现 2 个规律：

1）在同一个主题中，RocketMQ 的队列仅会被一个消费者实例独占，而且队列肯定会被分配完整。

2）消息会唯一投递到某个队列中，而拥有这个队列的消费者实例就会消费到里面的消息，而不能消费没有拥有的队列的消息。

这个分配队列的过程被称为重平衡，其原理会在后面的章节再阐述，这里读者仅需要记住以上两个规律即可。

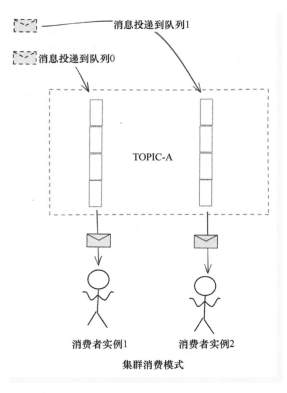

● 图 3-1　消费者从队列消费消息的示意

3.3 消费实战

RocketMQ 的消费者分为 Push 消费者和 Pull 消费者，前者使用上更为简单，后者则是开发者对于消息消费更为灵活。下面分别介绍这两种消费模式的实战。

▶▶ 3.3.1 Push 并发消费

所谓 Push 消费，实际上就是设置一个消费的回调方法，RocketMQ 会自动拉取消息，然后源源不断地往回调方法中投递消息，看起来就像是消息一直推给你似的。而 Push 消费又分为并发消费和顺序消费，此小节主要介绍并发消费的用法。

RocketMQ 的 Push 并发消费的示例代码很简单，如下所示。

```
public class PushConsumer {
    public static void main (String [ ] args) throws InterruptedException,
MQClientException {
        // 初始化 consumer,并设置 consumer group name
        DefaultMQPushConsumer consumer = new DefaultMQPushConsumer("MyConsumer");// 1)
        // 设置 Name Server 地址
        consumer.setNamesrvAddr("localhost:9876");// 2)
        // 每个消费者组可以订阅一个或多个 topic,并支持指定 tag 作为过滤条件,这里指定 * 表示接收所有
tag 的消息
        consumer.subscribe("TopicTest", "*");// 3)
        // 注册回调接口来处理从 Broker 中收到的消息
        consumer.registerMessageListener(new MessageListenerConcurrently() {// 4)
            @Override
            public ConsumeConcurrentlyStatus consumeMessage(List<MessageExt> msgs, Con-
sumeConcurrentlyContext context) {
                System.out.printf("%s Receive New Messages: %s %n", Thread.currentThread
().getName(), msgs);
                // 返回消息消费状态,ConsumeConcurrentlyStatus.CONSUME_SUCCESS 表示消费成功
                return ConsumeConcurrentlyStatus.CONSUME_SUCCESS;
            }
        });
        // 启动 Consumer
        consumer.start();// 5)
        System.out.printf("Consumer Started.%n");
    }
}
```

要使用一个 PushConsumer，分为以下 5 步。

1）创建一个 DefaultMQPushConsumer 实例，需要指定一个唯一的消费者组名称。注意同一个消费者组需要有唯一相同的消费者组名称。

2）设置好对应的 Name Server 地址。

3）设置订阅关系。这里需要注意，同一个消费者组的订阅关系必须完全一样。以上示例代码中注册监听了所有主题是 TopicTest 的消息。

4）注册消费回调。示意代码使用了 MessageListenerConcurrently 这个回调器，这是常用的消费回调器，是并发消费的回调器。

5）启动消费者。

完成以上动作之后，RocketMQ 就会接收所有发往 TopicTest 的消息，然后就会自动执行注册的回调方法。

▶▶ 3.3.2 Push 顺序消费

在前面的章节提到了 RocketMQ 拥有顺序消息的特性，其实就是需要保证同一批消息发往主题的同一个队列中。这样消息就会以先进先出的顺序进行投递。但是要保证消息的顺序性，除了在投递时需要顺序，在消费时也是需要保证顺序的。RocketMQ 提供了保证同一个队列的消息能串行消费的能力。要使用这个能力也非常简单，相比并行消费，仅需要更换一个回调器即可，其示意代码如下所示。

```java
public class PushOrderConsumer {
    public static void main(String[] args) throws MQClientException {
        // 初始化 consumer，并设置 consumer group name(消费者组名)
        DefaultMQPushConsumer consumer = new DefaultMQPushConsumer("MyOrderConsumer");
// 1)
        // 设置 Name Server 地址
        consumer.setNamesrvAddr("localhost:9876");// 2)
        // 每个消费者组可以订阅一个或多个 topic，并支持指定 tag 作为过滤条件，这里指定 * 表示接收所有 tag 的消息
        consumer.subscribe("TopicTest", "*");// 3)
        consumer.registerMessageListener(new MessageListenerOrderly() {// 4)
            @Override
            public ConsumeOrderlyStatus consumeMessage(List<MessageExt> msgs, Consume-
OrderlyContext context) {
                System.out.printf("%s Receive New Messages: %s %n", Thread.current-
Thread().getName(), msgs);
                return ConsumeOrderlyStatus.SUCCESS;
            }
        });
        consumer.start();// 5)
```

```
        System.out.printf("Consumer Started.%n");
    }
}
```

以上示意代码相比 Push 并发消费，仅仅在设置消息回调的时候有差别。这里仅针对此差异进行阐述，其他一样的代码暂且略过。

要使用顺序消费，注册的回调器需要使用 MessageListenerOrderly，这个回调器的返回值类型和并发回调器有些差异。如果消费成功，就返回 ConsumeOrderlyStatus.SUCCESS 这个枚举值，如果消费失败，则返回 ConsumeOrderlyStatus.SUSPEND_CURRENT_QUEUE_A_MOMENT 值。

使用顺序消费的模式，队列中的消息会串行地进行消费，只有前面的消费成功了，下一条消息才会进到回调方法中进行消费。如果前面的消息返回了 ConsumeOrderlyStatus.SUSPEND_CURRENT_QUEUE_A_MOMENT，那么消息就会一直原地重试，直到一定次数都失败了才会放弃。所以使用顺序消费模式，是可能出现一条消息消费不成功而阻塞整条队列的情况，开发者需要特别注意。

▶▶ 3.3.3　Pull Subscribe 消费

Pull 模式相对于 Push 模式具有更多的控制权，这里的控制权最明显的体现在于消费消息的时机以及提交消息的时机。举个例子，Push 模式只要有消息投递了，就会立刻消费，这对于有特殊限流、限速的场景可能是不满足要求的，这种情况则可以选择 Pull 的模式进行消费。4.6 之前的版本，Pull 模式是使用 DefaultPullConsumer 去实现主动拉取、主动提交位点的拉取模式消费的，但这个 API 的设计常被人诟病很难使用。所以 4.6 版本之后，社区重新设计了 API 的使用方式，提供了全新的 DefaultLitePullConsumer，以提供更便捷的使用方式。与此同时，DefaultPullConsumer 也将被弃用。DefaultLitePullConsumer 有两种模式进行消费，一种是 Subscribe 模式，另一种是 Assign 模式。

接下来介绍 DefaultLitePullConsumer 的 Subscribe 模式的使用。下面是一个使用示意代码。

```
public class LitePullConsumerSubscribe {
    // Pull 模式通常需要一个标识位去控制是否需要进行拉取
    public static volatile boolean running = true;
    public static void main(String[] args) throws Exception {
        // 创建 DefaultLitePullConsumer 实例
        DefaultLitePullConsumer litePullConsumer = new DefaultLitePullConsumer("My-
LitePullConsumer"); // 1)
        // 设置 Name Server 地址
        litePullConsumer.setNamesrvAddr("localhost:9876"); // 2)
        litePullConsumer.subscribe("TopicTest", "*"); // 3)
```

```
    litePullConsumer.start();// 4)
    try {
        while (running) {
            List<MessageExt> messageExts = litePullConsumer.poll();// 5)
            System.out.printf("%s%n", messageExts);
        }
    } finally {
        litePullConsumer.shutdown();
    }
    }
}
```

Pull 的 Subscribe 模式和 Push 消费在使用上非常相似，其分为以下 5 步：

1）创建一个 DefaultLitePullConsumer 实例，需要指定一个唯一的消费者组名称。注意同一个消费者组需要有唯一相同的消费者组名称。

2）设置好对应的 Name Server 地址。

3）设置订阅关系。这里需要注意，同一个消费者组的订阅关系必须完全一样。以上示例代码中注册监听了所有主题是 TopicTest 的消息。

4）启动消费者。

5）调用 poll 接口进行消费。如果能拉取到消息 poll 接口，便会返回对应的消息列表，而如果没有消息可消费，便会返回 null。注意因为消息消费的时机转移由开发者自己控制，所以通常是需要在一个 while 死循环中不断调用 poll 接口。以上示例代码中是用一个 running 的标识位去控制这个循环的退出条件。真实的业务场景下，开发者可以结合限速等因素一起去控制这个 poll 的时机。

需要注意的是，Subscribe 模式并不需要关注负载均衡的问题，因为其和 PushConsumer 一样，会启用内置的负载均衡策略。

▶▶ 3.3.4　Pull Assign 消费

与 Subscribe 模式不同，Pull 的 Assign 模式是没有自动负载均衡策略机制的，这意味着用户需要显式地指定需要拉取哪些队列的消息，所以使用上会比 Subscribe 模式复杂很多。通常情况下适用于对灵活性要求极高的场景。通常在这种模式下，开发者还会设置手动提交位点而不是自动提交位点。以下是手动提交位点的 Pull Assign 消费的示意代码。

```
public class LitePullConsumerAssign {
    // Pull 模式通常需要一个标识位去控制是否需要进行拉取
    public static volatile boolean running = true;
    public static void main(String[] args) throws Exception {
```

```
    DefaultLitePullConsumer litePullConsumer = new DefaultLitePullConsumer("My-
LitePullConsumer");// 1)
        // 设置 Name Server 地址
        litePullConsumer.setNamesrvAddr("localhost:9876");// 2)
        // 设置自动提交位点关闭,后续需要调用 commitSync()方法来手动提交位点
        litePullConsumer.setAutoCommit(false);
        litePullConsumer.start();// 3)
        // 以下几行代码是为了分配拉取消息的队列,示意代码中仅取队列的前一半进行消费
        Collection<MessageQueue> mqSet = litePullConsumer.fetchMessageQueues("Topic-
Test");
        List<MessageQueue> list = new ArrayList<>(mqSet);
        List<MessageQueue> assignList = new ArrayList<>();
        for (int i = 0; i < list.size() / 2; i++) {
            assignList.add(list.get(i));
        }
        litePullConsumer.assign(assignList);// 4)
        // 特别将第一个队列的位点设置从 10 开始消费,这里仅用来说明 assign 模式下可以任意控制消费
位点的位置
        litePullConsumer.seek(assignList.get(0), 10);// 5)
        try {
            while (running) {
                List<MessageExt> messageExts = litePullConsumer.poll();// 6)
                System.out.printf("%s %n", messageExts);
                litePullConsumer.commitSync();// 7)
            }
        } finally {
            litePullConsumer.shutdown();
        }
    }
}
```

Pull 的 Assign 模式相对会复杂很多，但对比 Subscribe 模式最重要的区别在于需要主动为实例分配队列以及消费的开始位点上，其分为以下 7 步。

1）创建一个 DefaultLitePullConsumer 实例，需要指定一个唯一的消费者组名称。注意同一个消费者组需要有唯一相同的消费者组名称。

2）设置好对应的 Name Server 地址。

3）启动消费者。

4）调用 assign 接口分配本实例需要拉取的队列。示意代码中仅为了示意简单，先用 fetchMessageQueues 获取了 TopicTest 下的所有队列，再取队列前面的一半进行拉取。在真实的场景下，这里需要非常细致的思考，既要考虑不同实例的消息要均衡，同时还要考虑消息不要重复拉取。

5）调用 seek 接口控制消费的开始位置。示意中的代码仅特殊处理了第一个队列的位点。

6）调用 poll 接口进行消费。如果能拉取到消息 poll 接口，便会返回对应的消息列表。此处和 Subscribe 模式没有区别，不再赘述。

7）调用 commitSync 接口进行手动的位点提交。

▶▶ 3.3.5 集群模式与广播模式

默认情况下，RocketMQ 启用的都是集群模式，而大部分场景所需要的模式也恰恰是集群模式，所以代码使用上可以省略消费模式这一设置。集群模式和广播模式的最大区别是在消息分担策略上。集群模式下，同一个消费者组的所有实例会分担其订阅的主题内的消息，而广播模式下，消费者组内的每一个消费者实例都会消费全量的消息。图 3-2 示意了其中的区别。

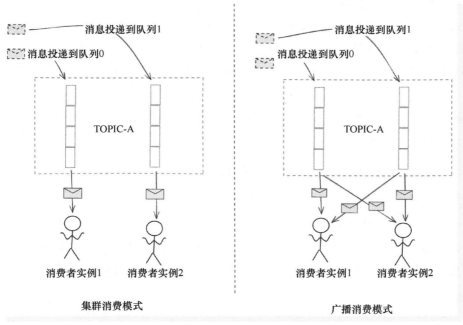

● 图 3-2　集群消费模式与广播消费模式对比

要设置消费者的消费默认为集群模式，仅需要在消费者启动之前设置下面这样一行代码。

```
consumer.setMessageModel(MessageModel.CLUSTERING);
```

而如果希望启动广播模式，则可以写下面这样一行代码：

```
consumer.setMessageModel(MessageModel.BROADCASTING);
```

注：以上设置仅作用于 PushConsumer 和 LitePullConsumer 的 Subscribe 模式。

▶▶ 3.3.6　标签过滤

订阅主题时是可以指定标签的。标签实际上是对于消息的一个分类作用。最终作用于消息消费的时候可以用来做过滤。

举个例子，如果有一个 order 的主题，从客户下单到发货这一连串的过程会产生一系列的消息。假设消息都发送到 order 这个主题，那么这里面可能就会有下单消息、支付消息、物流消息。

假设现在有以下 3 个系统：

1）支付系统：只关心支付消息。

2）物流系统：只关心物流消息。

3）实时计算系统：所有消息都需要订阅处理。

这时候，开发者就可以利用标签过滤的能力去实现这一过程。首先，把三类消息定义三个标签：create、pay、delivery。然后支付系统只订阅 pay 标签，物流系统只订阅 delivery 标签，实时计算系统订阅所有标签（*）。这样就能完美地完成目标。

要实现标签过滤非常简单，只需要在订阅的时候指定即可。例如需要订阅所有标签，如下所示：

```
consumer.subscribe("order", "*");
```

只需要订阅一个标签，如下所示：

```
consumer.subscribe("order", "pay");// 订阅 order 主题里面的 pay 标签的消息
```

而如果需要订阅多个标签，则可以使用两个竖线（||）分割：

```
consumer.subscribe("order", "create||pay");// 订阅 order 主题里面的 pay 标签的消息
```

这里需要特别注意的是，订阅多个标签需要一次性完成，并不能分开多次，假设有分开多次的订阅，会以最后一次为准。以下是一个错误的示范，请避免使用：

```
// 错误示范！！
// Consumer 只能订阅到 TagFilterTest 下 TagB 的消息，而不能订阅 TagA 的消息。
consumer.subscribe("TagFilterTest", "TagA");
consumer.subscribe("TagFilterTest", "TagB");// 以最后一次生效为准,前面的 TagA 会被覆盖掉而
不生效
```

▶▶ 3.3.7　SQL92 过滤

SQL92 是一个更高级的消息过滤特性。基于前面电商的订单场景，想象一下这个业务需求：假设一个物流公司建设了两个物流中心——华南物流中心和西北物流中心。两个物流中心的系统稍微有一点差异，所以需要创建两个业务系统进行消费逻辑的差异化处理，而两套

系统需要处理不同地域的订单消息。例如来自广东地区的订单需要进华南物流中心，而来自甘肃的订单则需要进西北物流中心。

先把情况简单化，假设这套系统的订单只支持广东和甘肃的订单。要怎么处理呢？这时候有些读者会说："简单！华南物流中心的是不是同时监听 dilivery 的标签和监听 guangdong 的标签就可以了！"确实，这样理论上是可行的，但是很可惜这行不通的，原因有以下两点：

1）消息创建的时候，只能打一个标签，所以这个消息发送的时候如果打上了 delivery 标签，就无法再打 guangdong 的标签。

2）消费订阅的时候，监听多个标签是"或"的关系，并不支持"且"的关系。

这时候 SQL92 过滤就能完美解决这个问题。SQL92 过滤利用了消息的 Property 字段，这个字段不同于标签，消息是可以定义非常多 Property 的，所以发消息的时候，开发者可以增加一个 Property order_type = delivery，再增加一个 Property order_region = guangdong。这样每条订单的物流消息都能被识别为是物流消息，而且是打上了地域标识的。

然后华南的物流系统启动的时候，需要订阅 order_type = delivery 且 order_region = guangdong 的消息，而西北物流中心的系统启动的时候，需要订阅 order_type = delivery 且 order_region = gansu 的消息。那么像支付系统不需要物流的订单消息只需要支付的订单消息，则只订阅 order_type = pay 的消息。

最后的示意如图 3-3 所示。

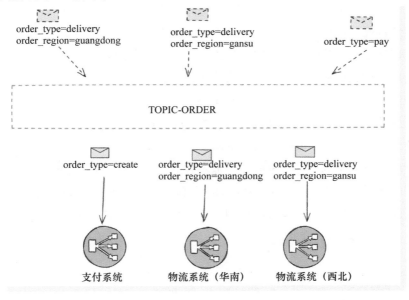

● 图 3-3　SQL92 过滤示意

要实现类似这样的功能，其实很简单。首先需要启用 Property 过滤的功能，这个功能默认是关闭的。开启时需要在 Broker 中提前设置如下 4 个参数。

```
enablePropertyFilter = true
filterSupportRetry = true
enableConsumeQueueExt = true
enbaleCalFilterBitMap = true
```

然后如标签发送，开发者需要在消息创建的时候创建好对应的 Property，要设置 Property 也非常简单，示例代码如下所示。

```
Message paymsg = new Message("topic_order", "Hello MQ".getBytes());
// 设置自定义属性 order_type,属性值为"pay"
paymsg.putUserProperties("order_type", "pay");

Message delivermsg1 = new Message("topic_order", "Hello MQ".getBytes());
// 设置自定义属性 order_type,属性值为"delivery",并标记其为广东地区的物流订单
delivermsg1.putUserProperties("order_type", "delivery");
delivermsg1.putUserProperties("order_region", "guangdong");

Message delivermsg2 = new Message("topic_order", "Hello MQ".getBytes());

// 设置自定义属性 order_type,属性值为"delivery",并标记其为甘肃地区的物流订单
delivermsg2.putUserProperties("order_type", "delivery");
delivermsg2.putUserProperties("order_region", "gansu");
```

在上面的示意代码创建了三个消息。

第一个消息是支付订单的消息，所以它的 order_type 属性是 pay。

第二个消息是物流订单的消息，所以它的 order_type 属性是 delivery，同时我们标记其订单是送往广东地区的，所以 order_region = guangdong。

第三个消息也是物流订单的消息，所以它的 order_type 属性是 delivery，同时我们标记其订单是送往甘肃地区的，所以 order_region = gansu。

接下来就是消息消费的使用，SQL92 过滤在使用上几乎和标签过滤一模一样，唯一不同的就是订阅的时候需要传入一个 MessageSelector 示例，其中用 SQL92 的表达式来指定所需要订阅的消息。下面以华南地区的物流系统订阅为例，其示意代码如下所示。

```
public class SqlFilterConsumer {

    public static void main(String[] args) throws Exception {
        // 初始化 consumer,并设置 consumer group name
        DefaultMQPushConsumer consumer = new DefaultMQPushConsumer("SouthChinaDelivery-
eryConsumer");// 1)
```

```
    // 设置 Name Server 地址
    consumer.setNamesrvAddr("localhost:9876");// 2)
    // 仅订阅 order_type= delivery 且 order_region = guangdong 的消息
    consumer.subscribe("topic_order",
        MessageSelector.bySql("order_type is not null and order_type = 'delivery' and
  order_region = 'guangdong'")); // 3)

    consumer.registerMessageListener(new MessageListenerConcurrently() { // 4)
        @Override
        public ConsumeConcurrentlyStatus consumeMessage(List<MessageExt> msgs,
            ConsumeConcurrentlyContext context) {
             System.out.printf("%s Receive New Messages: %s %n", Thread.current-
  Thread().getName(), msgs);
            return ConsumeConcurrentlyStatus.CONSUME_SUCCESS;
        }
    });

    consumer.start();// 5)
    System.out.printf("Consumer Started.%n");
    }
}
```

要使用 SQL92 过滤, 也是需要以下 5 步。

1) 创建一个 DefaultMQPushConsumer 实例, 需要指定一个唯一的消费者组名称。注意同一个消费者组需要有唯一相同的消费者组名称。

2) 设置好对应的 Name Server 地址。

3) 设置订阅关系。这里订阅的时候可以用 MessageSelector.bySql 方法获取一个 MessageSelector 示例, 用以指定需要监听的 Property。

4) 注册消费回调。示意代码中使用了 MessageListenerConcurrently 回调器, 这是常用的消费回调器, 是并发消费的回调器。

5) 启动消费者。

RocketMQ 的 SQL92 表达式支持以下四种逻辑计算。

- 数值比较, 如>、≥、<、≤、BETWEEN、=。
- 字符比较, 如 =、<>、IN。
- IS NULL 或者 IS NOT NULL。
- 逻辑语法, 如 AND、OR、NOT。

在数据类型上, 则支持数值、字符、NULL 和布尔类型。

- 数值, 如 123、3.1415。
- 字符, 如' abc ', 必须使用单引号包裹。

- 布尔类型，如 TRUE 或 FALSE。
- NULL，特殊常量。

▶▶ 3.3.8 消息重试和死信队列

RocketMQ 提供了 AT-LEAST-ONCE 的消费语义，即保证消息最少能成功消费一次。RocketMQ 实现这个功能是依赖于对消费失败的消息不断发起重试。

所以在某个消费者组消息消费失败的时候，RocketMQ 会隔一段时间就重复投递这个消息来给其重新消费，在重新消费达到最大次数，但依旧消费失败的时候（并发消费默认 16 次，顺序消费默认无限次），这个消息也不会立刻丢弃，而是会将其投递到这个消费者组专属的死信主题中。这个死信主题的名称为 %DLQ%ConsumerGroupName。死信主题内的消息是不会再被消费的，但是开发者可以利用 RocketMQ Admin 或者 RocketMQ 控制台去查询这些死信消息以便进行人为干预处理。

那么什么情况下会认为消费失败呢？在并发消费的情况下，只要消费的逻辑抛出了异常或者是返回了如下状态，就会认为消费失败。

```
ConsumeConcurrentlyStatus.RECONSUME_LATER
```

而顺序消费的场景，这个失败的状态则为：

```
ConsumeOrderlyStatus.SUSPEND_CURRENT_QUEUE_A_MOMENT
```

消息的消费最大次数可以通过在启动之前调用如下代码去修改。

```
// 重试次数改为 10 次
consumer.setMaxReconsumeTimes(10);
```

和死信队列类似，消息消费失败其实并不是投递回原 Topic，而是投递到该消费者组专属的主题，其命名为 %RETRY%ConsumerGroupName。集群模式下，这个主题会自动创建并订阅。

需要注意的是，顺序消费的重试机制比较特别，它是本地原地重试而不是投递到独立的主题延迟重试。这是因为如果延迟重试的话，会打破消息的顺序性。但是原地重试有一个问题，就是如果一直不成功的话，该队列后面的消息也无法消费，所以需要特别关注这里，避免阻塞整个队列的消费。

3.4 消息消费最佳实践

▶▶ 3.4.1 消费日志

和消息生产的最佳实践一样，建议每次消费消息的时候，在代码的第一行先把日志打印出来。其中，除了正常的消息主题、消息 ID 等内容之外，建议要关注其标签、队列、**offset** 等信息，这对于定位消息是否丢失、负载均衡是否合理等都很有作用。其次，对于 Push Consumer 而言，消费是会有消费线程池的，对于新手，经常出现线程池配置有问题导致性能不佳的情况。所以建议日志打印的过程中，能打印出对应的线程名。开发中通过线程名也能观察出有多少线程正在运行。如果最后发现消费了很多消息，但是消费的线程一直都是 ConsumeMessageThread_ ｛消费者组名｝ _1 类似这样相同的名称，那么就需要检查一下线程池的配置了。

▶▶ 3.4.2 消费幂等

正因为 RocketMQ 是 AT-LEAST-ONCE 的投递语义，那么消息是没办法做到避免重复的。如果业务对于消息的重复是敏感的，务必在业务层面做去重处理。

关于去重有很多手段，最简单的就是借助数据库。首先需要确定一条消息的唯一键，通常业务上都可以识别出例如订单 ID 等。在消费之前可以插入数据库中，如果插入成功，证明没消费过，如果有唯一键冲突，证明已经消费过或者消费中，则跳过。

关于如何全面地处理消费幂等内容，会在后面的章节单独讨论。

▶▶ 3.4.3 提高消费并行度

绝大部分的消息消费行为都是 IO 密集型的，例如数据库操作等。这类消费行为的消费速度取决于下游系统或者数据库的吞吐量。大部分情况下，开发者可以提高消费的并行度来提高整体的消费速度。

提高消费并行度的手段有两种：

1）同一个消费组下，增加这个组的消费者实例数量。这是最常用的并行度提高手段。需要注意的是，消费者实例数量不能超过队列的总数量。

2）不提高消费者实例的数量，仅提高消费线程的数量。消费者的线程数可以通过修改消费者参数 consumeThreadMin 和 consumeThreadMax 来实现。

关于提升消费速度的话题，在后面也会有独立章节讲解。

▶▶ 3.4.4 批量消费方式

某些业务的消费流程如果支持批量方式消费，是可以很大程度提高消费吞吐量的。

例如订单扣款的业务流程，假设一次处理一个订单耗时 1s，一次处理 10 个订单可能也只耗时 2s。如果启用并行消费，把订单聚合成 10 个一起批量消费，那么就能提升 5 倍的吞吐量了。

要启用批量消费，可以设置消费者的 consumeMessageBatchMaxSize 参数。此参数默认值是 1，即一次只消费一条消息。例如设置为 10，那么每次消费的消息数最大可以一次 10 条。

▶▶ 3.4.5 大量堆积时跳过历史消息

有些时候消息量很大的情况下，如果消费速度太慢，会有严重的堆积。RocketMQ 的队列中消息都是先进先出的，所以如果堆积了大量消息的话，前面堆积的消息没有消费成功，后面的消息是不能消费的。如果这些堆积的消息不太重要，可以丢弃掉前面的消息来让后面的消息快速进入消费状态，从而让系统达到健康状态。举个例子：一个日历系统可能需要一个消息提醒的功能提醒你准备开会，实现这个功能需要借助 RocketMQ 的消息。假设其中一条消息堆积了一小时，等这条消息开始消费的时候，对比消息产生的时间已经延迟了一小时。这样只会提醒你去开一个一个小时前的会议。这已经没有意义了！这时候还不如把过期的消息丢弃了，从而让新的消息还能准时提醒。

以下是一个示例代码，示意的是如果堆积超出了 10 万条，就立刻抛弃当前消息。

```
public ConsumeConcurrentlyStatus consumeMessage(
      List<MessageExt> msgs,
      ConsumeConcurrentlyContext context) {
    long offset = msgs.get(0).getQueueOffset();
    String maxOffset =
msgs.get(0).getProperty(Message.PROPERTY_MAX_OFFSET);
    long diff = Long.parseLong(maxOffset) - offset;
    if (diff > 100000) {
        // 消息堆积情况的特殊处理,直接丢弃
        return ConsumeConcurrentlyStatus.CONSUME_SUCCESS;
    }
    // 这里正常情况应该补充一个正常消费的逻辑
    // 消费成功
    return ConsumeConcurrentlyStatus.CONSUME_SUCCESS;
}
```

以下是另外一个示例代码，示意的是如果消息堆积了一分钟，就丢弃该消息。

```
public ConsumeConcurrentlyStatus consumeMessage(List<MessageExt> msgs, ConsumeConcur-
rentlyContext context) {
    for(MessageExt msg: msgs){
        if(System.currentTimeMillis()-msg.getBornTimestamp()> 60 * 1000) {// 一分钟之前
的消息认为是过期的
            continue;// 过期消息跳过
        }

        // 这里正常情况应该补充一个正常消费的逻辑

    }
```

```
    return ConsumeConcurrentlyStatus.CONSUME_SUCCESS;
}
```

关于堆积之后的处理手段，在进阶篇中会有单独章节讲述其中的细节。

▶▶ 3.4.6　规范消费者组名

通常情况下，一个微服务应该对应唯一的一个消费者组名。当然有些时候不排除一个服务需要多个消费者组的情况。但无论如何，建议做好消费者组名的命名规范。

理论上，消费者组名只是一个字符串，每个服务都可以任意定义消费者组名。但是一旦不同的微服务的消费者组名重名了，将会出现灾难性的问题：这些微服务将共同分担其中的消息，从而相互影响业务。特别是在一些多个研发团队共用一个消息集群的时候尤为需要注意。

▶▶ 3.4.7　订阅关系保持一致

使用 RocketMQ 的所有开发者必须要理解这样的一句话：同样的消费者组需要具备完全一样的订阅关系。

这意味着如果一个消费者组下有两个实例，这两个实例订阅的主题以及标签都必须一模一样。同样道理，如果使用 SQL92 过滤的话，同一个消费者组下面的两个实例也是需要订阅一模一样的表达式的。

如果出现不一样情况，会有非常奇怪的现象发生。关于这点在进阶篇会详细讲到其原因。

▶▶ 3.4.8　并发消费和顺序消费的选择

顺序消费是 RocketMQ 很强的一个特性。但是这个特性是有代价的，首先顺序消费需要让消费者实例对某个队列进行加锁，其次队列中的消费都是串行的，也就是说前面一条消息不成功，后面的消息会一直等待。

所以正常情况下没有顺序要求的场景，建议都使用并发消费。

▶▶ 3.4.9　起始消费位点的设置

当建立一个新的消费者组时，首先要思考的事情是已经存在于 Broker 中的历史消息应该如何处理。RocketMQ 提供了三个策略：

1）CONSUME_FROM_LAST_OFFSET：将会忽略历史消息，及消费之后生成的任何消息。

2）CONSUME_FROM_FIRST_OFFSET：将会消费每个存在于 Broker 中的信息。

3）CONSUME_FROM_TIMESTAMP：消费在指定时间戳后产生的消息。

通常情况下，选择忽略历史消息是一个较好的选项，因为一个新服务上线的时候，通常关注的是它上线后的业务流程而不是历史的业务。有些场景如果是需要追溯历史消息的，可以考虑使用 CONSUME_FROM_TIMESTAMP 来定位到某个时间点后的消息进行消费。需要注意的是，历史消息可能非常多，所以回溯消费的时候注意会不会压垮系统。

但这里需要特别注意两点：

1）这里的生效范围仅限于新的消费者组，也就是说如果一个老消费者组启动的话，是不遵循这个策略的，而是遵循上次消费到的位点。

2）如果中途更换过消费者组名称的话，也会视为新消费者组。

▶▶ 3.4.10 关于异步消费

在 PushConsumer 中，消费已经是在线程池并发消费的了。不建议在消费逻辑中又另外创建一个线程进行消息的消费，原因在于这样 PushConsumer 在消息回调方法结束的时候会触发位点的提交动作。而位点提交这个动作意味着消息已经被消费成功了，所以如果在回调中额外创建一个线程做消费逻辑的话，意味着位点实际上在消费成功前就提交了，一旦中途发生什么异常，这个消息将不会再被投递消费。从业务的视角上看，这样是没有达到"最少消费一次"的语义的。

▶▶ 3.4.11 消费状态处理

RocketMQ 比 Kafka 优秀的其中一大特性便是在消息消费失败上的处理。RocketMQ 会依靠消费状态自动进行后续的处理，如果消费是成功的，则位点会自动提交，而如果消费是失败的，则会触发延迟重试。

所以使用 RocketMQ 的时候尽量避免用 try-catch 的代码块包裹整个消费逻辑，从而吞掉了所有异常，这样会导致消费失败重试这一特性形同虚设。

同时，读者也需要特别关注：有一些错误其实重复消费多少次都是不可能成功的，最典型的就是反序列化消息的过程。如果反序列化消息都失败了，证明代码出现了 bug，导致消费者不理解具体的字段，或者消息发送到了错误的主题。这时候如果一直抛出异常，会一直浪费 RocketMQ 的资源做无意义的重试。对于处理这种永远无法重试成功的消息，建议以告警+消费成功的方式去处理。

3.5 本章小结

本章介绍了消费者的关键概念，也初步了解了 RocketMQ 消息消费的流程。然后又从实战的维度介绍了 RocketMQ 消息消费的 8 种核心特性。最后介绍了 11 个消息消费的最佳实践，这些实践将在读者的日常开发中起到非常好的指导作用。

3.6 思考题

Push 并发消费的时候会有线程池进行多个消息的消费。如果有位点 1~5 的 5 条消息拉取下来，其中位点等于 3 的消息消费失败了，其他都成功了。那么这时候 RocketMQ 应该怎样提交位点呢？

第4章

▶▶▶▶▶▶▶

RocketMQ运维与管理

截止到现在，读者已经掌握了怎样安装 RocketMQ，以及怎样使用 RocketMQ 了。本章将会介绍一些运维及管理方面的内容。此部分内容会在研发人员的需求测试、生产运维的过程中大量使用到。

4.1 RocketMQ Admin Tool

RocketMQ 原生提供了很多命令行的工具辅助对 RocketMQ 集群进行管理。

▶▶ 4.1.1 认识 RocketMQ 管理工具

以二进制版本编译包为例，假设 RocketMQ 二进制包安装在：

```
/Users/jaskey/rocketmq-all-4.9.5-bin-release
```

那么如果进入其中的 bin 目录，会发现其中准备好了很多脚本文件，如图 4-1 所示。

这里的一些内容其实读者已经有所了解，例如 mqbroker 就是启动 broker 相关的脚本，本书在学习怎样安装 RocketMQ 的相关内容时已经接触过。

这里面有一个 mqadmin 相关的脚本，这是重要的命令行工具，其中包含大量的命令用以管理主题、消费者组和集群等。

▶▶ 4.1.2 使用 RocketMQ 管理工具

要使用 RocketMQ 的管理工具，都是统一的语法。

```
cd bin
./mqadmin <command> <args>
```

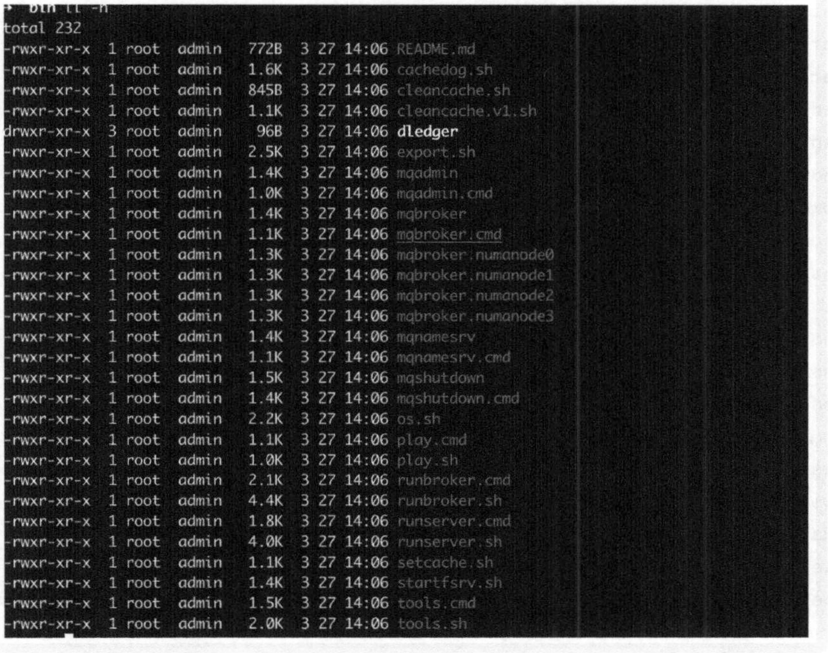

● 图 4-1　RocketMQ bin 目录

其中 command 就是一个一个的命令类型，而 args 则是对应的参数。下面将介绍有哪些命令类型。

要知道总共有哪些类型，很简单，只需要不带参数的执行 mqadmin 命令即可。

```
./mqadmin
```

然后会看到以下输出。

```
The most commonly used mqadmin commands are:
    updateTopic          Update or create topic
    deleteTopic          Delete topic from broker and NameServer.
    updateSubGroup       Update or create subscription group
    deleteSubGroup       Delete subscription group from broker.
    updateBrokerConfig   Update broker's config
    updateTopicPerm      Update topic perm
    topicRoute           Examine topic route info
    topicStatus          Examine topic Status info
    topicClusterList     get cluster info for topic
    brokerStatus         Fetch broker runtime status data
    queryMsgById         Query Message by Id
    queryMsgByKey        Query Message by Key
```

```
    queryMsgByUniqueKey        Query Message by Unique key
    queryMsgByOffset           Query Message by offset
    queryMsgTraceById          query a message trace
    printMsg                   Print Message Detail
    printMsgByQueue            Print Message Detail
    sendMsgStatus              send msg to broker.
    brokerConsumeStats         Fetch broker consume stats data
    producerConnection         Query producer's socket connection and client version
    consumerConnection         Query consumer's socket connection, client version and sub-
scription
    consumerProgress           Query consumers's progress, speed
    consumerStatus             Query consumer's internal data structure
    cloneGroupOffset           clone offset from other group.
    producer                   Query producer's instances, connection, status, etc.
    clusterList                List all of clusters
    topicList                  Fetch all topic list from name server
    updateKvConfig             Create or update KV config.
    deleteKvConfig             Delete KV config.
    wipeWritePerm              Wipe write perm of broker in all name server you defined in
the -n param
    addWritePerm                Add write perm of broker in all name server you defined in
the -n param
    resetOffsetByTime          Reset consumer offset by timestamp(without client restart).
    skipAccumulatedMessage Skip all messages that are accumulated (not consumed) currently
    updateOrderConf            Create or update or delete order conf
    cleanExpiredCQ             Clean expired ConsumeQueue on broker.
    deleteExpiredCommitLog Delete expired CommitLog files
    cleanUnusedTopic           Clean unused topic on broker.
    startMonitoring            Start Monitoring
    statsAll                   Topic and Consumer tps stats
    allocateMQ                 Allocate MQ
    checkMsgSendRT             check message send response time
    clusterRT                  List All clusters Message Send RT
    getNamesrvConfig           Get configs of name server.
    updateNamesrvConfig        Update configs of name server.
    getBrokerConfig            Get broker config by cluster or special broker!
    getConsumerConfig          Get consumer config by subscription group name!
    queryCq                    Query cq command.
    sendMessage                Send a message
    consumeMessage             Consume message
    updateAclConfig            Update acl config yaml file in broker
    deleteAclConfig            Delete Acl Config Account in broker
    clusterAclConfigVersion List all of acl config version information in cluster
```

```
updateGlobalWhiteAddr Update global white address for acl Config File in broker
getAclConfig          List all of acl config information in cluster
exportMetadata        export metadata
exportConfigs         export configs
exportMetrics         export metrics

See 'mqadmin help <command>' for more information on a specific command.
```

其中的第一列就是命令的类型，第二列则是命令对应的简述。

如果想仔细地查看帮助文档，可以输出以下命令获取。

```
mqadmin help <command>
```

以最常用的更新主题为例，当研发人员输入：

```
./mqadmin help updateTopic
```

会看到如下输出：

```
usage: mqadmin updateTopic -b <arg> |-c <arg>  [-h] [-n <arg>] [-o <arg>] [-p <arg>] [-r <
arg>] [-s <arg>] -t
<arg> [-u <arg>] [-w <arg>]
 -b,--brokerAddr <arg>    create topic to which broker
 -c,--clusterName <arg>   create topic to which cluster
 -h,--help                Print help
 -n,--namesrvAddr <arg>   Name server address list, eg:'192.168.0.1:9876;192.168.0.
2:9876'
 -o,--order <arg>         set topic's order(true |false)
 -p,--perm <arg>          set topic's permission(2 |4 |6), intro[2:W 4:R; 6:RW]
 -r,--readQueueNums <arg> set read queue nums
 -s,--hasUnitSub <arg>    has unit sub (true |false)
 -t,--topic <arg>         topic name
 -u,--unit <arg>          is unit topic (true |false)
 -w,--writeQueueNums <arg> set write queue nums
```

更新主题可以输入非常多的参数，每个参数可能有对应的参数值。

例如 -b 表示 Broker 的地址、-c 表示集群名称、-n 表示 NameServer 地址、-t 表示要更新的主题名称、-p 表示这个主题对应的权限值。

其中-b、-c、-n 这 3 个参数几乎所有的命令类型都会用到，因为基本上所有的操作都需要指定 NameServer 或者 Broker 的地址才能进行管理。

每个命令行类型实际上都能在 rocketmq-tools 模块的源码中找到清晰的执行逻辑，所有的命令行实现都在 org.apache.rocketmq.tools.command 这个包下面，如图 4-2 所示。

其中每个实现类都实现了 org.apache.rocketmq.tools.command.SubCommand 接口：

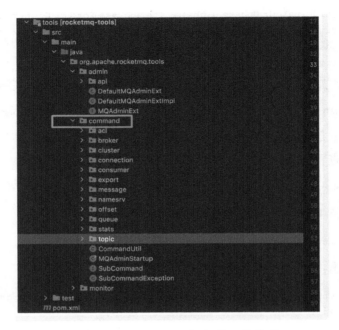

● 图 4-2　RocketMQ 命令行工具结构

```
public interface SubCommand {
    String commandName();

    String commandDesc();

    Options buildCommandlineOptions(final Options options);

void execute(final CommandLine commandLine, final Options options, RPCHook rpcHook)
throws SubCommandException;
}
```

其中实现类的 commandName 方法返回的就是具体命令的命令类型。例如 updateTopic 类型就在 org.apache.rocketmq.tools.command.topic.UpdateTopicSubCommand 类上，其源码如下。

```
package org.apache.rocketmq.tools.command.topic;

import java.util.Set;
import org.apache.commons.cli.CommandLine;
import org.apache.commons.cli.Option;
import org.apache.commons.cli.OptionGroup;
import org.apache.commons.cli.Options;
```

```java
import org.apache.rocketmq.common.TopicConfig;
import org.apache.rocketmq.common.sysflag.TopicSysFlag;
import org.apache.rocketmq.remoting.RPCHook;
import org.apache.rocketmq.srvutil.ServerUtil;
import org.apache.rocketmq.tools.admin.DefaultMQAdminExt;
import org.apache.rocketmq.tools.command.CommandUtil;
import org.apache.rocketmq.tools.command.SubCommand;
import org.apache.rocketmq.tools.command.SubCommandException;

public class UpdateTopicSubCommand implements SubCommand {

    @Override
    public String commandName() {
        return "updateTopic";
    }

    @Override
    public String commandDesc() {
        return "Update or create topic";
    }

    @Override
    public Options buildCommandlineOptions(Options options) {
        OptionGroup optionGroup = new OptionGroup();

        Option opt = new Option("b", "brokerAddr", true, "create topic to which broker");
        optionGroup.addOption(opt);

        opt = new Option("c", "clusterName", true, "create topic to which cluster");
        optionGroup.addOption(opt);

        optionGroup.setRequired(true);
        options.addOptionGroup(optionGroup);

        opt = new Option("t", "topic", true, "topic name");
        opt.setRequired(true);
        options.addOption(opt);

        opt = new Option("r", "readQueueNums", true, "set read queue nums");
        opt.setRequired(false);
        options.addOption(opt);

        opt = new Option("w", "writeQueueNums", true, "set write queue nums");
```

```
            opt.setRequired(false);
            options.addOption(opt);

            opt = new Option("p", "perm", true, "set topic's permission(2 |4 |6), intro[2:W 4:
R; 6:RW]");
            opt.setRequired(false);
            options.addOption(opt);

            opt = new Option("o", "order", true, "set topic's order(true |false)");
            opt.setRequired(false);
            options.addOption(opt);

            opt = new Option("u", "unit", true, "is unit topic (true |false)");
            opt.setRequired(false);
            options.addOption(opt);

            opt = new Option("s", "hasUnitSub", true, "has unit sub (true |false)");
            opt.setRequired(false);
            options.addOption(opt);

            return options;
    }

    @Override
    public void execute(final CommandLine commandLine, final Options options,
        RPCHook rpcHook) throws SubCommandException {
        DefaultMQAdminExt defaultMQAdminExt = new DefaultMQAdminExt(rpcHook);
defaultMQAdminExt.setInstanceName(Long.toString(System.currentTimeMillis()));

        try {
            TopicConfig topicConfig = new TopicConfig();
            topicConfig.setReadQueueNums(8);
            topicConfig.setWriteQueueNums(8);
topicConfig.setTopicName(commandLine.getOptionValue('t').trim());

            // readQueueNums
            if (commandLine.hasOption('r')) {
topicConfig.setReadQueueNums(Integer.parseInt(commandLine.getOptionValue('r').trim()));
            }

            // writeQueueNums
            if (commandLine.hasOption('w')) {
topicConfig.setWriteQueueNums(Integer.parseInt(commandLine.getOptionValue('w').trim()));
```

```
        }

        // perm
        if (commandLine.hasOption('p')) {
topicConfig.setPerm(Integer.parseInt(commandLine.getOptionValue('p').trim()));
        }

        boolean isUnit = false;
        if (commandLine.hasOption('u')) {
            isUnit = Boolean.parseBoolean(commandLine.getOptionValue('u').trim());
        }

        boolean isCenterSync = false;
        if (commandLine.hasOption('s')) {
            isCenterSync = Boolean.parseBoolean(commandLine.getOptionValue('s').
trim());
        }

        int topicCenterSync = TopicSysFlag.buildSysFlag(isUnit, isCenterSync);
        topicConfig.setTopicSysFlag(topicCenterSync);

        boolean isOrder = false;
        if (commandLine.hasOption('o')) {
            isOrder = Boolean.parseBoolean(commandLine.getOptionValue('o').trim
());
        }
        topicConfig.setOrder(isOrder);

        if (commandLine.hasOption('b')) {
            String addr = commandLine.getOptionValue('b').trim();

            defaultMQAdminExt.start();
defaultMQAdminExt.createAndUpdateTopicConfig(addr, topicConfig);

            if (isOrder) {
                String brokerName = CommandUtil.fetchBrokerNameByAddr(defaultMQAd-
minExt, addr);
                String orderConf = brokerName + ":" + topicConfig.getWriteQueueNums();
defaultMQAdminExt.createOrUpdateOrderConf(topicConfig.getTopicName(), orderConf,
false);

                System.out.printf("%s",String.format("set broker orderConf.isOrder=%s,
orderConf=[%s]",
                    isOrder, orderConf.toString()));
            }
```

```
            System.out.printf("create topic to %s success.%n", addr);
            System.out.printf("%s", topicConfig);
            return;

        } else if (commandLine.hasOption('c')) {
            String clusterName = commandLine.getOptionValue('c').trim();

            defaultMQAdminExt.start();

            Set<String> masterSet =
CommandUtil.fetchMasterAddrByClusterName(defaultMQAdminExt, clusterName);
            for (String addr : masterSet) {
defaultMQAdminExt.createAndUpdateTopicConfig(addr, topicConfig);
                System.out.printf("create topic to %s success.%n", addr);
            }

            if (isOrder) {
                Set<String> brokerNameSet =
CommandUtil.fetchBrokerNameByClusterName(defaultMQAdminExt, clusterName);
                StringBuilder orderConf = new StringBuilder();
                String splitor = "";
                for (String s : brokerNameSet) {
orderConf.append(splitor).append(s).append(":")
                        .append(topicConfig.getWriteQueueNums());
                    splitor = ";";
                }
defaultMQAdminExt.createOrUpdateOrderConf(topicConfig.getTopicName(),
                    orderConf.toString(), true);
                System.out.printf("set cluster orderConf. isOrder=%s, orderConf=
[%s]", isOrder, orderConf);
            }

            System.out.printf("%s", topicConfig);
            return;
        }

        ServerUtil.printCommandLineHelp("mqadmin " + this.commandName(), options);
    } catch (Exception e) {
        throw new SubCommandException(this.getClass().getSimpleName() + " command
failed", e);
    } finally {
        defaultMQAdminExt.shutdown();
    }
    }
}
```

可以看到，UpdateTopicSubCommand 类就是命令 updateTopic 的实现类，这一点可以从 commandName 的实现看出来。而 commandDesc 的内容其实就是研发人员输入 mqadmin 命令时，输出命令列表中的第二列（命令描述）。

正常情况下，读者没有必要去阅读命令行的源码。但是有些时候阅读这部分的源码会很有帮助，例如以下两种情况：

1）研发人员需要开发一套新的管理系统，以便接入公司的 OA 权限、审计等。事实上，社区提供的 RocketMQ Dashboard 里面的管理集群相关的代码基本和 tools 模块中的代码逻辑相差不大，只要有前端开发的能力，完全可以重新实现一套新的管理控制台。

2）需提供更灵活的脚本的时候，如批量迁移某些主题到某个集群。

遇到这两种情况，研发人员需要开发命令工具，参考其中的源码实现能够事半功倍。

4.2 RocketMQ Dashboard

前面章节已经介绍过 RocketMQ Dashboard 是一个 RocketMQ 的特殊客户端。RocketMQ Dashboard 和生产者或者消费者这种普通的客户端之间没有本质的区别，它们都需要从 Name Server 获取 Broker 的地址，都需要和 Broker 建立网络连接，并且通过同样的一套网络通信协议进行交互，区别仅仅是交互的过程可能是不同的命令罢了。

▶▶ 4.2.1 Docker 方式安装 RocketMQ Dashboard

本节介绍如何安装 RocketMQ Dashboard，推荐使用 docker 的方式。下面介绍如何使用 docker 进行镜像安装。

第一步，通过 docker 拉取 rocketmq-dashboard 镜像。

```
$docker pull apacherocketmq/rocketmq-dashboard:latest
```

第二步，直接在 docker 容器中运行 rocketmq-dashboard。

```
$docker run -d --name rocketmq-dashboard -e
"JAVA_OPTS=-Drocketmq.namesrv.addr=127.0.0.1:9876" -p 8080:8080 -t apacherocketmq/rock-
etmq-dashboard:latest
```

其中命令的一些参数里，需要特别关注的是 rocketmq.namesrv.addr 要替换为读者自己的 Name Server 的地址及端口。

这样就可以通过本机的 http://localhost:8080 进行访问了，如图 4-3 所示。

注意，如果服务器开通了防火墙，需要对端口号进行开放。默认情况下，下面这些端口是需要开放的：

● 图 4-3　RocketMQ Dashboard 截图

- RocketMQ Dashboard：8080。
- Name Server：9876。
- Broker：10909、10911。

▶▶ 4.2.2　源码方式安装 RocketMQ Dashboard

当然，也可以选择通过源码的方式安装 RocketMQ Dashboard。稍微会麻烦一点，首先，需要去 GitHub 地址 https://github.com/apache/rocketmq-dashboard 上下载源码并解压缩。

然后使用 maven 进行编译。

```
$mvn clean package -Dmaven.test.skip=true
```

编译后，得到对应的 jar 包，即可通过以下命令运行 rocketmq-dashboard。

```
$java -jar target/rocketmq-dashboard-1.0.1-SNAPSHOT.jar
```

同样道理，启动成功后，可以通过 http://localhost:8080 进行访问。

通过源码方式启动的前提下，开发者通常需要修改对应的端口或者 Name Server 地址，这需要在 src/main/resources/application.yml 中修改对应的配置。

```
server:
    port: 8080

...

rocketmq:
    config:
        # 配置 Name Server 地址,可以参考以下方式,多个不同的集群地址可以分成多行配置
        namesrvAddrs:
            - 127.0.0.1:9876
            - 127.0.0.2:9876

...
```

▶▶ 4.2.3 使用 RocketMQ Dashboard

进入 Dashboard,读者可以看到页面顶部有一个导航的模块(如图 4-3 所示),RocketMQ Dashboard 模块如表 4-1 所示。

表 4-1 RocketMQ Dashboard 模块

模　块	功　能
运维	可以修改 Name Server 地址以切换集群;选用是否开启 VIPChannel
驾驶舱	查看 Broker、主题的消息量等仪表盘
集群	查看集群的基本状态,也可以查看、修改 Broker 配置
主题	搜索、筛选、删除、更新/新增主题、发送消息、重置消费位点等常用的功能
消费者	搜索、删除、新增/更新消费者组,查看消费者终端、消费详情、配置等
消息	消息记录、死信消息、消息轨迹等

使用 RocketMQ Dashboard 是很容易的所见即所得的操作,下面介绍一个常见的操作:创建主题。

需要创建一个主题,操作者需要切换到"主题"模块,然后单击"新增/更新"按钮,实际上和前面介绍的 updateTopic 命令工具是一个底层实现。

这时候就会看到类似图 4-4 所示的界面。

只需要输入对应的主题名称,就能修改其队列数量或者权限。

这里需要注意的是,有时候同样名字的主题可能同时创建在多个不同的 Broker 中,这时候

需要选择多个 Broker 进行更新，因为默认只选中了一个 Broker，那么就只会在选中的 Broker 中生效。

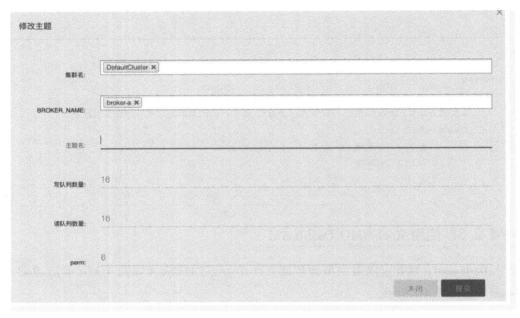

● 图 4-4　RocketMQ Dashboard 截图——修改主题

4.3　主题管理实践

在已经掌握了使用 Admin Tool 或者 Dashboard 去创建、更新主题的配置后，下面将介绍一下主题管理的一些常用实践场景。

▶▶ 4.3.1　主题分类

RocketMQ 同时支持 Topic 和 Tag 两个概念。但是在使用上，很多人会有这样的疑惑：什么情况下应该新建一个 Topic 去承接一类新的消息，什么情况下应该复用原来的 Topic 而采用新的 Tag 去承接这类消息。一定程度上，读者可以认为 Topic 是消息的一级分类，而 Tag 是二级分类。官网上推荐的实践是一个应用尽可能用一个主题，有子类型要求的则可以用 tags 来标识。

但是尽可能复用不意味着不加区分地对其进行复用，消息的主题总是需要从不同的维度去独立管理的。研发人员可以从以下几个方面进行判断，如果符合这些条件，建议都从主题维度去独立管理。

1）消息类型是否一致。如普通消息、事务消息、定时（延时）消息、顺序消息、广播消息，这些消息因特性本来就不同，哪怕做的事情差不多，也建议从主题上区分。例如一个订单的主题，如果有些系统需要顺序消费、有些系统需要广播消费、有些系统需要延迟消费，建议用三个主题管理。

2）业务是否强关联。完全不同业务类型的消息，如交易消息和物流消息，当然应该用主题维度进行区分；但同样是订单类的消息，电器类订单、女装类订单、化妆品类订单都可以用同一个主题管理，消息里面可以用标签进行区分。

3）消息重要程度是否一致。因为主题共用之后，里面的消息就是 FIFO 的，如果说有一些重要的消息和不重要的消息混用一个主题，就可能出现这样一个场景：不重要的消息先来，但是大量堆积，那么重要的消息就没机会及时消费了。

4）消费优先级是否一致。例如同样是物流业务，A 品类要求 1h 内送达，B 品类要求 24h 内送达。那么这时候就应该保证 A 品类背后的消息有更高的消费优先级，A 品类的消息如果延迟了，可能直接就影响送达时效的承诺了。而 B 品类的消息延迟了一会儿也没关系，因为它的延迟容忍性更高。

▶▶ 4.3.2　主题命名

主题的命名通常情况下不会影响到系统的功能，但是一个良好的命名能减少整个集群的管理成本，而且能避免一些奇怪的 Bug。主题的命名没有统一的标准，每个公司都会有自己的规范。研发人员可以考虑以下几个因素，在命名中有所体现。

1）系统名称。有些时候多个系统会复用一套 RocketMQ 集群，这时候有可能会出现主题"打架"的情况。例如，现在准备创建一个主题 topic_order，一个开发人员看到集群上已经有一个了就直接拿来用。殊不知，其实这个 topic_order 是 A 系统开发人员建立的，如果 B 系统往这个主题发送的话，肯定会影响对应消费者的消费稳定性（因为格式可能完全不一样），带来一些不可预知的问题。

2）环境管理。这种情况特别容易出现在测试环境。通常情况下，由于成本，团队无法部署、购买多套测试环境的 RocketMQ 集群。那么这时候就需要在一个 RocketMQ 集群里同时支持多套测试环境。一个比较可行的实践是每套环境都是独立的一套主题集，例如一套业务系统需要 10 个主题才能完整地支持，现在需要 4 套独立的测试环境。那么可以每套环境都建立 10 个主题，主题的命名上都以环境名作为后缀，例如 topic_pay_test1、topic_pay_test2，以此类推。同样道理，有时候现网也有灰度环境和正式环境，主题一样可以用_pre、_formal 这样的环境标识后缀来区分。

3）前面提到，一些不同特性的消息建议区分主题去管理。所以如果一个主题里的消息是延迟消息，那么命名上以 delay_ 作为前缀，如果一个主题内的消息都是事务消息，命名上以 trans_ 作为前缀。

▶▶ 4.3.3 队列数管理

RocketMQ 的队列数会很大程度地影响消费的并行能力。默认情况下，RocketMQ 会基于消费者的实例数量来平均分配一个主题下的队列数。例如一个主题下队列数量是 8 个，如果消费这个主题的实例数量有 4 个，那么每个实例将会获得 2 个队列。

这里队列的数量就需要考虑以下几点。

1）队列数量要大于等于消费者实例数量。因为一个队列不能被共同占用，所以如果队列数量少于消费者数量的话，那么有些消费者实例是无法获取到队列的，也就是空载，会形成资源浪费。

2）消费平衡。默认情况下，RocketMQ 分配队列给消费者实例的策略是平均策略，但是队列无法被共同占有，所以如果队列数量不是消费者实例数量整数倍的情况下，肯定有些实例获取到的队列数量会更多，有些会更少，这时候不同消费者实例的负载其实是不一样的。所以建议消费者实例数量需要是队列数量的整数倍。

3）队列的数量不宜太多。第一，RocketMQ 管理队列是存在一些成本的，例如队列数越多，理论上写入的性能是会有所下降的。第二，因为 RocketMQ 消费者收到队列的消息后是放到线程池中并行消费的，也就是说消费速度最终受限于线程池的消费速度，并不是受限于队列中获取消息的速度。这意味着队列数量越多，消费速度并不会有所提升。基于这两点，研发人员应该将队列的数量控制在较小的范围内。一般而言，队列的数量等于消费者实例的数量就已经能达到非常好的性能了。但是如果两者的数量刚好是 1∶1 的话，在消费者实例数量需要扩容时，就会遇到实例数量比队列数量多的情况，导致扩容出来的消费者并没有队列可以承载。所以，笔者建议消费者实例数量与队列数量的比例控制在 1∶2 或者 1∶3 为佳。

4）读写队列的数量。绝大多数情况下，读队列和写队列都应该是相等的。但是有些特殊的情况，可以临时配置成不一样的数量。例如当前的队列数是 4，不够用，需要扩容更多的队列到 8。这时候如果一下子把读队列数量和写队列数量都调到 8，可能会出现这样一个情况：在扩容队列的瞬间，某些消息的消费延迟变长了。原因是，当写队列的数量扩容到 8 个的时候，消息就能马上写入了，但是队列的分配是需要一些时间的，并没有那么快，那么短时间内就可能出现一些消息进入了新扩容的队列中，但是还没有把这个新扩容的队列分配出去给消费者的情况。在这段时间内，这些消息就无法及时消费了。所以在扩容队列的时候可以分成两步执行，第一步先扩容读队列数量，第二步观察消费者实例已经获取到了这些新的队列之后，再调整读队列的数量。用这个方法即可避免扩容队列的过程中部分消息消费延迟变长的问题。

4.4 测试环境实践

接下来会讨论一个相对比较独立的话题：RocketMQ 测试环境的实践。为什么这个话题有必要单独拿出来讲呢？主要因为以下 3 点。

1）研发、测试人员接触开发、测试环境的时间会远远大于生产环境。而且生产环境一般有运维人员帮助操作，然而测试环境则无论是管理还是维护都是研发、测试人员进行的，所以如何有序地维护好一套测试环境至关重要。

2）大部分企业特别是互联网企业，业务需求迭代特别快，这就要求研发团队拥有很多套测试环境才能保证环境之间相互独立，互不干扰。那么保证环境维护的高效且消息不会窜乱，就必须要有一套可行且易用的管理方法。

3）多套不同测试环境的管理，一定程度上也是生产环境的镜像管理。例如生产上可能会有预发环境、灰度环境、生产环境，这里的环境管理通常是相互独立的。要保证现网发布到多个环境在理论上是稳定、可行的，也需要有配套的测试环境的架构去验证这个效果。那么在设计上，对应过来的测试环境也应该是映射成相互独立的测试环境，以便如果有跨环境的问题，能在测试环境暴露。

下面介绍几种对于多套环境独立维护相对可行的模式。

▶▶ 4.4.1 独立集群模式

这是最简单且最有效的模式之一。假设现在有 2 套测试环境，一套称为 test-1 环境，另一套称为 test-2 环境。现在可以申请两套独立的 RocketMQ 集群来支撑。

两套独立的集群，无论消息的生产还是消费都完全独立。同时，更重要的是主题的设置（如主题名称）、消费者的配置（如消费者组名）都可以一样，这样大大减少了维护的难度，不同的环境只需要配置正确的集群地址即可，其模式如图 4-5 所示。

那对应的生产环境的配置也一模一样，如图 4-6 所示。

这个方案的优势是隔离程度高、理解简单、维护容易。劣势是因为多套物理集群的部署，导致成本较高，而且当环境很多的时候，维护的复杂度也会变大（如 10 套环境就需要在 10 套环境上创建一样的主题、消费者组名等）。同时，不支持动态创建测试环境，例如有些团队需要一个需求动态地拉起一套独立的测试环境，以便于敏捷地独立开发、测试，这时候因为 RocketMQ 集群需要一个独立的物理集群，导致很难支持。

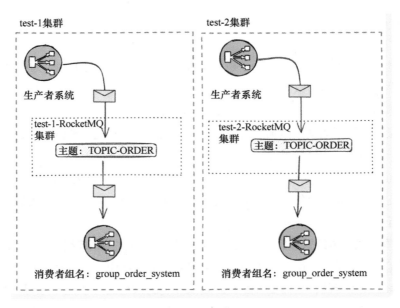

● 图 4-5 独立集群模式示意——测试环境

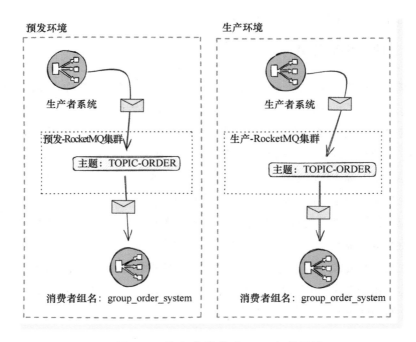

● 图 4-6 独立集群模式——生产环境

▶▶ 4.4.2 独立主题模式

独立集群模式虽然比较简单，但是它的部署成本会比较高，同时也不太灵活。还有一个更轻便的模式就是独立主题模式。以下同样以两套测试环境 test-1 和 test-2 为例。研发人员可以只部署一套 RocketMQ 集群，但是每一套环境都拥有独立的主题（以环境名作为后缀），例如 TOPIC-

ORDER 这个主题在 test-1 这套环境下，它完整的主题名是 TOPIC-ORDER_test-1，而在 test-2 这套环境下，它完整的主题则为 TOPIC-ORDER_test-2。但是使用这种独立主题模式一定要注意，就是两套环境的消费者组的组名也是需要增加环境标识的，例如 group_order_system_test-1 和 group_order_system_test-2。否则就会出现连接到同一个 RocketMQ 集群的同一个消费者组的组名拥有不一样的订阅关系的问题，如图 4-7 所示。

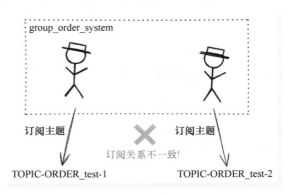

● 图 4-7 订阅关系不一致示意

完整的独立主题模式示意如图 4-8 所示。

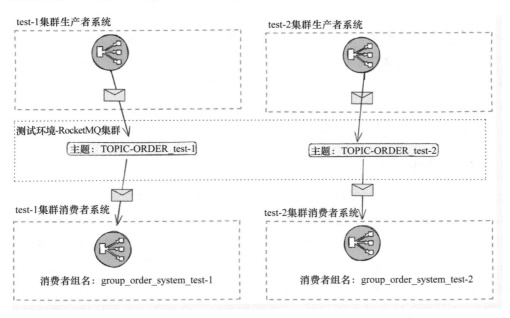

● 图 4-8 独立主题模式示意——测试环境

这种模式对应到生产环境，如图 4-9 所示。

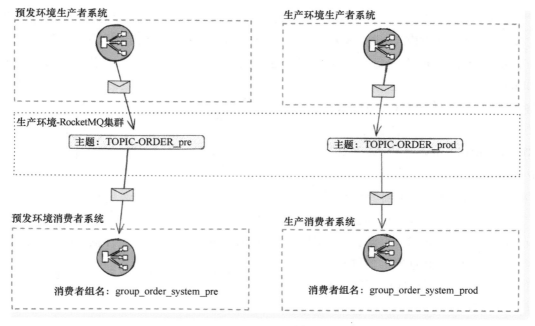

●图 4-9 独立主题模式示意——生产环境

独立主题模式的好处是，成本比较低，如果要支持动态测试环境的话，不需要独立的 RocketMQ 集群，只需要建立对应环境的消费者组和主题即可（可以借助 Admin Tool 开发配套的环境管理工具）。

独立主题模式的缺点是需要管理的主题比较繁多，而且需要在业务代码上做一些环境后缀的改造（通常情况下需要借助配置中心的能力）。

▶▶4.4.3 Tag 路由模式

独立主题模式对比独立集群模式确实能节省很多成本，但是在某些场景下例如公有云上购买 RocketMQ 集群的话，更多主题的数量也是一样需要更高的成本的。如果测试环境数量非常多，甚至是动态拉取环境的，那么维护如此多的主题所带来的费用成本也是较高的。

还有一个较为巧妙的模式能极大地压缩成本，就是 Tag 路由模式。这个模式是巧妙地利用了 RocketMQ 支持消息过滤的特性。研发人员可以把每一个不同环境的消息打成一个独立的标签。例如 test-1 环境就打 test1 标签，而 test-2 环境则打 test2 标签。不同环境的消息也是往同样的一个物理集群的同一个主题上进行消息的发送。然后不同环境的消费者实例在订阅同一个主题的时候，通过订阅不同的标签实现消息的隔离消费。但是这里同样要注意和独立主题模式一样的问题，就是不同环境的消费者组的组名一定要不一样，否则会出现同一个消费者组的组名订阅关系不同的问题。

这个模式如图 4-10 所示。

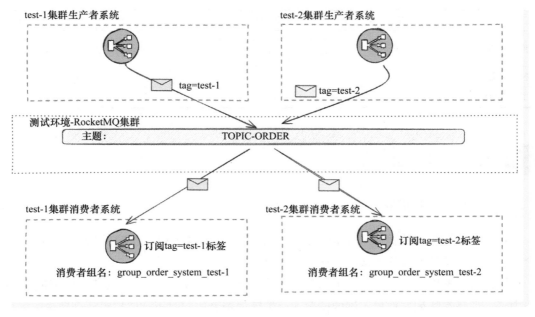

● 图 4-10　Tag 路由模式示意

这个模式可以使得主题数量只有一个，集群也是只有一个，物理上维护的成本会很低。例如需要并行做 10 个需求，现在需要动态地新增 10 套独立的环境，那么从资源的管理上是完全无须新增集群或者新增主题的，只需要在业务代码上做好对应的支持即可——订阅主题的时候把对应环境的标签订阅上。

这个模式最大的问题有两点：

1）RocketMQ 发送消息的时候只能打一个标签，所以如果开发人员要在发送消息的时候打上环境的标签，那么就没有办法继续打上别的标签了。要解决这个问题，可以使用 Property 过滤的方式去规避，因为同一条消息是可以添加很多 Property 的。

2）消息都进到相同的主题意味着不同环境的消息都进到同一个队列中，那么排查问题的难度会上升，特别是和 offset 相关或者消息窜乱的问题排查起来可能会变复杂。也正是这个原因，个人不建议把这种模式带上生产环境，如果测试环境需要使用这个模式，那么生产环境从维护的角度上建议还是切换到独立集群模式或者独立主题模式。

▶▶ 4.4.4　三种模式的优劣对比

下面简单用一张表格来对比一下三种模式的优劣点，如表 4-2 所示。

表 4-2　不同方案的维护集群对比

方　案	物 理 成 本	研发维护难度	实 现 难 度	环境灵活度
独立集群模式	高	低（在环境很多的情况下难度会线性上升）	低	低
独立主题模式	中	低	中	高
Tag 路由模式	低	高	中	高

4.5　生产环境运维实践

▶▶ 4.5.1　集群扩容

在生产上需要扩容的例子非常常见，其中最常见的扩容手段是扩容消费者的消费能力。这个在手段上最常见的就是直接增加消费者实例。

如果在前期规划良好，且主题下的队列数有盈余的话，直接扩容消费者实例就能提高并行能力了。但是在队列的数量不够的情况下，扩容消费者的同时还需要扩容队列数。

关于扩容主题的队列数，其实也有讲究。主题下的队列数是分读队列数和写队列数的。如果一起扩容，可能会发现有一些消息的消费延迟很高。这里的原因在于，写队列数扩容后，很快就可以生效了，因为写队列一旦更新成功，新的消息就能马上写入了。但是读队列数扩容后，消息却不一定能马上被读到。消息无法马上被读取的原因在于读队列的数量变大后，还需要一个过程把新增加的这些队列分配出去，这依赖于客户端重排的速度，这个速度不一定那么及时。一旦重排所需的时间比较长，消息就可能堆积在里面而比较晚才被消费到。在某些消息比较敏感的场景是不能接受的。

所以主题队列的扩容最好是采取以下的步骤：

1）扩容读队列数。

2）观察所有队列的分配情况，直到所有队列都分配了消费者实例。

3）扩容写队列数。

▶▶ 4.5.2　集群迁移

在某些必要的情况下，研发团队可能需要对生产的集群迁移到另外一个新的集群中，这里的原因有如需要机房迁移或者原集群的机器配置太低等。

如果这件事需要在生产环境进行，那么需要做到以下两点。

1）对研发人员透明。

2）迁移过程不能发生消息丢失。

要实现这两点，可以分为以下步骤。

第一步：部署新集群。这里的部署需要完整地把原集群对应的配置等量地迁移过来，并完成基本的集群测试。这里特别需要关注以下 3 点。

1）新集群虽然是一个新的物理集群，但是需要挂在原来的 Name Server 集群下，这样才能对所有业务系统透明，实现把流量自动引导过来。

2）主题、消费者组的创建是否完整。例如队列的数量、主题的权限、消费者组的配置。

3）新集群的服务端配置是否和原集群一致，特别是性能相关的配置。

第二步：观察消息读写的情况。因为新集群也是挂在原来的 Name Server 下面，所以生产者会自动探活新的集群，那么在写负载均衡的时候，自动把部分消息写到新集群中。同样道理，部分的消费者实例也会获取到这个新集群的队列，从而消费其中的消息。

这个过程如果发现有问题，可以通过以下两个手段禁用新集群。

1）把新集群立刻关闭或者修改其 Name Server 上报的地址（例如到另外一个假集群、不存在的地址等），从而实现让业务系统看不见此新建的 Broker 集群。

2）修改新集群的权限，把新集群的读、写权限都禁用。

第三步：逐步下线老集群。要优雅地下线老集群，研发人员可以先把原来老集群的写权限回收。这样新的消息就写不进老集群中。然后观察所有主题的残留消息是否都被消费完成后，则可以发现原集群读和写都没有流量了，这时候就可以下线原集群中的机器。

最后，如果 Name Server 需要修改，可以把新的 Name Server 地址新增到 Broker 的配置中（注意不要直接替换，否则业务系统会找不到 Broker 集群）。最后待合适的时机让业务系统切换 Name Server 集群的地址。

4.6　RocketMQ 常见部署架构

4.6.1　单主模式

要维持最基本的功能，只需要部署一个"主"即可，单主模式如图 4-11 所示。

这种模式下，通常 Name Server 只有一个节点，因为 Broker 作为消息存储的单元如此重要，也仅仅部署一个节点，那么 Name Server 只是做路由发现的，也没有必要特殊去提升其可用性了，甚至部署上 Broker 和 Name Server 都是在同一台机器上的。

这种模式虽然简单，但是已经足够完成所有 RocketMQ 的功能了，比较适合开发环境或者测试环境使用。其优点是维护非常简单，物理成本极低。缺点是没有任何容灾能力、可用性差，非常不推荐生产环境使用。

▶▶ 4.6.2　主备模式的架构

主备模式是最常见的部署模式之一，这种情况下 Broker 的数据存在多个副本，其容灾能力会大大提升，并且 Broker 因为数据存在多个副本，所以当主节点宕机后，备节点也能马上接管读请求，消费是不会受影响的。比较可惜的是，默认情况下的 RocketMQ 是不支持主备切换的，这意味着如果主节点宕机了，写请求就会失败。在 RocketMQ 4.5 之后有一个 Dledger 的集群模式，可以解决主备切换的问题，但由于 Dledger 在实际生产上使用的场景并不是很多，在此不过度展开。

主备模式如图 4-12 所示。

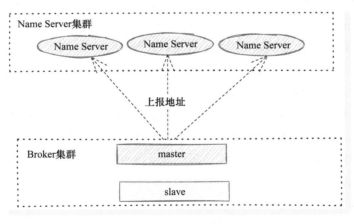

●图 4-12　主备模式

从示意图可以看到，这里的部署模式除增加了备节点外，Name Server 也使用了集群部署。这是因为既然 Broker 是高可用的，那么从整体架构的角度来看，Name Server 也应该要高可用的。

此模式适用于绝大部分的互联网生产架构部署。

主备模式维护容易、架构简单且具备很高的读可靠性和消息容灾能力，但它也有缺点：缺乏写的高可靠性。那么是否就意味着 RocketMQ 没有办法解决写的高可靠呢？并不是。采取多主模式就可以解决这个问题。

▶▶ 4.6.3　多主模式的架构

多主模式实际上还是主备模式。假设有一个主节点和一个备节点拥有一样的 Broker Name 配置，那么会被认为是同一个组的。而一个集群下，是可以部署很多组 Broker 的。这就意味着研发人员可以在同一个集群上，部署两组主备模式的 Broker。如果在这两组 Broker 上创建完全一样的主题，这样从客户端的角度来看，就和只有一组 Broker 几乎没有区别。两组 Broker 会作为一个统一的集群参与到整体的负载均衡上来。这就意味着，所有的写操作实际上是在两组 Broker 上均摊的，如果其中一组 Broker 的主节点挂了，虽然这组 Broker 不能进行写入了，但是因为还有另一组 Broker 的存在，所以写操作还是可用的。

多主模式的示意如图 4-13 所示。

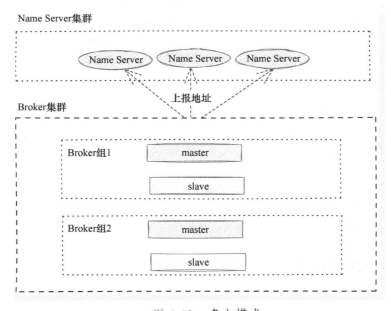

● 图 4-13　多主模式

多主模式除了能增加写的可用性之外，还有一个显著的好处，就是横向提升了整个 RocketMQ 集群的性能。Broker 是数据存储的单元，当写请求来到某个 Broker 的节点后，这个请求背后的消息就必须要落在这个节点背后的机器上。这意味着写请求最后的瓶颈其实就是这台机器的性能；同样道理，当读请求需要读某个队列的消息的时候，这个读请求依旧会固定到这个队列所存储的机器上，也就意味着某个队列的读性能最终瓶颈也受限于该机器。机器的性能不可能无限度地垂直扩容，但是当研发人员进行多主部署后，理论上一个主题的读写都会均摊到更多的 Broker 组上，从而横向扩展了整个 Broker 集群的消息读写能力。

即便多主模式已经很优秀了，能应对绝大部分互联网业务在生产环境的要求，但是它依旧存在一个不足，就是在存储上，同一组的消息（无论是 master 还是 slave）都存储在了一个机房上。

假设部署了两组 Broker，分别在北京的汇天集群和北京的昌平集群。如果汇天集群发生了整体性的故障导致磁盘都坏了，那么是没办法恢复汇天集群的消息的。也就是说，消息的容灾性仅仅是单机房的，无法做到跨机房的消息高可靠，如图 4-14 所示。

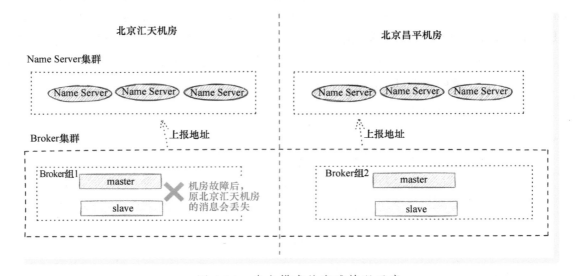

● 图 4-14　多主模式的灾难情况示意

为了解决这个问题，可以把多主模式升级为同城灾备模式。

▶▶ 4.6.4　同城灾备模式

1. 什么是同城灾备模式

同城灾备模式希望做到以下两点。

1）消息的可靠性是可以做到跨机房的，也就是说一个机房的灾难并不会导致消息的丢失。

2）整个集群是垮机房高可用的，也就是说一个机房发生灾难的时候，整个 RocketMQ 集群的读写是不会中断的。

要做到这两点，首先，针对单一组的 Broker，研发人员需要跨机房进行部署，例如主节点部署在汇天机房的话，备节点则部署到昌平机房；反过来如果主节点部署在昌平机房，则备节点部署到汇天机房，如图 4-15 所示。

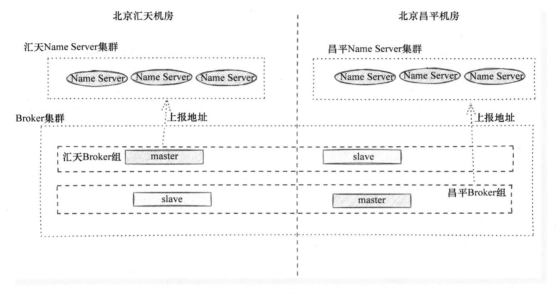

● 图 4-15　同城灾备模式

这样以后，北京汇天机房的生产者通过接入北京汇天机房的 Name Server 集群，就可以把消息发送到该机房的集群，而消费者则可以从汇天机房的集群进行消费，并且因为备节点部署在昌平机房，所以如果汇天机房发生了重大故障，理论上，运维人员可以从昌平机房的备节点恢复服务（例如把备节点人工修改为主节点重启）。

2. 同城灾备模式解决消息跨机房高可用问题

通过图 4-15 所示模式的部署架构直接解决了跨机房读的问题。例如汇天机房的 master（主）宕机了，因为昌平机房依旧存在节点，所以昌平机房的 slave（备）会自动接手读服务。

当然，细心的读者可能会发现这个模式有一个致命的缺点，就是如果汇天机房的 master 所在的机器宕机了，那么汇天机房就不可写入了，这是因为没有在汇天机房部署多主模式。所以更好的同城灾备模式如图 4-16 所示。

这样部署以后，单一个机房的任意 master 不可用，都还有另外一组 Broker 组的 master 可以提供写服务。

但这里部署还有一个性能上的隐患，有些时候同步策略选择的是同步写入策略，这就意味着消息需要写入至少两个节点才会返回给生产者。像图 4-16 所示的部署模式，如果部署上是同步写入策略，当消息进入汇天机房的 master 后，是需要等待昌平机房的 slave 写入完成后才能返回的，但写入的延迟会变得很高。为了解决这个问题，建议额外再部署一个 slave 节点（在和 master 一起的机房），这样就不会受跨机房的"短板"节点拖累整体的写入性能，如图 4-17 所示。

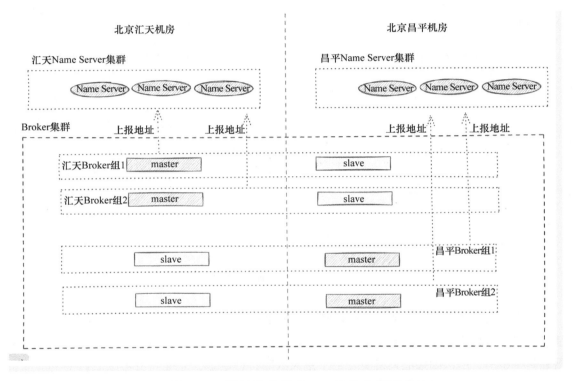

● 图 4-16　同城灾备模式——跨机房高可靠

3. 同城灾备模式解决 Name Server 跨机房高可用问题

图 4-17 的模式已经非常接近完美了，但其还有一个不足之处在于 Name Server 集群没有跨机房高可用，这意味着如果整个汇天机房完全崩溃了，新启动的服务其实没办法通过汇天机房的 Name Server 找到集群的地址，所以理论上没办法做到全方位的跨机房容灾。要解决这个问题，可以通过把两个机房的 Name Server 集群混合成一个跨机房部署的集群来解决，如图 4-18 所示。

这样之后，如果汇天机房整体发生了故障，会有以下 4 点跨机房的灾难恢复保障。

1）由于昌平机房中的 Name Server 机器依旧是可用的，所以在寻址上不会出现长时间服务中断。

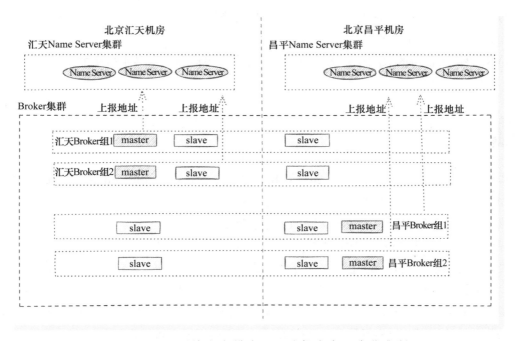

● 图 4-17　同城灾备模式——跨机房高可靠优化版

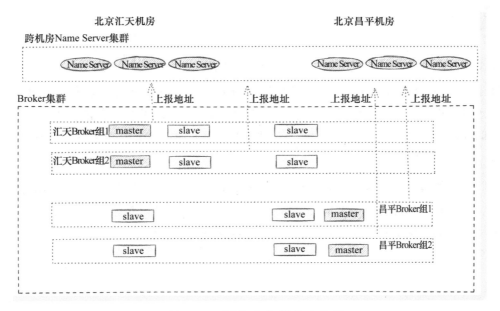

● 图 4-18　同城灾备模式完整版

2）由于昌平机房依旧存在可用的 Broker 组，所以会写入昌平的 Broker 组中。

3）由于汇天机房 Broker 组中的 slave 依旧是可用的，故原汇天 Broker 组的队列可以从该组的 slave 中继续消费。

4）如果汇天机房的故障导致所有磁盘都损坏了，也能通过在昌平机房的副本节点中进行恢复。

4.7 本章小结

本章介绍了如何使用 RocketMQ Admin Tool 以及 RocketMQ Dashboard 去管理 RocketMQ 集群，如主题创建。而后针对主题的管理给出了一些实践的建议。同时在测试环境和生产环境的实践上，本章也给出了一些最佳实践的引导，相信这些内容能指导各研发团队在研发过程中更好地使用、管理好 RocketMQ 集群。

最后，在部署模式的话题上，本章介绍了最简单的单主模式具有简单易用的优点，适用于研发、测试环境使用。同时介绍了主备模式是最常见的模式之一，可以适用于绝大部分生产场景，但是无法解决写高可用的问题。随后介绍了多主模式是如何解决写高可用问题的。最后进阶地讨论到了跨机房场景下如何部署一套可靠的同城灾备模式。

4.8 思考题

思考题一

在生产环境迁移的过程中，可以在原有的 Name Server 集群中新增一套独立的 Broker 集群来实现无缝迁移。但这个过程可能是有风险的，例如流量一过来发现有些消费者没启动成功等，这时候成熟的公司会要求这个过程能实现灰度，请问如果要逐步放量的话，该如何实现？

思考题二

在同城灾备模式中，由于 Name Server 和 Broker 都是跨机房部署的，这对于生产者和消费者而言，在逻辑上都是同一套大集群。这可能会导致 50% 的请求是跨机房访问的。能否在维持相同可用性的前提下解决此问题呢，即在不出现灾难的情况下，尽可能让读写请求都闭环在本机房？

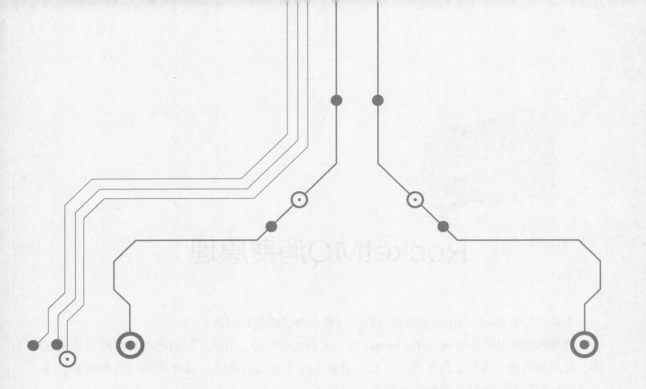

原　理　篇

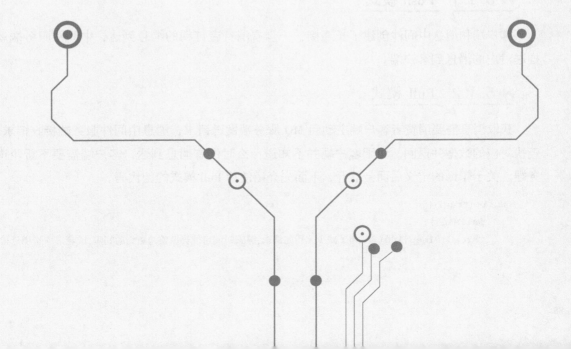

RocketMQ消费原理

本章将探索 RocketMQ 消息消费的整个过程中涉及的核心原理。

消息的消费是开发者使用 RocketMQ 时占比最大的部分，所以了解消息消费的原理至关重要。而消息的消费实际上包含很多环节：消息怎样投递给消费者、消费者如何消费消息、消息进度如何管理、消费失败如何重试等。

5.1　理解 RocketMQ 的推模式

一般而言，在消息中间件领域消息投递分为两种模式：**Push 模式**和 **Pull 模式**。

▶▶ 5.1.1　Push 模式

客户端和消息中间件创建了长连接，一旦有消费者订阅的消息到达，中间件服务端就会推送对应的消息到客户端。

▶▶ 5.1.2　Pull 模式

获取消息需要消费者客户端主动向 MQ 服务端发送请求，消息中间件服务端接收请求后，查找对应的数据并返回。由于客户端并不知道什么时候有消息到达，客户端需要不断轮询服务端。关于轮询的定义后面会展开，下面先介绍使用 Pull 模式的伪代码。

```
while(true) {
    pullMsg();
    Thread.sleep(100);//为了减少无用的请求,睡眠时间可能会调整为更大的间隔,或者采取阶梯延迟等
方式
}
```

大部分情况下，只要客户端需要主动实时更新一个服务端的数据，基本绕不开上面这段逻辑代码。

由于客户端不知道什么时候才有新数据，只好在死循环里不断地去发起查询，为了避免过多的无用功，通常做法是睡眠一段时间，但是睡眠的时间越久，消息的延迟也相对越长。

注：不单是消息中间件领域需要考虑消息投递的问题，其他的一些业务可能也需要考虑，例如消息推送系统（通知推送到手机）、聊天室（聊天信息传递到每个用户程序），或者配置中心（配置文件更新后，同步给各应用），这些系统首先要解决的问题也是数据如何做到实时地传输到客户端。

▶▶ 5.1.3 Push 模式与 Pull 模式的优劣对比

看到这里，相信读者已经对 Push 和 Pull 两种模式的区别有了一定的了解，而且也能比较轻松地分辨两者的一些优劣：例如 Push 模式的消息更实时，而 Pull 模式更好实现流控。两种模式的优缺点如表 5-1 所示。

表 5-1　Push 模式与 Pull 模式对比

	优　　点	缺　　点
Push 模式	消息实时传输	1）服务端需要维护传输失败的状态，失败了需要重试。 2）针对消费者的流量控制不是很好实现，因为服务端不能准确知道消费者的实时消费能力（负载情况）
Pull 模式	1）流量控制简单，消费者很容易知道自己的负载情况，只需要在合适的时机暂停 Pull 即可。 2）服务端不需要考虑传输失败的问题，等待下一次客户端的 Pull 请求即可	1）实时性不如 Push 模式。 2）为了追求实时性，客户端会不断发起"无用"的 Pull 请求（没有新数据），变相增加了服务端的压力

从上面的对比来看，对于消息中间件这个领域 Push 模式似乎会更胜一筹，毕竟性能、消息投递的实时性在这个领域应该是更关键的因素。

但实际上 RocketMQ 采取的却是 Pull 模式。你可能会问："RocketMQ API 中明明有 PushConsumer、PullConsumer，难道两者都用的是 Pull 模式？"没错，你猜对了，两者底层采取的都是 Pull 模式。只是这两个类在 API 编程模式呈现出来的模型上有区别：Push（用回调编程）和 Pull（需要主动拉取消息）。

不仅是 RocketMQ，上面提到的例子：某些主流手机厂商的推送系统、Apollo 配置中心，以及以前的 Web QQ 采取的都是 Pull 模式。

为什么呢？难道消息的实时性不是更重要吗？消息实时性的确更重要，但是 Pull 模式有能力兼顾性能与实时性之间的平衡，因为它们使用的 Pull 模式不是一般的轮询方式，而是采用一种叫长轮询的技术实现的 Pull 模式。下面将揭开长轮询的面纱。

5.2 了解长轮询

长轮询（Long Polling）是一种比较特殊的轮询机制。讲解长轮询之前，先介绍一下什么是轮询。

▶▶ 5.2.1 短轮询

简单来说，轮询也叫短轮询，短轮询就是 Pull 模式的客户端，每隔一段时间拉取一遍数据。运气好的话，可能就有数据，但是可能大部分情况下运气都不好，那就做了一遍无用功，还增加了服务端的压力。为了消息的实时性足够高，轮询的频次就要足够密，这变相又增加了服务端的压力。使用短轮询时，开发者需要权衡消息实时性和服务端压力两者的关系。如图 5-1 所示，客户端每 5s 请求一次最新数据，那么数据将最长在 5s 的时间内得到刷新，也就是说数据的展示最多会有 5s 的延迟。如果还需要缩短这个延迟，则需要更加频繁的访问（例如 1 秒访问一次），但是这样也会增大服务端的压力。

客户端　　　　　　每5秒　　　　　　　　　　服务端

● 图 5-1　短轮询示意图

那么有没有可能在不增加服务端压力的前提下，也能保证实时性的轮询呢？答案就是长轮询。

▶▶ 5.2.2 长轮询

如果读者在网上去查询长轮询的概念，很可能会得到下面一段解释。

"服务端没有相关数据，会 Hold 住请求，直到服务端有相关数据，或者等待一定时间超时才会返回。"

举一个例子（如图 5-2 所示），消费者在 10：00：00 的时候发起了 Pull 请求，但是这时候消息并没有到达,这时候服务端会 Hold 住这个请求,10s 后,10:00:10 消息到了,才返回新的消息给消费者。也就是对于客户端(消息接收者)来说,这个请求看起来处理了 10s 才返回,10s 之后结果返回的时候就得到了最实时的内容了,这之后立刻又发起下一轮的请求。正因为这个方案也需要客户端持续性地发起查询请求,所以叫作长轮询。

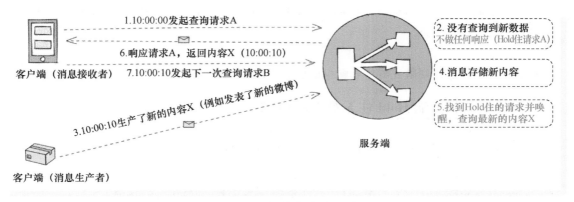

● 图 5-2 长轮询流程示意图

用这种方案,服务端在没有数据的时候是不会给客户端响应的,所以客户端不会持续发起没有新数据内容返回的请求,也就是说不会有无用功的产生。这一点设计很重要,因为这样保证了请求量是有限的,不会持续地增大服务端压力。同时当新消息内容产生的时候,消息又能及时返回给接收方,感觉就像有推送一样,所以消息是很实时的,几乎能达到和 Push 机制一样的实时性。

这里面的第 2 步需要服务 Hold 住请求,读者可能会觉得有点玄幻,什么叫作"Hold 住请求"?具体怎么实现这个"Hold 住请求"呢?

为了让大家深入理解长轮训,下面会用极简的伪代码(基于短轮询的基础)来掀开 RocketMQ 长轮询的面纱。这样,读者就知道 RocketMQ 怎样做到用 Pull 模式又低延迟地投递消息的。

5.3 RocketMQ 长轮询实现

▶▶ 5.3.1 客户端增大超时时间

普通短轮询可能是这样处理的:

```
while(true) {
    pullMsg(1000);//超时时间1s
```

```
    Thread.sleep(5000);// 请求数据的间隔,这会影响数据的延迟性以及服务端的压力
}
// 对比原来的普通轮询,所需的修改是设置一个合适的超时时间(足够长的超时时间),RocketMQ 默认是 30s
while(true) {
    pullMsg(30 * 1000);// 超时时间 30s
    // Thread.sleep(5000);//注:长轮询的服务端处理空请求实际上会 Hold 住,所以客户端自身的睡眠
    就可以不需要了
}
```

就这么简单,客户端就完成了长轮询的所有修改了。剩下的工作都需要服务端去支持。

▶▶ 5.3.2　服务端 Hold 住无数据的请求

正常情况下,MQ 服务端处理 Pull 请求逻辑伪代码如下。

```
void processReq(.....) {// 这里省略一系列的 pull 入参
    msgs = findMsg(...);// 针对这次 pull 请求的参数,查找对应的消息,有可能查不到
    res = buildResponse(msgs);// 构建网络响应体
    out.writeAndFlush(res);// 写响应包
}
```

而长轮询的实现则有那么一点点的区别,如果 findMsg() 查不到消息时,需要 Hold 住请求。那么具体如何 Hold 住请求呢?

首先,在处理这个 Pull 请求的线程时,如果找不到消息直接空处理,伪代码如下。

```
void processReq(.....) {// 这里省略一系列的 pull 入参
    msgs = findMsg(...);// 针对这次 pull 请求的参数,查找对应的消息,有可能查不到
    if (msgs==null) {// 查不到数据,不写响应包,直接结束
        addHoldRequest(...);// 把这个请求"记住",等消息真的到了,能找到这个请求对应的网络连接
        return;// 请求空处理,对于客户端来说,就好像还没响应一样
    }
    // 找到消息,回写响应包
    res = buildResponse(msgs);// 构建网络响应体
    out.writeAndFlush(res);// 写响应包
}
```

从上面的伪代码可以看到,如果消息在这次请求没有查到,那么 MQ 服务端并不会立刻做出网络响应。而由于消费者客户端的超时时间设置了一个长时间（RocketMQ 默认有 30s 之长）,所以它会一直处于等待服务端处理状态（在客户端看来,它以为服务端一直在处理它的查询请求,实际上并没有）。

只是服务端还需要再做一件事:后面新消息到达的时候需要重新写响应回客户端。所以

在消息到达的时候，除了做存储操作外，最后还需要增加一个类似下面这样的操作：

```
// 新消息到来时的一些处理
void msgArrive(....) {// 这里省略一系列的入参
    // 针对这次消息对应的 topic、queueId 等参数查看有没有在 Hold 住的请求
    // 这些请求对应上面伪代码里 addHoldRequest 的数据
    holdRequests = findHoldRequest(topic,queueId);
    // 如果查不到 Hold 请求数据 (证明没有请求在等待这个主题的消息)，不写响应包，直接结束
    // 如果查到数据，证明有请求在等待，那么需要处理这些 Hold 请求的响应
    if (holdRequests != null) {
        for (holdReq: holdRequests) {
            // 重新再执行查找消息的请求，由于这次肯定有消息了，所以会查到消息
            // 查到消息后，立刻就写响应包给客户端，这时候客户端就会得到有新数据的响应
            redoPullRequst(holdReq);
        }
    }
}
```

从上面的伪代码可以看到，如果有新的消息到达，会去检查是不是有在 Hold 的请求，有的话会立刻找出这些请求，把数据传输给客户端，以解决消息的实时性问题。

▶▶ 5.3.3 RocketMQ 长轮询小结

以下从客户端、服务端双方的视角来讲解长轮询的过程对于双方分别发生了什么。从客户端的视角看，它看到的是 "MQ 服务端处理了好久，终于返回数据给我了，但是消息却很实时，真厉害！" 实际上从 MQ 服务端的视角，其工作过程是这样的："一开始消费者来问我的时候，我没有数据给它，但是为了避免它后面又再来一趟查询（那么麻烦），干脆让他等一下好了，我先忙别的，一旦有新数据了，再立刻给他"。

这样，客户端得到了它想要的实时性，服务端也避免了客户端的频繁查询，双赢！因此很多系统做实时数据获取时，都会选择长轮询，而默认情况下 RocketMQ 也是启用长轮询进行消息获取的（可以通过设置来关闭后使用短轮询）。

最后总结一下，一个长轮询的核心要素应该至少由以下部分构成。

1）较长的超时时间。

2）服务端能 Hold 住请求（没有数据的时候别返回）。

3）请求到了能找到 Hold 住的请求及时通知客户端。

当然了，RocketMQ 之所以能在性能上和延迟上完成得那么出色，其中肯定不止以上提及的这些工作。接下来讲解 RocketMQ 在长轮询的细节处理上还有哪些巧妙之处。

5.4 RocketMQ 的消息拉取优化细节

如果直接去看 RocketMQ 处理消息拉取的源代码，会发现它并没有笔者说的那么简单。千万不要被源码的复杂性吓到了，如果按照上面所讲的长轮询伪代码思路去理解，就会发现，实际上最重要的逻辑就是本书所讲的部分。

但客观上，这部分代码的确有不少复杂性，原因不在于长轮询本身有多复杂，而是在于 RocketMQ 还想把各种场景处理得更细致。下面挑选几点单独讲解一下。

▶▶ 5.4.1 客户端请求异步化

上文提到，消费者会不断发起 Pull 请求去获取数据。但实际场景下，一个消费者是可能订阅很多 topic 的，而 topic 下会有很多 queue。那么每次拉取消息的时候，实际上是要指定 queue 拉取的，所以类似的伪代码更像如下所示。

```
while(true) {
    for(queue: mqs){
        pullMsg(queue, 30 * 1000);// 超时时间 30s
    }
}
```

不知道大家发现这里的问题没有？问题在于一个消费者实例，实际上可能需要对很多 queue 去发起 Pull 请求。但前文提到，在长轮询的实现上，服务端没有拉取到新的消息时是会 Hold 住请求的，也就是说对于客户端来说这次 Pull 请求就一直卡着。如果一个消费者同时需要对 100 个 queue 拉取数据，但是发现 queue1 没有数据。这时候按照前面说的原理，服务端是会 Hold 住请求的，那么对于客户端来说，请求是没有完成的。如果这里的 pullMsg 是同步的实现，那么请求就会卡在这里，过了好久之后才返回，然后 for 循环继续往下执行才有机会发起 queue2 的 Pull 请求。这样一来就会发现很多 queue 的数据延迟是很大的。

要解决这个问题，最简单的是使用多线程去做 Pull 请求，一个线程处理一个 queue 的拉取任务。但这样势必涉及动态数量的线程数，而且由于 queue 可能很多，这会大大加重客户端的线程上下文切换等方面的负担。

所以 RocketMQ 的 PushConsumer 并没有往多线程的思路实现，而是把 Pull 请求做成了异步化，这样单线程也能解决数据延迟的问题。具体伪代码如下。

```
while(true) {
    for(queue: mqs){
```

```
        pullMsgAsync(queue,30 * 1000, pullCallback);// 异步发起拉数据请求,超时时间 30 秒
    }
}
```

这样每次拉请求会快速得到返回而不会阻塞其他队列的拉请求。当消息拉取响应回来后，才调用对应的回调方法。所以 RocketMQ 的消费者底层实现上虽然只有一个线程在做拉取的操作，但是消息的实时性依旧能得到保障。

而如果开发者使用的是 PullConsumer，由于拉取的时机需要开发者自己去控制，实际上也可以参考这个思路，例如 DefaultMQPullConsumerImpl 的 API 中就有异步的 Pull 接口（带回调）：

```
public void pull(MessageQueue mq, String subExpression, long offset, int maxNums, Pull-
Callback pullCallback)
```

但很可惜的是 DefaultMQPullConsumer 会在将来被废弃掉。取而代之的 DefaultLitePullConsumerImpl 底层的多队列实现则是使用多线程+同步的方式进行拉取的，并不是单线程异步化的方式。

▶▶ 5.4.2　服务端超时处理细节

不知道读者有没有这样的顾虑，如果消息一直没有到达，那客户端不就会超时吗？没错，如果按照前文写的伪代码那么简单去实现，的确有这个问题。但是消息长时间都没有响应是客观大量存在的，这种场景下正确的响应应该是一个 PULL_NOT_FOUND（查询不到数据）的响应。

为了应对这种情况，RocketMQ 巧妙地在超时时间之前肯定会返回一个响应。怎么做到的呢？实际上也很简单，服务端会有一个定时任务定时（每 5s）唤起，如果它发现超过了服务端允许的最大挂起时间（默认是 15s），就组装一个 PULL_NOT_FOUND 响应写回给消费者。

通过这样的定时检查 Hold 请求的机制，消费者在没有网络故障等外部问题的时候，请求都是能得到正常的服务端响应而不是超时的。

▶▶ 5.4.3　服务端多线程交互

上面服务端的伪代码逻辑实际上是散落在不同的线程处理上的。

1）有直接处理 Pull 请求的 Pull 线程池中的线程。下文称这些为 Pull 线程。

2）处理消息写入的写入线程池的线程。下文称这些为 Put 线程。

3）定期任务检查超时时间的独立线程。下文称这些为 HoldCheck 线程。

这三种线程需要多种交互的机制。

1）Pull 线程发现没有数据的时候，需要把这些 Hold 请求传递给 Put 线程和 HoldCheck 线程让其未来可以用此来唤醒 Pull 线程。

2）写入成功时，Put 线程需要通知 Pull 线程进行工作。

3）HoldCheck 线程也需要唤醒 Pull 线程进行工作。

三种线程的交互如图 5-3 所示。

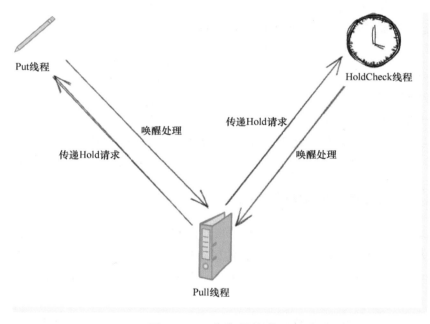

● 图 5-3　三种线程的交互示意

注：以上只是简单的示意，真实实现上因为涉及多个线程池之间的线程唤醒，具体过程会更复杂。详情请参考源码：PullRequestHoldService.java。

▶▶ 5.4.4　合并多个 Pull 请求

由于服务端不只是服务一个消费者组，同一个 topic 可能被 3 个消费者订阅，那么就可能挂起 3 个在等这个 topic 消息的请求。针对这些请求，RocketMQ 服务端会合并成一个 mpr（源码里叫作 ManyPullRequest，简称 mpr，实际上管理到 queue 维度并非 topic 维度），这样的好处是有消息到了能一下子找到对应的 Pull 请求背后的连接去写响应包。同时在定时检查的时候不需要重复检查 3 次，只需要检查一次这个 topic 下的 queue 有没有最新数据即可。图 5-4 阐述了合并 Pull 请求后的流程。

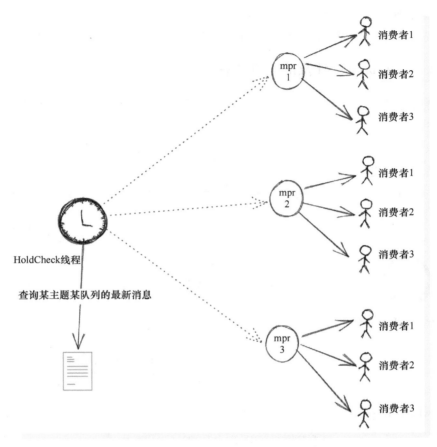

● 图 5-4 RocketMQ 合并 Pull 请求后的流程示意

5.5 消费者线程模型

在知道了消息是如何拉取之后，接下来介绍消费者消费成功、消费失败，甚至死循环消费等各种情况的消费进度是如何管理的。同时也会介绍 RocketMQ 是如何保证消息能至少成功消费一次的。

在介绍之前，需要注意的是，下面关于消费模型的解释将以 PushConsumer 为基础展开，这是因为 PushConsumer 所代表的推模式是开发者用得最多的模式，同时也代表 RocketMQ 对于消息消费的全面思考。而 4.3 以后的版本引入的 LitePullConsumer，在消息消费的底层管理上也复用了大部分的逻辑，所以大同小异。而 DefaultPullConsumer 由于所有管理手段都需要开发者自行处理，编程模型过于复杂，所以后续版本将会被废弃，如果读者使用的是这套 API，本文提到的原理部分，开发者可适当参考来自己实现。

▶▶ 5.5.1 消费流程涉及的关键线程

一个消息的完整消费实际上经过很多复杂的流程，大体上可以归结为以下流程。

1）消息拉取。

2）消息消费。

3）消费进度提交。

这三个核心的流程中，客户端至少有 4 个线程（池）参与核心的工作，如图 5-5 所示。

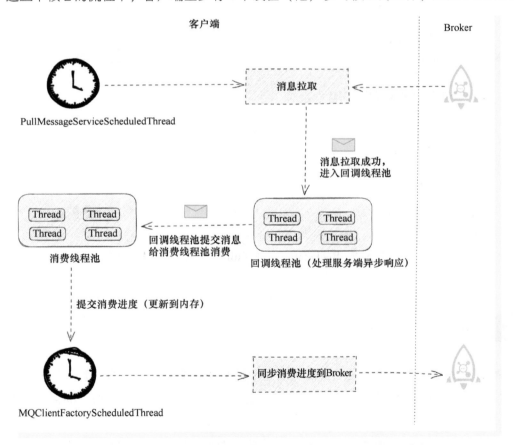

● 图 5-5 RocketMQ 消息消费原理——不同线程的协助流程

其核心流程如下。

1）首先有一条 PullMessageServiceScheduledThread 定时任务线程会持续地发起拉取队列消

息的任务。

2）因为拉取任务的动作是异步的，所以拉取到的消息会进入一个回调线程池中处理。

3）回调线程池中的线程会对消息进行解析，然后把这个消息传递到消费线程池中处理，消费线程池就是执行业务代码逻辑的线程池，消费结束后会在内存更新消费进度。

4）最后还会有一条叫作 MQClientFactoryScheduledThread 的定时任务线程持续把内存的消费进度定期同步给 Broker。

▶▶ 5.5.2　消费线程池

消息经过长轮询之后，拉取线程将从 Broker 拉取到消息，消息经过一系列线程间的协调工作后，最终会进到消费线程池。在线程池中运行的就是代码里写的回调逻辑，如下所示：

```
consumer.registerMessageListener(new MessageListenerConcurrently() {
    @Override
     public ConsumeConcurrentlyStatus consumeMessage (List<MessageExt> msgs, Con-
sumeConcurrentlyContext context) {
        System.out.println(Thread.currentThread().getName() + " Receive New Messa-
ges: " + msgs);
        doMyJob();// 执行真正消费(伪代码)
        return ConsumeConcurrentlyStatus.CONSUME_SUCCESS;
    }
});
```

上面回调里写的所有代码都会运行在一个独立的线程池 consumeExecutor 中，其中的线程名都以 ConsumeMessageThread_开头，这个可以在自己的业务日志中观察线程名，即可观察到代码是否在 consumeExecutor 中执行。

这个线程池是标准的 Java 线程池，其工作流程如图 5-6 所示。

其核心的部分有 3 个：核心线程池、最大线程池、任务队列。

而它们的生效顺序大概是这样的：如果核心线程池够用的话，就从核心线程池中拿线程进行工作。如果不够用的话，就先进任务队列等待核心线程池的线程可用时，从队列中获取；如果连任务队列都满了，才需要从最大线程池中扩充出更多的线程，利用其中的线程进行这个任务的处理。

虽然这个工作流程是 Java 很基础的线程池工作流程，但还是有很多开发者对 Java 的线程池工作流程有误解，以至于在 RocketMQ 的配置代码中，经常会出现以下的情况。

```
consumer.setConsumeThreadMin(1);// 最小线程数 1
consumer.setConsumeThreadMax(32);// 最大线程数 32
```

按照 Java 的线程池工作流程，由于任务队列默认是无限长的（Integer 的最大值），所以最大线程池里面的线程基本用不上，也就是说最后实际上整个消费者其实是单线程在消费。

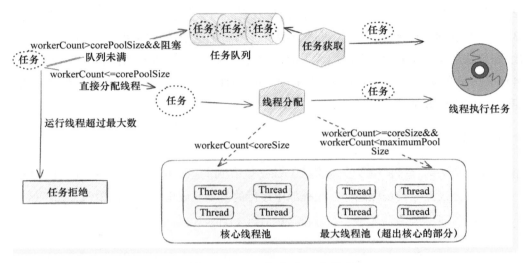

● 图 5-6　Java 线程池工作流程

开发者可以观察一下自身业务日志里的线程名是否全部是"ConsumeMessageThread_1"。是的话就得回头看看配置是否有问题，导致整个消费者都在单线程消费。简单来说就是，如果 min 设置的是 1，除非队列被撑满，否则一直只有一条工作线程。更多具体的 Java 线程池配置不在本书内容范围，大家可以翻阅官方文档。

回到 RocketMQ 消费逻辑上，PushConsumer 把消息给到 consumeExecutor 后，消息就能并发地在多线程下进行消费了，这里根据消费结果的不同，RocketMQ 管理消息的方法也不同。

5.6　消费进度管理

▶▶ 5.6.1　消费进度存储

前面提到，消息消费后会有独立的线程同步内存的消费进度到 Broker。但是这里的消费进度是存储在内存的，要存储好这个进度，就要管理哪些消息已经消费过了，哪些还没有成功被消费。所以 RocketMQ 需要某种机制去记住这些信息，这个机制就是消费进度管理。

读者可能已经知道了，RocketMQ 是针对某个 queue 维度去管理消费进度的，例如某个消费者 CONSUMER-GROUP-A 消费到某个 queue offest 100 的位置，另外一个消费者 CONSUMER-GROUP-B 同样的 queue 消费到 offest 101 的位置，那么最终会有类似下面这样的 JSON 结构存储在 Broker 端。

```
"TOPIC-X@CONSUMER-GROUP-A":{
    0:100
}

"TOPIC-X@CONSUMER-GROUP-B":{
    0:101
}
// 注:实际上每个 topic 不止一个 queue,那么整个 JSON 可能会出现下面的情况
"TOPIC-X@CONSUMER-GROUP-A":{
    0:100,
    1:98
}

"TOPIC-X@CONSUMER-GROUP-B":{
    0:101,
    1:101
}
```

基于这样的消费进度管理存储,读者应该可以得出这样的结论:RocketMQ 不是针对消息一条一条地管理是否已经消费的,而是针对每个 queue 直接记录一个位点(consumerOffset)进行管理的。

这个结论是正确的,整个管理的大概过程如下面的例子所示,消费者组 A 消费到 offset 102 的消息(offset = 101 已经完成,102 还没开始消费),而消费者组 B 则消费到 offset 105 的消息。此过程如图 5-7 所示。

● 图 5-7 RocketMQ 消费进度示意——不同消费者组消费进度不同

▶▶ 5.6.2 初次启动从哪里消费

知道了消息进度是如何管理之后,请读者思考一个问题:消费者刚刚启动的时候,它是如何知道自己应该从哪里开始消费的?

当新实例启动的时候,PushConsumer 会拿到本消费组 Broker 已经记录好的消费进度(consumer offset)。如果找到了,就按照这个进度发起自己的第一次 Pull 请求。随后的 Pull 请

求的拉取位点即可逐次增加。如果这个时候发现消费进度在 Broker 中并没有找到，那么证明这是一个全新的消费者组，Broker 历史上对于这个消费者组是空白的记忆。这时候客户端有几个策略可以选择，不同策略会决定客户端第一次拉取的不同确切位点。

1）CONSUME_FROM_LAST_OFFSET // 默认策略，从该队尾开始消费，即跳过历史消息。

2）CONSUME_FROM_FIRST_OFFSET // 从队首开始消费，即历史消息（还存储在 Broker 的）全部消费一遍。

3）CONSUME_FROM_TIMESTAMP// 从某个时间点开始消费，和 setConsumeTimestamp（）配合使用，默认是半小时以前。

所以经常有人问："为什么我设了 CONSUME_FROM_LAST_OFFSET，历史的消息还是被消费了？"原因实际上很简单，因为只有全新的消费组才会使用到这些策略，老的消费组都是按本文一开始说的已存储过的消费进度继续消费的。其实这样非常好理解，如果老消费组也遵循 CONSUME FROM LAST 的策略，那么每次消费者重启可能都会出现消费回溯现象。

5.7　消息 ACK 机制

内容讲到这里，相信读者已经知道消息是以位点的形式去管理的，也知道了消息拉取从哪里拉取的。那么请读者思考这样一个问题："当消费者并发消费不同的消息时，是怎么更新这个安全消费位点的呢？"

下面将解密 RocekMQ 针对具体消息 ACK 如何更新消费进度。

▶▶5.7.1　AT LEAST ONCE 保证

业务实现消费回调的时候，最后是需要返回一个消费结果的。下文暂时只考虑消费成功的结果，也就是 CONSUME_SUCCESS 结果。

想象这样一个场景，假设目前 consumer offset 是 1，与消息位点［1-10］的消息并发在一起消费。当 10 这条消息率先消费完成了，这时候 RocketMQ 的消费位点需要更新为多少？要更新为 11 吗（RocketMQ 的 consumer offset＝最新消费的消息+1）？

答案是否定的。试想一下，如果更新消费进度为 11，这时候如果发生了异常场景（例如消费者突然重启），那么当下次消费者去拉取消息的时候，Broker 会以为消费进度就是 11。1~9 的消息就不会再投递了。这也就意味着 1~9 的 9 条消息一次都没有被成功消费过（虽然它曾经尝试过投递给消费者）。这违背了使用消息中间件的一大价值：保证消息最少被成功消费一次，即 AT LEAST ONCE。

所以在这个场景，RocketMQ 应该做的是等其他消息都消费成功后，再将消费进度为 11 的消息。

▶▶ 5.7.2 消息消费失败进度管理

读者可能会问，难道消息必须全部消费完成了才提交一次消费进度吗？有这个疑问证明已经有了性能优化的意识了，因为如果必须等全部消息消费成功才提交这一批的进度，很可能因为一个消息消费很慢，导致整体消息无法更新消费进度，所以这个答案是否定的。

下面请读者再思考这样一个场景，还是刚刚的那些消息，假设消息 1 已经消费完成，同时消息 [3，7]，[9，10] 也消费完成了，这时候 RocketMQ 可以提交一部分的消费进度吗？答案是肯定的。

其实 RocketMQ 不一定必须等待 10 个消息都消费完也能提供部分的进度。在这个场景，把消费进度提交成 2（1+1=2，这里再啰唆一句，消费进度 consumer offset 等于消费了消息的最大 offset+1）是安全的，因为 offest 1 已经消费成功了，在 1 之前的所有消息实际上都已经消费成功了，换句话说前面再没有卡住进度的消息了。

实际上，RocketMQ 就是这样以部分区间的方式去提交当前消费进度的。

1）每个消息拉取下来后在本地会存储一份，以顺序的形式存储 ProcessQueue。也可以认为本地以数组的方式存储了所有拉取到的本地的消息（但实际上这个数据结构是依赖 TreeMap 排序的）。

2）每次消息消费成功后，都会从 ProcessQueue 里删除对应的消息，所以残留在 ProcessQueue 的都是消费者还没消费成功的。

3）每次到了提交消费进度的时间，这个进度就是 ProcessQueue 的队首的位点。

所以上面的例子中：[1，10] 消息拉取下来，1、[3，7]、[9，10] 消费成功的话，ProcessQueue 的前后变化如图 5-8 所示。

最后，这个消费进度需要同步到 Broker 记录下来，以便之后消费者重启或者出现 Rebalance 的时候给予查询使用。但这个同步不是每次消费结束都实时同步的，而是由背后一个定时任务定期同步的。

讲到这里，本章已经把消费者消费管理的最核心部分讲解完成了。以上是关于消费者原理中最基础、最关键的部分，这决定了读者是否能正确解析一些关键现象。举一个例子："为什么从消费日志观察到消费得很快，但是消息看起来却堆积了？"

用"消息堆积"这个词去描绘这个现象，实际上是不准确的。因为消息堆积了表现出来肯定是进度落后，但是如果进度落后了，其实可能并没有堆积太多的消息。上面这个例子的现象恰恰就不是消息堆积，而只是某些特殊原因导致看起来进度落后了。

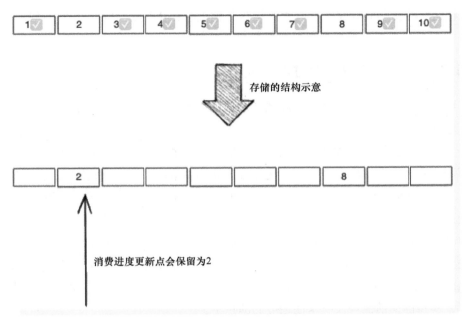

● 图 5-8　ProcessQueue 消费进度更新示意

关于这个问题的答案，读者在了解了 ACK 的管理后，应该能够回答出来，其原因是大部分消息都很顺畅，但是某个消息一直处于消费中，导致这条消息把消费进度卡住了。典型的例子如线程池无限长地等待某个外部资源，出现死锁的情况等。

读者可能会有这样的疑问：消费是有成功有失败的，甚至是有可能一直消费很久的，这时候难道 RocketMQ 消费进度就任由这些异常卡住了？

当然不是！接下来介绍 –RocketMQ 在消费失败和消费超时的时候，它是怎样巧妙处理的。

5.8　消息失败重试设计

讲消费失败处理之前，读者同样先思考一个场景：消息 [1，10] 的消息拉取下来，假设除消息 5 消费失败之外，其他都成功了，也就是说 [1，4]、[6，10] 都成功了，如果想提交消费进度，应该怎么做才合适？

▶▶ 5.8.1　重试主题

RocketMQ 的解决思路是把消息偏移量为 5 的消息先移动到队尾，然后把消费进度刷到 11（10+1）。移到队尾的目的是保证这个消息不会丢失。

那么怎样转移这个消息呢？RocketMQ 会把消息偏移量等于 5 的消息进行特殊处理——重发。

如图 5-9 所示，客户端把队列拉下来放入 ProcessQueue 后，其他消息都消费成功了，只有偏移量 5 的消息消费失败了，那么就把消息 5 发送到一个重试主题中（RETRY TOPIC）。

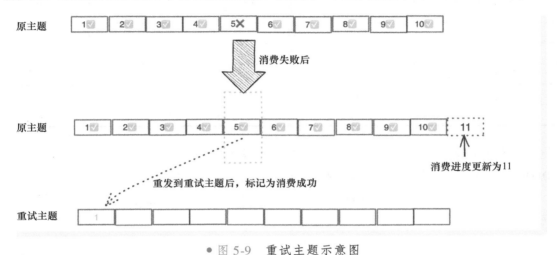

● 图 5-9　重试主题示意图

发送重试主题成功之后，RocketMQ 消费者也会把 5 这个消息从 ProcessQueue 删除（标记它已经消费"成功"了）。那么提交消费进度的时候，就可以更新到 11，而不会被卡住了。

那么消息 5 最后会转成一个新的信息到重试主题中，所以对于客户端来说，这个消息也还有机会被至少成功消费一次。

需要注意的是，消息重试并不是将消息发送回原主题。而是将消息重发到一个消费者组独有的重试主题的队列中。重试主题统一以 %RETRY% 开头。在每个消费者组启动时，除了监听用户指定的主题外，还会监听属于消费者组的重试主题。如 CONSUMER_GROUP_A 就会监听 %RETRY%CONSUMER_GROUP_A 这个重试主题。

▶▶ 5.8.2　延迟重试

由于消息消费失败的一大可能原因是外部资源发生故障（如数据库短暂异常）。这个类型的错误即便立刻重试，大概率也还是异常。所以发到重试主题的消息实际上是一个延迟消息，背后的思想是给外部资源一段时间做恢复。

随着每多一次失败，延迟的级别就会随着上升。直到消息重新消费到某个次数后（默认 16 次），就不再发送到重试主题了（因为很可能这时候是程序有 bug，再重试只会导致死循环），典型的场景如解析消息体反序列化因为格式不对而异常等。每次重试的间隔如表 5-2 所示。

表 5-2 RocketMQ 重试间隔

第几次重试	重试间隔	第几次重试	重试间隔
1	10s	9	7min
2	30s	10	8min
3	1min	11	9min
4	2min	12	10min
5	3min	13	20min
6	4min	14	30min
7	5min	15	1h
8	6min	16	2h

当消息重试到了 16 次都失败后，这些不成功的消息最后会被发送到对应的死信主题（以 %DLQ% 开头）。这样消息就不会再投递了，用户可以监控这个死信主题来做人工干预。

延迟重试的实现是依赖于 RocketMQ 的延迟消息进行实现的，这部分内容会在后面章节再展开。

5.9 消息消费异常处理

除了正常的消费成功、消费失败外，生产上经常还会出现一些异常的场景，例如消费很久、某消息一直无法成功消费等。这些异常如果处理不到位，会显得 RocketMQ 很不健壮，这里展开一些 RocketMQ 在消息异常处理的视线。

▶▶ 5.9.1 消费超时

消费超时是指代码实现出现如因为 bug 进入死循环无法结束、代码出现死锁消费无法完成、无限长地等待外部资源（连接 FTP 服务器连接超时，时间设置无限长）等情况的场景。这类异常也会导致消息进度一直卡着。比如 10000 个消息并发消费，但因为位点是 5 的消息发生了死循环，一直无法退出，从而导致消费进度迟迟无法更新，如图 5-10 所示。

● 图 5-10 消费超时问题示意

这种情况如果一直不做处理的话，消息的进度只能更新到 5。这是很危险的，因为如果这时候消费者发生重启，那么［6,10000］这些消息都会被重新消费一次，也就是说重复消费了 9994 条消息。而这些消息不应该再投递的，造成这个问题的原因仅仅是因为消息 5 一直在消费中。在真实场景下，有些代码是有问题的，例如消息 5 不小心触发了一个死循环的 bug，导致它永远都在消费中。如果这种异常的场景不处理好的话，整个队列都会被污染。所以这类场景，RocketMQ 也需要特殊处理。

PushConsumer 中有一个 ConsumeTimeout 配置（默认 15min），用于设置最大的消费超时时间。RocketMQ 客户端在每次消息消费前，都会记录一个消费的开始时间，用于后面计算消费时间使用。而当消费者启动的时候，会启动一个定时器，定期扫描所有消费中的消息。定时器每次唤起的间隔也遵循 ConsumeTimeout 配置。当发现消息超过了这个时间，RocketMQ 也会触发消息的重试，从而重发到重试主题中延迟处理，并从 ProcessQueue 中进行删除，这样就不会因为这个消息一直阻塞消费的进度了。

▶▶ 5.9.2　卡进度的保护处理

虽然 RocketMQ 针对消息做了以上超时的优化处理，但超时时间还是默认设置得非常长（15min）。

在触发重试之前，比如 5min，在消息量很大的场景下，这 5min 可能已经足够消费成功几万条正常消息了。

为了减少影响，RocketMQ 在 PushConsumer 中有一个 consumeConcurrentlyMaxSpan（默认是 2000）的配置。这个参数设计出来就是为了减少异常场景下卡进度的影响，它的意思是，如果发现 ProcessQueue 的最大间隔达到一定数量，就会发生流控而暂停消息拉取。

也就是说，上面的例子如果消息 5 一直卡住，而当发现最大的消息位点是 2005 的时候，客户端就会暂停拉取，以减少重复消息的影响。发生这种情况的时候客户端会有类似下面的日志：

```
the queue's messages, span too long, so do flow control...
```

这时候即便真的发生了重启，最多也只会重复 2000 条消息。

注：在 LitePullConsumer 中也有类似的参数 consumeMaxSpan，作用是一样的。

▶▶ 5.9.3　消息重发与顺序性的矛盾

可以看到，无论是消息失败还是消息超时，RocketMQ 都采取把消息重发到重试主题的方式，去解决卡消费进度的问题。但这种方案和消息的顺序性是矛盾的。本来消息是以 1~10 的顺序存储，如果到了消息 5 消费失败了，那么消费顺序可能变为 1~4、6~10、5 的顺序。

所幸的是大部分情况下系统对于消息的顺序是没有要求的，所以在选择并行消费的时候，RocketMQ 会采取重试的手段去优化卡消费进度的问题。

然而当使用顺序消费的时候，就需要特别注意了。因为重试的手段必然会破坏顺序性，所以为了避免消息的顺序被打破，在顺序消费的场景下，RockteMQ 的消息重发和超时处理都不会进行。这时候开发者一定要自行处理好卡进度的问题。

5.10　本章小结

本章介绍了 RocketMQ 的消费者（无论 PushConsumer 还是 PullConsumer）都使用 Pull 模式去实现消息的即时投递。同时介绍了 Pull 模式的实时性问题的解决技术——长轮询。长轮询实际上就是一个超时时间较长、服务端在没有数据的时候会暂时 Hold 住请求的轮询方式。接下来还介绍了 RocketMQ 在消息投递上的一些细节处理，例如客户端使用单线程+异步的方式去处理多个 topic+queue 的消息拉取；服务端会保证客户端请求超时之前返回请求；服务端会合并多个消费者的 Pull 请求，以更高效地处理等。

最后，本章介绍了 RocketMQ 消息消费的关键原理，总结有如下 4 点。

1）RocketMQ 为了保证消息最少成功消费一次，在消费回调结束的时候，就会标记消息是成功还是失败了。

2）RocketMQ 是用队列的位点方式去管理消息进度的。

3）消费进度应该更新到哪里是由 ProcessQueue 队列中的最小值决定的。

4）针对消息消费失败和消息超时两种场景，RocketMQ 都会把消息重发到重试主题中。

5.11　思考题

思考题一

长轮询需要设置一个较长的超时时间，为什么不干脆设置无限长的超时时间让服务端只是有数据的时候才返回呢？这样不是更能减少做数据请求的无用功吗？读者可以脱离 RocketMQ 甚至消息中间件的领域去思考本问题。

思考题二

消息消费失败的时候会发送到消费者组独立的重试主题中，那么为什么需要每个消费者组独立创建重试主题呢？全局共用一个重试主题可否？

第6章

▶▶▶▶▶▶

RocketMQ负载均衡与消费模式

本章会介绍 RocketMQ 各个环节是怎样做到负载均衡的，以及两个消费模式之间的区别。

6.1 负载均衡综述

RocketMQ 作为一个高性能的分布式消息中间件，支持多个节点的分布式部署。任何单个机器的资源、能力是有上限的，而分布式部署，意味着运维人员可以横向扩展整个系统的并发能力、容量。

前面章节介绍过，RocketMQ 最核心的 4 个组件是 Name Server、Broker、Producer、Consumer。其中 Name Server 和 Broker 是 RocketMQ 服务端的组件，直接部署即可使用；而 Producer 和 Consumer 是 RocketMQ 的客户端组件，需要开发者使用 API 使某个业务应用成为 RocketMQ 的一个客户端。

从消息系统的功能上来说，这无非包括消息的生产和消息的消费两个功能，需要把这个链条串起来。

而所谓的负载均衡，说的就是在这两个环节中，如何让压力均匀地分摊到各个节点中，以发挥横向扩展的能力。

6.2 消息生产负载均衡

RocketMQ 的单机性能极高，有非常好的堆积能力表现。但即便 RocketMQ 的表现如此优秀，对单个机器的资源（如磁盘、CPU、内存等）而言还是有限的。所以不能让单一节点存储所有的消息。一个良好的分布式系统应该可以无限地扩展它的系统能力、容量。

▶▶ 6.2.1　消息生产负载均衡概述

对于 RocketMQ 而言，也是这个思路——消息分布式存储在多个节点上。但不同于 HDFS 那种把文件切成多个 Chunk 存储的思路（因为消息通常是非常小的），RocketMQ 的每个的消息仅会完整地存储在某个 master 节点上（当然 slave 是可以同步 master 数据的）。

所以 RocketMQ 消息生产的负载均衡，只需要生产者把消息"均匀"地投递到不同的 master 即可。

▶▶ 6.2.2　消息生成负载均衡的原理

从消息生产的角度来看，大多数时候其实不需要关心消息具体存在哪个节点，只需要能找到节点存在这个主题。所以 RocketMQ 的解决思路是不同的节点都可以创建一样的主题，这样一来，这些节点在生产者看来都是等价的。生产者只需要选择其中一个节点作为投递目标，即可做到数据均衡地存储。接下来的问题就是如何"选择"一个 master 节点了。

其中一个思路是让不同的生产者实例去分散投递给不同的 master 节点。例如生产者集群下有 3 个实例 p1、p2、p3 需要发送到 Topic-A 这个主题，而 b1、b2、b3 三个 master 节点都有这个主题，那么其中一个可行的方法就是：p1 把消息发给 b1、p2 把消息发给 b2、p3 把消息发给 b3，这样消息也可以认为是平均的。

还有另外一个思路是，让这些生产者平均地的把消息散落在不同的 master 节点中。例如刚刚的例子中，p1 分别把三分之一的消息投递到 b1、b2、b3，同样地，p2 和 p3 也是这样的逻辑，那么最后整体上看来，b1、b2、b3 也是均匀的消息。

RocketMQ 采取了第二个思路。但在具体的实现上，RocketMQ 不是面向 Broker 这个粒度做投递，而是面向 message queue 这个粒度去投递。还是刚刚那个例子，假设 Topic-A 下面有 3 个队列，那么 b1、b2、b3 加起来就是 9 个队列。在 p1、p2、p3 看来，它要投递的目标就是这 9 个队列中的一个。于是它会轮询这 9 个队列依次发送消息，所以如果要发送 9 条消息的话，那么前 3 条就到了 b1，中间三条就到了 b2，最后 3 条就到 b3。这样整体来看，消息在 3 个 master 节点的存储依旧是平均的。

具体如图 6-1 所示：两个 Broker 下都建立了一个主题 Topic-A，这个主题下都有 3 个队列。那么生产者在发送消息给 Topic-A 这个主题的时候，会在这 6 个队列中轮询发送消息。

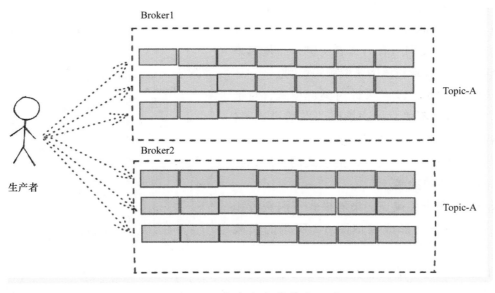

● 图 6-1 生产者负载均衡示意

6.3 消息消费负载均衡

▶▶ 6.3.1 无中心的队列负载均衡

消息生产的负载均衡，要求 RocketMQ 把消息存储在不同的 Broker 节点上。而消息消费的负载均衡要解决的就是把生产过来的这个主题的消息，分散在订阅这个主题的消费者的实例中。

由于消息已经存储在不同的 Broker 节点了，那么消费者和生产者随后又有两个选择。

1）每个消费者实例独占某个节点，单独做消费。

2）每个消费者轮流去消费每个节点上未消费的消息。

在消费的这个场景，RocketMQ 选择了前者。既然选择了每个实例独占式地占据某个节点的方式，那么就得做好协调的工作。毕竟不能让同一个节点同时被两个消费者占据，也不能让某个节点没有被消费者占据。RocketMQ 解决这个问题有以下 3 个关键点：

1）协调的最小单位，分配实际上并不是以 Broker 实例为粒度的，而是以队列（message queue）维度进行的。

2）每个消费者协调之后的结果应该达到这样一个状态，即每个队列都应该有消费者实例承接，但是队列只能被分配给一个消费者实例。

3）不同于 Kafka，RocketMQ 并没有一个中心的协调者做统一分配队列的工作。分配的工作并没有完全下发到所有消费者实例，而是客户端每个实例自己计算应该去获取哪些实例。

需要注意的是，以上只针对集群模式，对于广播模式的场景不成立。这是因为广播模式下，消息需要广播至所有的消费者实例，所以其实没有所谓负载均衡一说。关于广播模式的原理，会在后面的章节中单独展开。

基于以上 3 个关键点，集群模式下消费者和队列之间最后就会形成类似图 6-2 所示的负载关系。

可以看到，每个消费者实例实际上是平均地获取队列的。

对于第一个关键点，背后的思想就是通过队列进行负载均衡。结合前面生产者负载均衡，读者可以认为每个队列里面的消息总量大体上是一致的，这是因为不同消费者实例都平均地分配了相等的队列数量，那么几乎也可以认为是分配了同样的消息量。

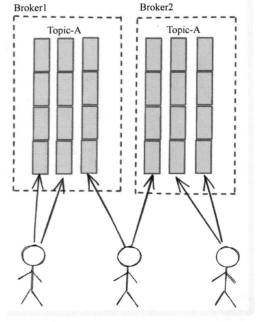

● 图 6-2　消费者负载均衡示意

对于第二个关键点，实际中要避免消息漏消费。同时由于同一个队列不能分配给两个或两个以上的消费者实例，这能避免多个消费者同时拉取队列里消息的情况（如果出现这种情况意味着消息肯定被重复投递了）。

对于第三个关键点，实际上是一个很巧妙的解决方案。读者可能会很奇怪，它具体是怎样做到的，大概原理归结如下。

从全局维度去考虑一个队列应该给谁，影响这个结果的变数无非如下两个。

1）订阅这个主题的消费者视图。

2）这个主题下的队列视图（拥有可读权限的队列）。

在 RocketMQ 中，AllocateMessageQueueStrategy 接口中有一个 allocate 的方法正是接收这样两个入参。

那么能不能做到让每个消费者都执行一样的代码逻辑（假设封装在 allocate 方法），然后传入这两个入参后，输出不同的分配结果呢？答案是否定的，除非代码逻辑有中心节点，存储了当前分配视图。

但是假设入参再增加一个自身的消费者 ID 呢（毕竟每个消费者实例肯定知道自己的消费者 ID）？虽然是同样的代码逻辑，但真正的入参值是不同的，自然出参就有能力做到不一样。

下面举这样一个例子帮助读者理解其中的逻辑：面前有一堆的球，贴着 1、2、3、4、5……的标签。同时有一排候选人也贴着 1、2、3、4、5……的标签。现在的任务是让这些人去拿球，最后把球拿完即可。

假设现在有下面这样的规则。

1）每个人都去拿和自己标签上一样数字的球。

2）如果球的数量多于人的数量，那么多出来的球全部给标签 1 的人。

按照这样的规则进行就能满足每个球都有人拿走，而每个人不会共同去获取同一个球。

有些读者可能会质疑这个规则：标签 1 的那个人会拿到远远多于别的人的球的数了。这个质疑是成立的，但这个例子只是为了告诉读者一个道理：即使没有中心节点也是有能力做到"协调"的。

实际上，RocketMQ 会有很多这样的规则，其中平均分配就是默认的规则。RocketMQ 甚至还支持开发者自己制定规则。这样一个规则就是一个 **AllocateMessageQueueStrategy** 实现类。

▶▶ 6.3.2 无中心负载均衡的核心源码

RocketMQ 默认的客户端负载均衡规则就是图 6-2 所示的平均获取，其核心的源码部分也只有寥寥数行，有兴趣可以参考下面的源码。

```
public List<MessageQueue> allocate(String consumerGroup, String currentCID, List<Mes-
sageQueue> mqAll,
    List<String> cidAll) {
    ......// 这里有一些规则校验的工作

    List<MessageQueue> result = new ArrayList<MessageQueue>();
    if (!cidAll.contains(currentCID)) {
        log.info("[BUG] ConsumerGroup: {} The consumerId: {} not in cidAll: {}",
            consumerGroup,
            currentCID,
            cidAll);
        return result;
    }

    int index = cidAll.indexOf(currentCID);
    int mod = mqAll.size() % cidAll.size();
    int averageSize =
```

```
        mqAll.size() <= cidAll.size() ? 1 : (mod > 0 && index < mod ? mqAll.size() / ci-
dAll.size()
            + 1 : mqAll.size() / cidAll.size());
    int startIndex = (mod > 0 && index < mod) ? index * averageSize : index * averageSize +
mod;
    int range = Math.min(averageSize, mqAll.size() - startIndex);
    for (int i = 0; i < range; i++) {
        result.add(mqAll.get((startIndex + i) % mqAll.size()));
    }
    return result;
}
```

▶▶ 6.3.3　消费者负载均衡策略

前文提到 RocketMQ 有很多负载均衡策略，下面介绍一下 RocketMQ 内置支持的策略。

1. 平均策略（AllocateMessageQueueAveragely）

默认平均策略即正常的平均获取，最后分配结果如图 6-3 所示。

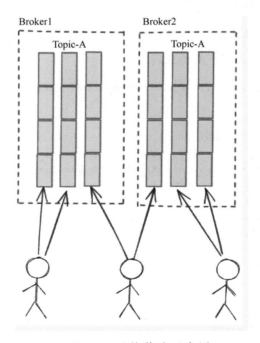

● 图 6-3　平均策略示意图

2. 环状平均策略（AllocateMessageQueueAveragelyByCircle）

AllocateMessageQueueAveragelyByCircle 和 **AllocateMessageQueueAveragely** 一样，都是平均分配的策略。但是稍微不同的是，**AllocateMessageQueueAveragely** 的分配是连续性的，意味着如果一个消费者需要获取 3 个队列，当获取了 1 个队列后，紧接着的两个队列都会马上获取。

而 **AllocateMessageQueueAveragelyByCircle** 策略则不然，它让每个消费者实例按顺序轮流去分配队列，直到分配完成，如图 6-4 所示。

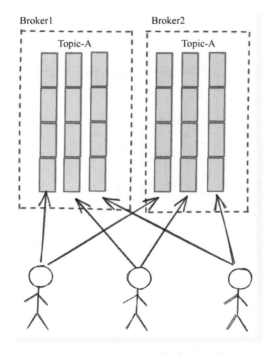

● 图 6-4　环状平均策略示意

3. 手动指定策略（AllocateMessageQueueByConfig）

手动指定，在消费者启动的时候，需要创建 **AllocateMessageQueueByConfig** 对象，由开发者显式指定应该拿到哪些队列。

由于该方法不具备队列的自动负载，在 Broker 端进行队列扩容时，无法自动感知，需要手动变更配置，如果有类似使用场景，通常建议结合开发者自己的配置中心一起使用。

4. 按机房配置策略（AllocateMessageQueueByMachineRoom）

有些时候 Broker 可能会在不同的机房中混合部署成一个集群。例如北京有昌平（CP）和汇天（HT）两个同城机房，同时提供某个 Topic-X 主题的读写服务。这时候如果去监听

Topic-X，理论上是可能同时监听到了昌平的 queue 和汇天的 queue 的。

假设在汇天部署了一个订单消费者集群，在昌平也部署了订单消费者集群，都监听 Topic-X。那么为了减少跨 IDC 的通信，在汇天的消费者实例最好只监听汇天的 queue，而昌平的消费者实例最好也只监听昌平的 queue。这时候就可以选择按机房配置的策略来满足这个要求。

具体需要以下几点。

1）Broker 名字需要以"［机房标识]@"作为开头。以本章这个例子为例，命名可以是 HT @Broker，CP@Broker。

2）调用这个策略实例里的 setConsumeridcs 接口来告诉 RocketMQ 消费者实例需要消费什么机房的消息。

这时候，这个策略就会生效，使得具备相同机房标识的分配在同一组，再进行内部平均分配，如图 6-5 所示。

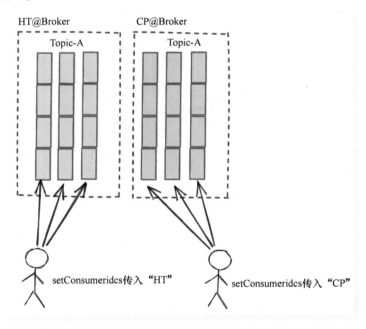

● 图 6-5 按机房配置策略示意

5. 一致性哈希负载均衡策略（AllocateMessageQueueConsistentHash）

这是笔者贡献的一个特性。负载均衡的时候采取一致性哈希的方式去分配队列。

一致性哈希是一种特殊的哈希方式，它能解决节点数量变化的情况下，哈希出来的值会剧烈变动的问题。在队列负载均衡这个领域，采取一致性哈希能带来什么好处呢？

一般情况下，一致性哈希应用在某些缓存的负载均衡策略的场景。因为这个场景希望能通过某种哈希的方式固定化某个缓存的查询——这样每次查询都能命中缓存。但是普通的哈希算法（例如取模）会有一个问题，就是当集群节点数发生变化的时候，缓存会大量的不命中。举个例子，假设有 4 个节点 1~4，按照 userid%4 这个方式去做缓存分配的话，userid 为 1、2、3、4，四个用户取余后的值为 1、2、3、0，分别对应节点 1、节点 2、节点 3、节点 0。这个过程如图 6-6 所示。

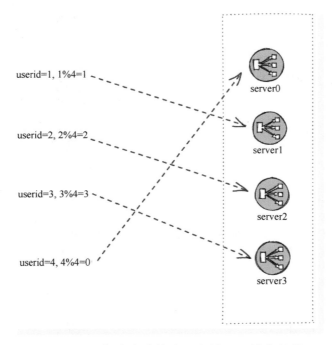

• 图 6-6　普通哈希策略示意图——缓存场景

这时候如果节点 1 挂了会怎么样？这时候节点数变成了 3，所以哈希算法变成了 userid%3，那么这四个用户取余后的值会变成 1、2、0、1，对应的是节点 2，节点 3，节点 0，节点 2 了。这时候 4 个用户分配的节点居然全部都变了。这个过程如图 6-7 所示。

如果采取一致性哈希的策略，这时候 4 个用户的分配将只有 userid＝4 的分配受到转移，而其他的三个用户分配都不会受到影响。这个结果如图 6-8 所示。

而对应到 RocketMQ 的分配策略上，需要分配的对象是 queue，接收负载的则是消费者实例。一致性哈希负载均衡策略能解决的问题就是在消费者实例发生变化的时候，队列的重新分配降到最低（把刚刚的例子 userid 对应成 queue，节点对应为消费者实例去理解一下）。因为如果采取默认的平均策略，实际上就是简单取余的策略，就会出现大量的队列重新分配，导致短时间的"惊群效应"。可以看到，对于 Broker2 的第 0 条队列而言，因为一个完全没有

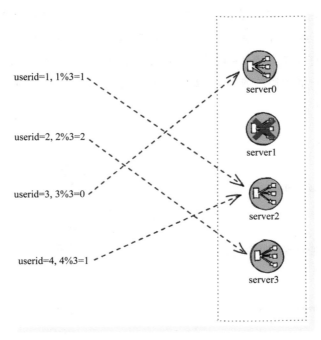

● 图 6-7　普通哈希示意图——服务器故障的缓存场景

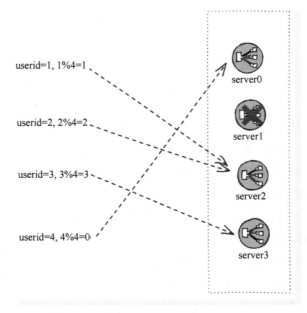

● 图 6-8　一致性哈希示意图——服务器故障的缓存场景

关系的消费者实例下线了，导致其分配给了另外一个消费者实例。这个结果如图 6-9 所示。

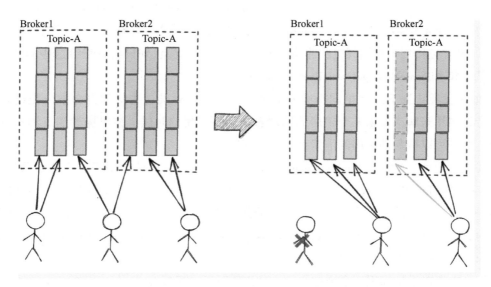

● 图 6-9　RocketMQ 消费者异常场景的负载均衡变化——平均策略

而如果采取一致性哈希的策略，最后效果如图 6-10 所示，大部分队列在消费者实例不可用的前提下得到稳定的分配结果。

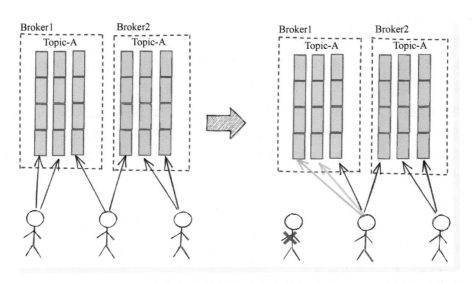

● 图 6-10　RocketMQ 消费者异常场景的负载均衡变化——一致性哈希策略

6. 机房就近接入策略（AllocateMachineRoomNearby）

这也是本人提交的一个 PR。它类似 AllocateMessageQueueByMachineRoom，也是需要指定某个机房（构造函数传入 MachineRoomResolver 实例），然后策略会给出以下动作。

1）如果对应队列下有相同机房的消费者实例，那么这些队列只会分配给这些消费者。这个逻辑基本和 AllocateMessageQueueByMachineRoom 一致。

2）如果发现队列下没有相同机房的消费者实例，这时候这些队列也会被分配给其他机房。这个逻辑用来解决如果某个机房的消费者全部不可用的时候，该机房的消息消费不会因此中断，而是可以被其他机房的消费者实例接管。

需要指出的是，AllocateMachineRoomNearby 策略实际上被设计使用了一个装饰器的模式，所以 AllocateMachineRoomNearby 是一个装饰器。所谓就近接入，实际上就是这个装饰器的增强功能——就近分组。就近分组后具体怎么分配，实际上开发者可以自己制定，如上面提到的 AllocateMessageQueueAveragely、AllocateMessageQueueAveragelyByCircle、AllocateMessageQueueConsistentHash，都是可以制定的。

这部分内容在进阶篇里还会详细介绍，这里暂时不过多展开。

6.4　无中心负载均衡带来的弊端

通过上文讲到消息生产和消息消费的负载均衡方案，读者可以知道无论生产者还是消费者，负载均衡都是客户端进行的，其中均无中心节点进行全局调配。

对于生产者而言，负载均衡的策略都只会局部地作用于单个实例内，从平均的角度上看，的确在全局上不一定会完全平均，但是大体上也趋向于全局平均。

对于消费者而言，由于采取了无中心的协调策略（预先计算好自己获取哪个 queue），在不触发重排的情况下，选择平均策略的时候可以认为队列的分配是全局公平的（当然了，有可能由于队列不能完全平均分配的情况，例如 4 个消费者、5 条队列，就会有消费者的负载是别的消费者的两倍。这类问题可以从配置队列数量的方式解决）。

最大的问题在于以下两点。

1）在消费者数量发生变化、队列数量发生变化的时候，会发生大范围的重排。所有的队列重新分配，从而导致所谓的"惊群效应"，这个问题在讨论"为什么引入一致性负载均衡策略"的时候已经讲过，这里不再赘述。

2）某些场景下，可能会需要更换消费者负载均衡策略。例如由默认的 AllocateMessage-

QueueAveragely 更换为 AllocateMessageQueueAveragelyByCircle。这时候，在升级发布版的过程中，就会出现多个实例的策略不一致的场景。假设遇到某个情况需要仅发布一个实例以便灰度验证一个小时，那么在这一个小时的时间里，这个实例和其他实例就会处于策略不一致的情况。这一个小时必然会出现：消息重复消费+某些队列无消费者实例消费的情况。这时候就需要开发者想办法解决这个平滑升级的过程。消息重复消费还能用消息幂等方案解决，队列无人分配就比较麻烦，因为这就意味着有些消息无法被拉取。其中一个可能的解决方案是升级的时候更换 consumer group 的名字，然后灰度消费者在这一小时内就会被全部队列分配，然后再辅以消息幂等把重复分配的队列里的消息给幂等处理掉。

由于无中心的消费者负载均衡有这种难以调和的问题，RocketMQ5.0 将会推出一个 POP 消费的模式彻底解决这个问题。该模式不再采取一个队列只分配给一个消费者这样的负载均衡方式，而且整个负载均衡的控制权交由 Broker。

但是因为 POP 消费的模式只有 5.0 以后的大版本才有，而且生产使用的场景并不多，所以可以预见短期内传统的一队列一消费者这种模式还会是常见的模式。

6.5　RocketMQ 广播消息原理

细心的读者读到这里应该发现了，无论前文介绍的负载均衡策略是怎样实现的，似乎都无法实现类似"广播"一样的效果。但是 RocketMQ 的一个特性就是支持广播消费（有些时候广播消费的消息也称为广播消息）。在 RocketMQ 中，如果开发者需要使用到广播消费这一特性，需要把消费的模式从集群模式（默认）切换为广播模式。实际上，广播模式下，RocketMQ 会启用一种非常特殊的负载均衡的实现。

在具体展开广播模式的原理之前，读者需要了解一些广播消息的背景，这需要从 JMS 开始讲起。

▶▶ 6.5.1　JMS 的消息类型

1. JMS 简介

JMS 的全称是 Java Message Service，即 Java 消息服务，定义了 Java 平台消息中间件的技术规范。虽然现在开发人员已经很少用 JMS 开发系统了，但是其中的一些规范、概念一直沿用至今。RocketMQ 虽然不遵循 JMS 的规范，但是很多特性实际上是向 JMS 靠拢的，以便能适用更多的标准场景。

JMS 只提供了应用程序对消息中间件操作的接口规范，并未提供实现，其实现由各个消息中间件厂商的驱动程序来提供（这和 Java 的另一个规范标准 JDBC 很相似）。

JMS 定义了消息的编程模型，如连接工厂、会话、消息目的地、消息生产者、消息消费者、消息体、消息优先级和消息类型等。读者需要了解的则是 JMS 中定义的消息类型，因为消息类型会引出一个所谓的广播消息场景。

2. JMS 消息类型

JMS 的规范中，定义了两个消息类型模式：点对点（Point to Point）模式和发布/订阅（Publish/Subscribe）模式。

点对点模式。在点对点模式下，消息生产者将消息发送到一个消息队列（queue）中。注意这里的 queue 是 JMS 的概念，和 RocketMQ 的 queue 不是一个概念。

在这个队列里面的消息，只有一个消费者能够消费，而在消费者消费完成之后，队列中的消息立即删除。

这里应该注意的是，任意一个消费者都可以消费这个消息，但消息绝对不会被两个消费者重复消费。同时，消息的消费者和生产者没有时间依赖，可以先发送消息，再启动消费者，也可以反过来。其消费模型如图 6-11 所示。

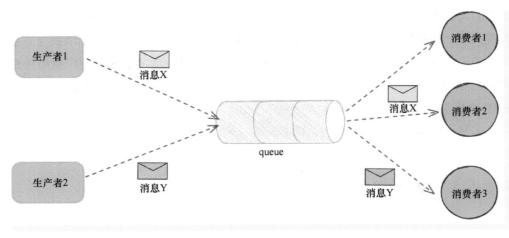

● 图 6-11　JMS 点对点模式

在 JMS 点对点的模式下，一个消息发送到队列（注意不要和 RocketMQ 的队列混为一谈）之后只会投递给一个消费者。也就是说发送消息的数量和接收消息的数量是一样的。

可以看到，这个消费模型实际上和 RocketMQ 的集群模式的消费模型很像。这也是 Rocket-

MQ 针对这个 JMS 点对点消息模型的一个解决方案，方便传统的系统在点对点模式下迁移到 RocketMQ。

发布/订阅模式。在发布/订阅模式下，消息生产方被称为发布者，发布者不再将消息发送到队列中，而是将消息发送到消息主题中（同样需要注意的是这里所指的主题是 JMS 的概念，和 RocketMQ 的 Topic 不要混为一谈），而接收消息的一方被称为订阅者。和点对点模式不同的是，所有订阅这个主题的订阅者都可以接收到此消息，消息只有在所有订阅者都消费完成的时候才能删除。也就是说如果发布者发布了 1 条消息，但是有 100 个订阅者的话，这条消息实际上会被消费 100 次（每个订阅者一次）。

在这个模式下，消息的生产者和消费者之间是有时间依赖的，只有事先订阅这个主题的消费者才可消费。如果先发送消息，后订阅主题，那么订阅之前的消息将不能被这个订阅者消费。其消费模型如图 6-12 所示。

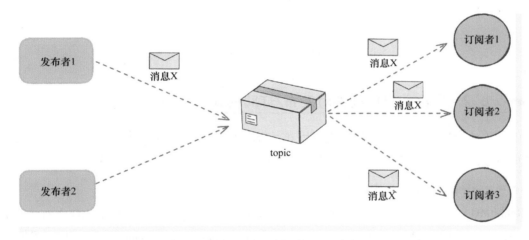

● 图 6-12　JMS 发布订阅模式

这种发布订阅模式最常见的使用场景之一是本地缓存更新的场景。例如一个商品服务通常会缓存一些商品的基本信息，如商品名称、商品详情等。有时候为了性能的最大化，开发者会把热门商品的信息存储在服务本身的内存中。这些热门商品的信息发生变更的时候，就需要通知所有的商品服务的实例去刷新缓存。但是商品服务的实例可能有上百台，甚至还可能随时动态扩容，如何及时通知所有实例去刷新这个缓存呢？这时候就可以用发布/订阅模式去订阅一个商品信息变更的消息，每个实例都是用发布/订阅模式，那么每个实例都会接收到同样一份消息去更新缓存了，如图 6-13 所示。

这个消费的模型在 RocketMQ 中实际上也是支持的，只是其名称上在 RocketMQ 被称为广播模式。

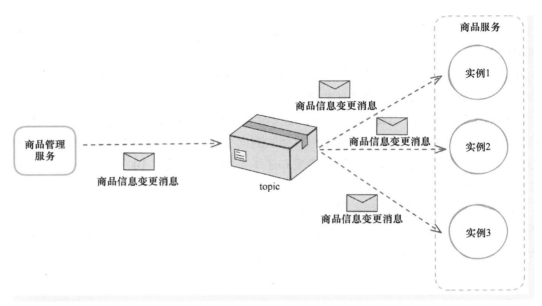

商品服务

实例1

商品信息变更消息

商品信息变更消息

实例2

商品管理
服务

商品信息变更消息

topic

商品信息变更消息

实例3

● 图 6-13　JMS 发布/订阅模式应用示意

▶▶6.5.2　主流消息中间件对发布/订阅模式的支持

介绍 RocketMQ 的广播模式如何支持发布/订阅模式之前，笔者打算先介绍一些主流的消息中间件对 JMS 里的发布/订阅模式是如何支持的。

1. RabbitMQ 对发布/订阅模式的支持

RabbitMQ 对于发布/订阅模式是基于其对广播模式的一种支持，在 RabbitMQ 中有一个 exchange（通常翻译为交换器）的概念，消息发送到 exchange 之后，exchange 会把消息按照广播类型广播到对应策略的队列中。消费者监听的时候则监听对应的队列。

在广播模式中有以下 3 个模式的支持。

1）fanout（通常翻译为扇出）：所有绑定到此 exchange 的队列都会接收到一份消息。通常情况下这种场景被称为使用广播消息的场景。

2）direct：通过 routingKey 和 exchange 决定的唯一的 queue 可以接收消息。这是使用 RabbitMQ 最常见的模式之一。RabbitMQ 就是依赖这个模式来实现 JMS 规范中的点对点模式支持。

3）topic：所有符合 routingKey（可以是一个表达式）的 routingKey 所绑定的 queue 都可以接收到消息。

其中 fanout 的模式便是所谓的广播消息，也是其对 JMS 发布/订阅模式的支持，其示意如图 6-14 所示。

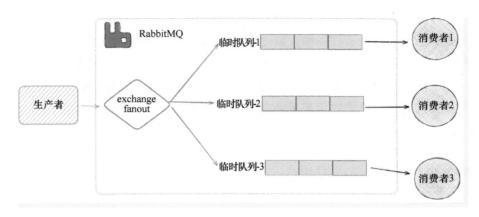

● 图 6-14   RabbitMQ 对发布/订阅模式的支持示意图——广播模式

可以看到，RabbitMQ 在特性上是天然支持发布/订阅模式的。其中每个消费者启动的时候会创建一个临时队列（消费者不在线队列即销毁），然后把临时队列绑定到一个 fanout 的 exchange 中，那么消息到这个 exchange 后，就会都投递一份到所有绑定的临时队列，临时队列对应的消费者就会接收到这个消息。

2. Kafka 对发布/订阅模式的支持

Kafka 和 RocketMQ 一样都是以消费者组去管理消费者的，而 Kafka 的消费模型中，一个消费者组中的实例有且只有一个能消费到消息，如图 6-15 所示。

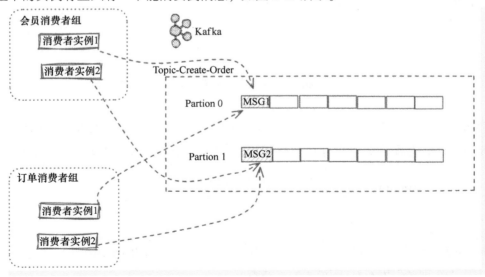

● 图 6-15   Kafka 消费模型

实际上，在每一个的消费者组内，就是点对点的模式支持了。

那么 Kafka 要怎样对发布/订阅模式做支持呢？Kafka 其实并没有在特性上对发布/订阅模式做针对性设计，如果支持这个模式的话，需要在使用上进行一定的特殊化处理。

针对上图的例子，如果希望订单消费者组的消费者是发布/订阅模式的话，开发者可以这样设计：把里面的两个消费者实例都单独定义一个消费者组（一个消费者组只有一个实例）如图 6-16 所示。

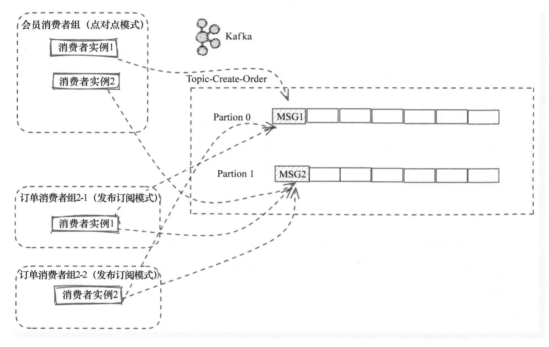

● 图 6-16　Kafka 对发布/订阅模式的支持示意图

从图 6-16 中可以看到，通过把订单消费者组的两个实例定义为独立的两个消费者组，两个消费者实例都能分配到对应的两个分区的消息，从而每个实例都能接收到全部消息。

▶▶ 6.5.3　RocketMQ 对发布/订阅模式的支持

1. RocketMQ 广播模式的使用

RocketMQ 的整体模型和 Kafka 是极为相似的，这是否意味着 RocketMQ 也要通过拆分消费者组的方式去实现类似发布/订阅模式的支持呢？

答案是否定的。RocketMQ 在特性上对发布/订阅模式做了天然的支持。这个模式在 RocketMQ

中称为广播模式。有时候广播模式下的消息也被称为广播消息。

不同于 Kafka 需要破坏消费者组的统一性，RocketMQ 可以在不同实例保持一个消费者组名字的情况下，完成消息对每个实例的广播。

使用起来非常简单，和普通的集群模式只有一行代码的区别：设置广播消费模式。其使用样例的代码如下所示。

```
DefaultMQPushConsumer consumer = new DefaultMQPushConsumer("GOODS_CACHE_CONSUMER");//
新建一个消费者组,用以处理商品的缓存刷新
consumer.setConsumeFromWhere(ConsumeFromWhere.CONSUME_FROM_LAST_OFFSET);// 设置消费的初
始位点,因为缓存刷新只关心最新的消息,所以设置从尾部开始消费
consumer.setMessageModel(MessageModel.BROADCASTING);// 设置消费模式为广播消费模式
consumer.subscribe("TOPIC_GOODS_INFO_UPDATE", "*");// 订阅关心的主题
consumer.registerMessageListener(new MessageListenerConcurrently() {
    @Override
    public ConsumeConcurrentlyStatus consumeMessage(List<MessageExt> msgs,
        ConsumeConcurrentlyContext context) {
        System.out.printf("%s Receive New Messages: %s %n", Thread.currentThread().get-
Name(), msgs);
        updateCache(msgs);// 伪代码。这里是消费逻辑,暂且假设这个方法可以实现本地缓存的刷新动作
        return ConsumeConcurrentlyStatus.CONSUME_SUCCESS;// 返回消费成功
    }
});

consumer.start();
System.out.printf("Broadcast Consumer Started.%n");
```

可以看到，以上代码全部是开发人员很熟悉的代码片段，唯一的不同就是下面这一行。

```
consumer.setMessageModel(MessageModel.BROADCASTING);// 设置消费模式为广播消费
```

那么 RocketMQ 是怎样实现只需要改一行代码，就把整个消费模式修改的呢？其解决的思路其实也很简单——改变广播模式下的重平衡（Rebalancing）。

2. 广播模式下的队列重平衡

之前的章节介绍过 RocketMQ 的队列是有一套完整的分配策略的，在集群模式下这个策略虽然有不同的算法，但是总体而言是符合以下两个原则的。

1）所有的队列都会被分配到。

2）一个队列在一瞬间只会被分配给一个消费者实例。

策略具体的不同主要体现在第二点的算法分配上，这方面前面章节已经介绍过，笔者就不再赘述了。而为了实现消息的全实例广播，RocketMQ 很巧妙地定义了一个广播模式的消息模式，

在这个模式下，RocketMQ 不再遵循一般的负载均衡策略，而是无条件地把所有队列都分配给所有的消费者实例，如图 6-17 所示。

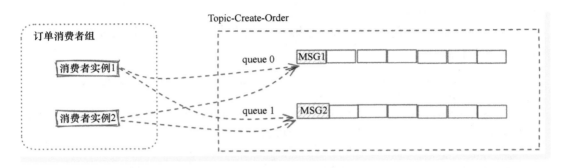

● 图 6-17　RocketMQ 广播模式示意

从图 6-17 中可以看到，对于订单服务的这个消费者组来说，它有两个实例，但因为它是广播模式，所以两个实例都会分配满两个队列。当任意一个消息进到任意一个队列，两个消费者实例都会接收里面的消息，从而实现消息广播的效果。

这时候订单服务如果扩容了，再启动一个消费者实例，这个新的实例也会分配到两个队列，从而这个新的实例也会得到一份消息的广播，如图 6-18 所示。

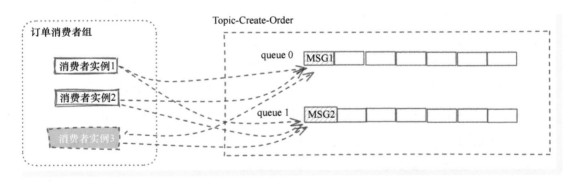

● 图 6-18　RocketMQ 广播模式示意——扩容实例

利用队列的重平衡算法的修改，RocketMQ 很巧妙地实现了对广播消息的支持，同时所有的消息持久化等相关的工作都无须重新设计，因为消息本身不会因为消费模式的不同而有所影响，仅仅只是消费者获取消息的方式上会有所不同而已。而且这样设计还有一个好处，即便 RocketMQ 有 100 个消费者实例需要广播消费，消息存储方面实际上不需要做 100 份存储，只需要不同的实例拉取同一份消息即可完美地支持。

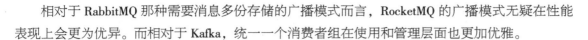

相对于 RabbitMQ 那种需要消息多份存储的广播模式而言，RocketMQ 的广播模式无疑在性能表现上会更为优异。而相对于 Kafka，统一一个消费者组在使用和管理层面也更加优雅。

3. 广播模式下的队列消费进度管理

既然广播模式下所有的队列都被重复地分配出去了，那么会不会出现消费进度的管理混乱呢？例如队列 0 一下子来了 100 个消息，实例 1 的消费进度比较快，很快就消费完了（消费进度＝100），但是实例 2 可能才刚启动没多久，如果标记进度是消费到 100 的话，岂不是不满足广播消费的特性？

这个担忧是正确的，消费进度的管理在广播模式下确实也需要做一定的调整。RocketMQ 的解决方法是，把消费进度的存储从 Broker 移动到消费者实例本地磁盘。具体广播模式和集群模式的实现区别如表 6-1 所示。

表 6-1　广播模式与集群模式的实现区别

消 费 模 式	队列负载均衡	消费进度管理
集群模式	一个消费者实例仅分配部分队列	存储在 Broker 侧持久化
广播模式	每个消费者实例均分配所有队列	存储在消费者实例本地磁盘中持久化

但是一台机器理论上是可能启动很多个消费者实例的，所以对于这些不同实例的消费进度持久化，需要有一定的隔离处理。RocketMQ 的解决方法是在存储的目录上做一定的隔离。

首先，所有的广播模式消费进度默认都存储在用户目录下的.rocketmq_offsets 的目录，这个目录下会针对不同的实例继续划分目录。最终文件会存储在这样一个路径下：/用户目录/.rocketmq_offsets/客户端唯一 ID/消费者组名称/offsets.json

其中所有中文的目录都是变量，随着不同的配置会有所区别。以下是笔者机器上的文件路径：

```
/Users/Jaskey/.rocketmq_offsets/192.168.0.8@DEFAULT/consumer_group_test/offsets.json
```

这里的客户端唯一 ID 是由客户端的 ip+instanceName 组合而成，所以中间会出现 192.168.0.8@DEFAULT 的字样，其中 instanceName 在用户不设置的情况下都会有默认值 DEFAULT。

正是因为每个实例、IP、instanceName 或消费者组都不一样，所以这个文件的存储本身是相互不干扰的。

而文件的存储内容和 Broker 端里存储的内容几乎没有区别，只是因为广播模式下一个文件只会是一个消费者组的消费进度，所以其结构上会有点儿区别，其中 key 是队列信息、value 就是消费进度。以下是一个存储的示意：

```
"offsetTable":{{
        "brokerName":"broker-a",
        "queueId":2,
        "topic":"TopicTest"
}:1116{
        "brokerName":"broker-a",
        "queueId":1,
        "topic":"TopicTest"
}:1141,{
        "brokerName":"broker-a",
        "queueId":0,
        "topic":"TopicTest"
}:1139
    }
```

广播模式下的消费者启动的时候，在分配完队列之后，第一步也是要明确消费进度（和集群模式是一样的），只是广播模式搜索消费进度是从本地的 offsets.json 获取。通过 offsets.json 下存储的消费进度进而决定向 broker 拉取消息的位点。如果搜索不到对应的 offsets.json 文件，证明这是一个全新的消费者实例（刚扩容的实例或者这台机器第一次启动的消费者组），那么就会遵循 ConsumeFromWhere 参数决定第一次拉取的位点（这个和集群模式也是一样的）。

由于广播模式通常对消息的时效有比较强的求求，建议广播模式下的 ConsumeFromWhere 设置为 CONSUME_FROM_FIRST_OFFSET（队列头消费）或者 CONSUME_FROM_TIMESTAMP（按照某个很接近的时间点选择消费位置）。

这里需要特别注意的是，因为广播模式下路径和 instanceName 强相关，所以建议广播模式下的 instanceName 要固定。反面例子是：有些开发人员把 instanceName 设置为启动时刻的时间戳，那么每次实例重启实际上都无法找到上次的消费记录，因为每次启动 instanceName 都不一样，导致之前的消费记录文件不存在，这时候每次重启都是全新的消费进度，也就是说在重启过程中的消息会丢失消费，这在某些场景可能是预期之内的，但是更多的场景可能会导致与期望不一致的后果。

更保险的做法是把 instanceName 简单地设置为前缀 + ip，让其每次重启都是稳定的。当然也可以不设置，因为不设置的话 instanceName 默认就是 DEFAULT，通常情况下也不会有什么问题。

▶▶ 6.5.4 广播模式下的可靠性及顺序性处理

1. 广播模式下的 ACK 处理

由于广播模式下，一个消息实际上是会重复投递到 N 个实例上的，所以之前集群模式下的消费失败后消息重发处理这个逻辑就被取消了。原因很好理解，如果 100 个实例中有一个实例消费失败了，那么 100 个实例都重新消费一遍显然是不合理的。所以广播模式下如果出现消费失败的情况，就真的消费失败了，消费位点就提交了。所以使用广播模式的时候一定要注意异常的处理，如果有重试的诉求，需要开发者自己处理好。

而消费的 AT-LEAST-ONCE 的保证实际上是依赖消费位点的，这方面广播模式和集群模式都是一样的，也就是说 RocketMQ 不会在消费者完全没接收到这个消息之前就停止投递该消息给某个实例。

2. 广播模式下的顺序消费处理

之前的内容提到过，集群模式下的顺序消息是依赖一个获取队列锁的方式独占队列来保证的。但是由于广播消息每个队列都被所有实例共享，所以队列是无法加锁的。

正因如此，广播模式下的顺序消费只是单一实例下的顺序。例如 MSG1、MSG2、MSG3 都投递到了队列 0。实例 1 的消费顺序可以做到先消费 MSG1，再消费 MSG2。但是全局的时序下，可能会出现实例 1 消费了 MSG1、MSG2 后，实例 2 才消费 MSG1 的情况。这实际上是符合预期的，因为每个实例都需要广播消费这 3 条消息，而不同实例之间理应也相互独立不干扰。

6.6 本章小结

本章分别介绍了 RocketMQ 在消息生产和消息消费的负载均衡上具体是如何实现的，要点如下。

1）RocketMQ 通过消息生产把消息平均分配到不同的队列，然后通过队列的平均分配来实现全局的负载均衡。

2）无论消息的生产还是消息的消费，都是在客户端处理的，而且均采取无中心的方式实现。

3）消费者有很多内置的负载均衡策略可供选择：平均策略、环状平均策略、手动指定策略、按机房配置策略、一致性哈希策略以及机房就近接入策略等。

4）在广播模式下，RocketMQ 主要是对负载均衡、消费进度存储等相关的细节做了些调整，使得整个广播模式的实现非常优雅，而且能复用 RocketMQ 在集群模式下实现的各种特性。

6.7 思考题

思考题一

在默认的客户端负载均衡策略（平均分配）下，当消费者实例、队列数量发生变化的时候，会发生大规模的重排现象，这个重排现象背后会对业务带来什么影响呢？

思考题二

广播消费者有消费进度的持久化处理，但广播消息的消费逻辑有时候是带时效性的。如果一个消费者中途宕机后很久才重新启动，可能会导致大量超过时效的消息会重新消费，这时候怎样避免消费到超过时效的消息呢？

第7章

▶▶▶▶▶▶▶

RocketMQ存储设计

本章将会介绍 RocketMQ 的存储机制。

前面讲到消息中间件重要的使用场景有削峰填谷、事务的最终一致性、解耦。其中削峰填谷、事务的最终一致性背后其实都要求消息能可靠地存储。所以 RocketMQ 的存储机制是其各个关键特性的关键。存储实际上是一个很垂直很专业的领域，所以本章讲的内容中，可能会涉及一些读者没听过或者很模糊的概念，由于篇幅有限，笔者不会过多地在本书展开，请大家遇到此类概念的时候先自行"搜索一下"。

7.1 RocketMQ 消息存储概览

▶▶ 7.1.1 文件构成

从消息生产和消息消费这两个核心流程来看，RocketMQ 对于消息本身的存储管理，最关键的文件有 3 个。

1）CommitLog 文件。

2）ConsumeQueue 文件。

3）IndexFile 文件。

关于这 3 个文件，读者可以这样理解。

1）由于消息在不断生产，同时要求消息是可靠存储的，所以必然需要存储这些消息体。存储这些消息体的文件就是 CommitLog 文件。

2）而由于消息消费的时候实际上涉及一个查询的工作，这时候需要在不同的队列中进行查找，为了能快速定位到具体的消息在 CommitLog 的位置，需要一些类似"索引"的文件来加速查询，这就是 ConsumeQueue 文件，每一个队列都会有一组这样的文件。

3）ConsumeQueue 文件可以理解为基于 queue 和 offset 为索引的一个索引文件。而 RocketMQ 为了提供基于 Key 的查询功能（例如针对某个订单的消息，用户希望能通过订单号把这个消息体搜索出来），这时候就需要针对 Key 再创建一份索引文件，这个文件就是 IndexFile。

▶▶ 7.1.2 消息存储过程

大致了解 3 个文件的存在意义之后，接下来介绍正常的消息生产消费是怎样进行存储的。

首先，当生产者发送消息的时候，实际上就会存储此消息的消息体以及各种元数据到 CommitLog 文件。存储结束后，发送就算完成了。然后基于这个 CommitLog 文件的数据，RocketMQ 会异步构建出 ConsumeQueue 文件和 IndexFile 文件。这两个文件分别用于加速消息的查询能力。

然后当消费者需要消费消息的时候，它需要指定队列和指定队列的 offset 位置进行消息拉取，这时候 RocketMQ 就会去读取 ConsumeQueue 文件搜索消息体在 CommitLog 的位置，找到之后，再去 CommitLog 文件中读取对应的消息以返回给消费者。

图 7-1 展示了一个消息从生产到消费的过程。

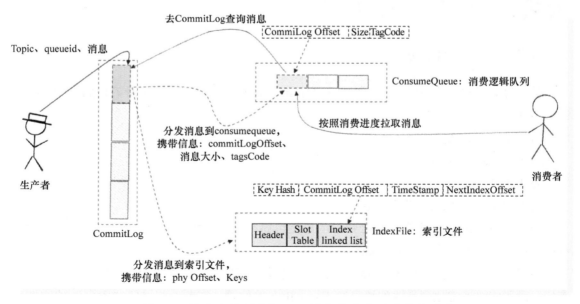

● 图 7-1　消息存储示意图——消息从生产到消费的过程

7.2 RocketMQ 存储与检索

▶▶ 7.2.1 RocketMQ 存储对比 Kafka 存储

读者或许听说过，RocketMQ 对于多主题的表现远胜于 Kafka，这也是 RocketMQ 相对于 Kafka 在存储性能上的一大核心优势。下面来揭开这一秘密。

在 RocketMQ 中，所有 Topic 的消息都存储在 CommitLog 的文件中。而 CommitLog 文件默认最大为 1GB，超过 1GB 后就会滚动到下一个 CommitLog 文件。

图 7-2 示意了 RocketMQ 多主题/分区的消息存储结构。

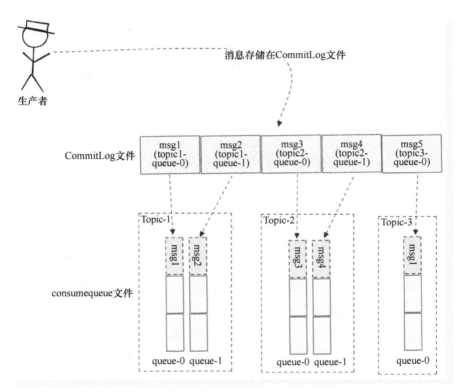

● 图 7-2 RocketMQ 多主题/分区的消息存储结构

从上图可以看到，不同队列乃至不同主题的消息其实都是在同一个 CommitLog 中的。这和 Kafka 的存储有本质区别，Kafka 的每个分区（partition）都会真实地存储消息本身，如图 7-3 所示。

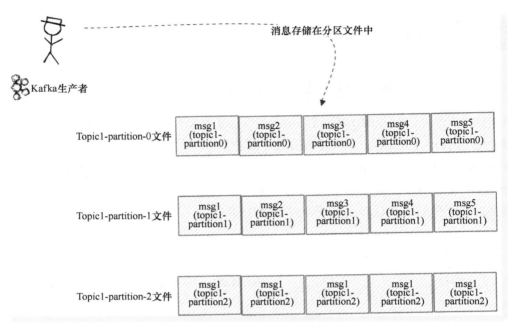

● 图 7-3　Kafka 存储示意图

▶▶ 7.2.2 RocketMQ 存储设计对比 Kafka 的优势

为什么 RocketMQ 要把所有的消息合并到一个大文件呢？原因是 RocketMQ 希望将所有消息存储在一起，这样就让消息以顺序 IO 的方式写入磁盘。与此同时，充分利用了磁盘顺序写以减少 IO 竞争，提高数据存储的性能。相对而言，Kafka 将消息按分区存储在不同的文件中，因此 Kafka 在消息存储上是随机 IO。

磁盘的顺序 IO 要比随机 IO 快得多，顺序 IO 甚至可以接近内存的速度。在公开的压测报告中都会看到这样一个结论：随着主题/分区的数量逐步上升，到达一个拐点后，RocketMQ 的写入性能开始明显超过 Kafka；而达到一定规模的主题/分区后，Kafka 的写入性能会下降得非常严重。这是因为当 Kafka partition 的数量非常大时，Kafka 中的随机 IO 将非常多，从而导致 Kafka 在所有 Topic 的 partition 变大了之后，Broker 性能会明显下降。

读者可能会有疑问，CommitLog 虽然是顺序写入的，但是 ConsumeQueue 文件不也是随机 IO 吗？

为何相比 Kafka，RocketMQ 在多分区的时候，性能没有明显下降。原因是 RocketMQ 通过 MappedFile 的方式读写 ConsumeQueue 文件。而操作系统对内存映射文件时有 page cache。而且 ConsumeQueue 的文件体积都非常小（只有 20B），故读写其实几乎都是 page cache 的操作。因此对于读写 ConsumeQueue 文件来说，即便是随机 IO 效率也非常高。

7.3　CommitLog 文件

CommitLog 是真实存储消息内容的文件，其实它是一组同类文件的统称。实际上所谓的 CommitLog 文件并不是只有一个文件，而是连续存储的多个文件。

▶▶ 7.3.1　CommitLog 文件结构

所有的 CommitLog 文件都存储在一个独立的目录，存储路径为 $ HOME/store/commitlog/ $ {fileName}。如果读者去 Broker 所在机器的该目录上查看，可能会看到类似图 7-4 所示的文件目录：

```
-rw-r--r-- 1 root root 1073741824 Mar 28 23:28 00000019770808205312
-rw-r--r-- 1 root root 1073741824 Mar 28 23:36 00000019771881947136
-rw-r--r-- 1 root root 1073741824 Mar 28 23:45 00000019772955688960
-rw-r--r-- 1 root root 1073741824 Mar 28 23:53 00000019774029430784
-rw-r--r-- 1 root root 1073741824 Mar 29 00:02 00000019775103172608
-rw-r--r-- 1 root root 1073741824 Mar 29 00:10 00000019776176914432
-rw-r--r-- 1 root root 1073741824 Mar 29 00:19 00000019777250656256
-rw-r--r-- 1 root root 1073741824 Mar 29 00:28 00000019778324398080
-rw-r--r-- 1 root root 1073741824 Mar 29 00:37 00000019779398139904
-rw-r--r-- 1 root root 1073741824 Mar 29 00:47 00000019780471881728
```

● 图 7-4　CommitLog 文件结构截图

一个 CommitLog 文件默认是 1GB。图 7-4 中的每一个文件其实就是 1GB 的消息内容。超过 1GB 就会滚动下一个文件。文件名长度为 20 位的纯数字，不足 20 位会左边补 0。数字的大小其实就是该消息文件里的第一条消息的位置起始偏移量，比如 00000000000000000000 代表了第一个文件起始偏移量为 0，文件大小为 1GB = 1073741824B；所以当第一个文件写满了，第二个文件为 00000000001073741824，意味着这个 CommitLog 文件里的起始偏移量为 1073741824，以此类推。

▶▶ 7.3.2　CommitLog 抽象模型

按照这样的存储结构，CommitLog 的抽象模型大概是 N 个等长的文件首尾相接形成一组很大的 CommitLog 文件，如图 7-5 所示。

图 7-5 中第 1 个文件中可以看到第 X 个消息是第 1 个 CommitLog 文件的最后一个消息，而第 X+1 个消息其实是第 2 个 CommitLog 文件的第 1 个消息，以此类推。

需要注意的是，CommitLog 是按照消息的写入顺序保存的，并且总是在写最新的那个 CommitLog 文件。为了保证绝对的顺序写入，所以同一个时刻只能有一个线程在写。

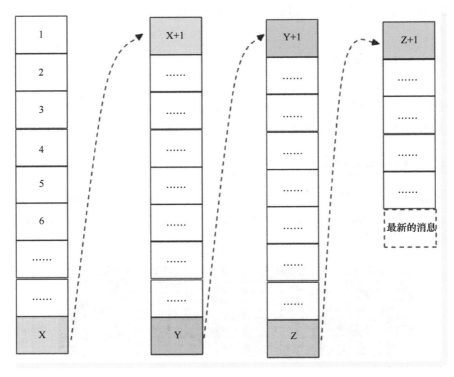

● 图 7-5　CommitLog 存储示意

需要注意的是，每个消息存储在 CommitLog 文件内是不同大小的，所以虽然在很多介绍 RocketMQ 的文章中经常会用数组来呈现 CommitLog 的内部结构，但是其实这是不准确的，因为其中每个消息可大可小，所以 CommitLog 本身并不能做搜索相关的功能，这也是 RocketMQ 存储中最具有挑战的地方之一。

虽然每个消息内部存储在 CommitLog 中的长度是不一样的，但是因为其存储结构是固定的，而且存在类似于消息长度的字段。所以理论上只需要知道一个消息在文件中的起始偏移量，就能完整地解析出这条消息的所有元素。这个设计很关键，是贯穿整个 RocketMQ 存储的关键。

▶▶ 7.3.3　CommitLog 文件组成

虽然每个消息的大小是不一样的，但是每一个消息在 CommitLog 中会由相同的部分组成，如图 7-6 所示。

图 7-6 中包含的多个部分实际上是按顺序存储在 CommitLog 一个消息的内部的，以下按顺序简单说明各个部分的含义。

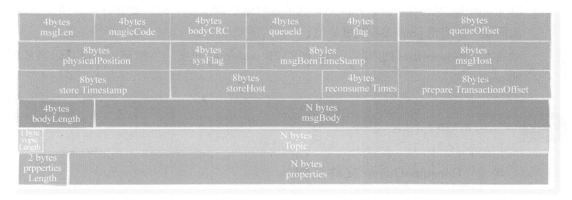

- 4B 的 msgLen，消息的长度，是整个消息体所占用的字节数的大小。
- 4B 的 mogicCode：固定值，有 MESSAGE_MAGIC_CODE 和 BLANK_MAGIC_CODE。
- 4B 的 bodyCRC：消息体的校验码，用于防止网络、硬件等故障导致数据与发送时不一样带来的问题。
- 4B 的 queueId：表示消息存储的 MessageQueue 的 id，用于后续查询消息的时候知道查哪个 consumeQueue 文件。
- 4B 的 flag：创建 Message 对象时由生产者通过构造器设定的 flag 值。
- 8B 的 queueOffset：表示在 queue 中的偏移量。
- 8B 的 physicalPosition：表示在存储文件中的物理偏移量。
- 4B 的 sysFlag：是生产者相关的信息标识，具体的生产逻辑可以看相关代码。
- 8B 的消息创建时间。
- 8B 的消息生产者的 host。
- 8B 的消息存储时间。
- 8B 的消息存储机器的 host。
- 4B 表示重复消费次数。
- 8B 的消息事务相关偏移量。
- 4B 表示消息体的长度：不是固定长度，和前面 4B 的消息体长度值相等。
- 1B 表示 Topic 的长度：因此 Topic 的长度最多不能超过 127B，超过的话存储会出错（有前置校验）。
- 动态大小的 Topic 的内容：存储 Topic 的具体值。因为 Topic 不是固定长度，所以这里所占的字节是不固定的，和前一个表示 Topic 长度的字节的值相等。

- **2B properties 的长度**: properties 是创建消息时添加到消息中的。此部分内容是动态的，故需要一个表示 properties 长度的值。
- **动态大小的 properties 的内容**: 和前面的 2B properties 长度的值相同，存储具体消息里的 properties。

7.4 ConsumeQueue 文件

▶▶ 7.4.1 ConsumeQueue 文件结构

CommitLog 文件存储的是消息的原始信息，所有主题和队列的消息都糅在了一块。但 RocketMQ 是基于主题的订阅模式，消息消费是针对主题进行的，如果要遍历 CommitLog 文件，根据 Topic 检索消息是非常低效的。

针对每个队列，RocketMQ 会生成一组 ConsumeQueue 文件。这组 ConsumeQueue 文件中存储的消息都是属于这个队列的消息的元数据。文件非常小，只有 20B。

也就是说相比 Kafka 的存储方案，ConsumeQueue 中不存储具体的消息，只存储能辅助查找该队列中的消息在 CommitLog 中的位置的信息。

ConsumeQueue 文件也是采取定长设计，每一个条目 20B，由三部分组成：8B 的 offset（在 commitLog 的位置），4B 的消息体大小，8B 的 tagCode（只存哈希值）。存储的路径为：\$ HOME/store/consumequeue/｛topic｝／｛queueId｝／\$｛fileName｝。

如图 7-7 所示，示意了一个主题为 recoverTopic 下，队列 0 的所有 ConsumeQueue 文件。

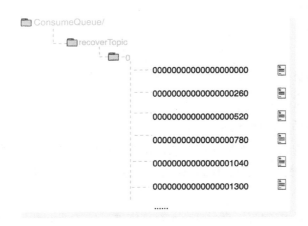

• 图 7-7 主题为 recoverTopic 下，队列 0 的所有 ConsumeQueue 文件

与 CommitLog 文件类似，所谓的 ConsumeQueue 文件也是一组文件的总称。只不过与 CommitLog 文件不同的是，CommitLog 文件全局只有一组，而 ConsumeQueue 文件则每个主题下每个队列都有独立的一组文件。

▶▶ 7.4.2 ConsumeQueue 文件组成

与 CommitLog 文件不同的是，每个消息在 ConsumeQueue 文件存储的大小是固定的且非常小，只有 20B。前 8B 代表消息的 offset，紧接着 4B 代表其消息大小，再后面会用 8B 存储这个消息 tag 背后的哈希值，如图 7-8 所示。

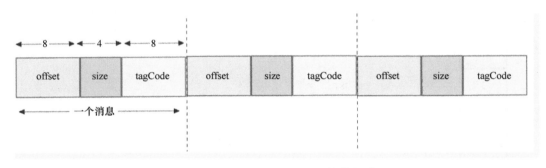

● 图 7-8　ConsumeQueue 文件组成

单个 ConsumeQueue 文件由默认 30 万个消息组成，而一个消息在文件中是 20B，故每个 ConsumeQueue 文件大小约 5.72 MB。

由于每个消息在文件中是定长的，所以访问 ConsumeQueue 实际上可以像数组一样随机访问每一个消息。故而在对 ConsumeQueue 文件搜索的过程，甚至可以采取二分查找法快速找到指定 offset 的那个消息。

7.5　IndexFile 文件

▶▶ 7.5.1 IndexFile 概览

有时候开发人员需要对消息进行搜索，RocketMQ 提供了两种搜索能力，具体如下。

1）针对 MessegeID 进行搜索。

2）针对 Key 进行搜索。

因为 MessageID（服务端）实际上是由 Broker 自身的标识 + offset 来生成的，所以理论上能通过 MessageID 反解出 offset 来，故而针对 MessageID 的搜索可以依赖 CommitLog 文件就能完成。

但是如果需要针对一些业务字段进行搜索（例如订单号），就需要用到 Key 搜索的能力了。为了支持这个功能，RocketMQ 设计了一个 IndexFile 文件。

从模型上，IndexFile 采取类似 Java 的 HashMap 的原理做检索。每一个 IndexFile 文件都是一个 HashMap，其由固定数量的 Slot 组成，当发生哈希冲突时，采取拉链法解决哈希冲突，IndexFile 文件模型如图 7-9 所示。

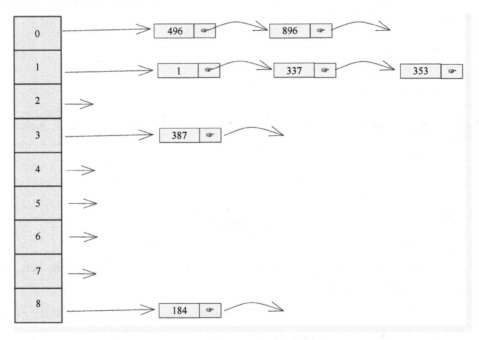

● 图 7-9 IndexFile 文件模型

▶▶ 7.5.2 IndexFile 文件结构

IndexFile 文件存储在 store 目录下的 Index 文件里面，存储位置是：＄HOME＼store＼index＼＄｛fileName｝。

其中文件名 fileName 是以创建时的时间戳命名的，例如 20211204094647480。

最后也会成为一组文件，例如：

rocketMQ/store/index/20211204094647480

rocketMQ/store/index/20211205094647480

rocketMQ/store/index/20211206094647480

rocketMQ/store/index/20211207094647480

每个索引文件被设计为定长的，最多可以保存 500 万个 Hash 槽和 2000 万个索引项。当保存的数据超过上限时，会创建一个新的索引文件来保存。这就意味着同样 Hash 值的消息可能会被保存到不同的索引文件中。

▶▶ 7.5.3 IndexFile 文件组成

每一个 IndexFile 文件是定长的，由以下 3 部分组成。

1）文件头 Header，40B。

2）500 万个 HashSlot，每个 HashSlot 4B。

3）2000 万个 Index 条目，每个条目 20B。

可以估算每个 IndexFile 的大小为：$40+500×10^4×4+2000×10^4×20B$，大约 400MB 左右。

其中 Header 是固定的 40B 大小，包含以下 6 个字段。

1）beginTimestamp：最早的消息存储时间。

2）endTimestamp：最晚的消息存储时间。

3）beginPhyoffset：消息的最小物理偏移量（在 CommitLog 中的偏移量）。

4）endPhyoffset：消息的最大物理偏移量。

5）hashSlotCount：最大可存储的 hash 槽个数。

6）indexCount：当前已经使用的索引条目个数。

而 HashSlot 部分则存储 500 万（可通过 Broker 配置 maxHashSlotNum 来修改）个 hash 槽。存储的是在索引文件中索引的逻辑下标。

而索引文件的 Header 和 HashSlot 都是定长的，可以通过逻辑下标来计算出索引项在索引文件中的绝对偏移量。

最后 Index Item 部分存储了 2000 万（可通过 Broker 配置 maxIndexNum 来修改）个索引项，每个索引项包含如下信息：

1）Key Hash：消息主题 Key 哈希后的值。

2）CommitLog Offset：消息在 CommitLog 中的物理偏移量，用来从 CommitLog 查询消息。

3）Time Diff：从该索引文件到消息保存时间的时间差（精确到秒），用于根据时间范围查询消息。

4）Next Index Offset：链表下一项的逻辑下标（这里的逻辑下标的含义跟 HashSlot 中存储的逻辑下标含义相同）。

其整体结构如图 7-10 所示。

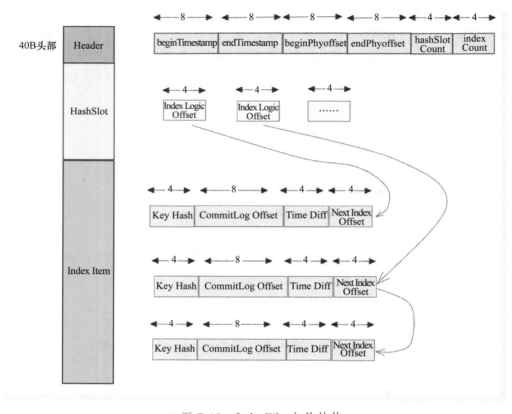

● 图 7-10　IndexFile 文件结构

7.6　本章小结

至此，本章已经对 RocketMQ 核心存储原理有一个比较详细的介绍了。这部分内容也是 RocketMQ 最关键的核心部分之一，对于进阶深入理解 RocketMQ 原理是无法绕过的"坎"。

下面针对本章做一个简单的小结。

1）RocketMQ 的存储有别于 Kafka 最本质的一点就是 RocketMQ 的所有主题、队列的消息都存储在一个 CommitLog 文件中，分队列的 ConsumeQueue 文件只是存储及其轻量级的数据（可以认为是索引）。

2）由于 RocketMQ 采取这种混合型的存储结构，所以其在多主题的写入性能能大幅度优于 Kafka。但是会增加消息消费的部分损耗，这部分的损耗 RocketMQ 是利用文件映射+操作系统的 page cache 去优化的。

3）除了正常的消息消费需要构建查询检索之外，RocketMQ 为了支持 Key 的检索，有一个单独的类似 HashMap 的哈希索引文件——IndexFile。

7.7 思考题

一个消息的写入，除了写入消息本身的 CommitLog 文件外，还需要写 ConsumeQueue 文件和 IndexFile 文件，如果后面两个文件写入失败了会怎样？读者觉得可以怎样处理？

第8章

RocketMQ消息高可靠的设计

本章将介绍 RocketMQ 的高可靠机制，这也是 RocketMQ 进阶的必学知识之一，对于架构设计、性能优化等都极为有用。

在第 7 章中，读者了解了 RocketMQ 的存储原理，知道了 RocketMQ 是怎样支撑多主题、多队列的高性能读写的。但是仅做到快还不够，对于一个大型的互联网系统，消息的可靠性甚至比性能更重要。一般情况下，研发人员希望消息中间件帮助承担消息削峰或者最终一致性的保障的职责，如果消息到消息中间件后并没有一个高可靠的保障，那么所有的架构设计都是徒然。

8.1 消息中间件如何做到消息高可靠

在讲 RocketMQ 如何做到消息高可靠之前，读者先思考一个问题：如果让你去设计一个高可靠性消息中间件，需要解决哪些问题？

8.1.1 消息中间件三个核心环节

总的来说，要做到一个消息的高可靠，消息中间件设计者需要从三个环节入手去解决：一是发送的高可靠，二是消息存储的高可靠，三是消息消费的高可靠。

一个消息从消息生产到消息消费，大体就以下这三个环节。

1）消息发送到消息中间件。

2）消息中间件做好存储等工作。

3）消息中间件把消息投递给消费者。

这三个环节都可能有各种的异常，例如第一个环节可能因为发送到消息中间件的过程中遇到网络故障、Broker 不可用等问题导致消息发送失败。第二个环节则可能因为消息并没有

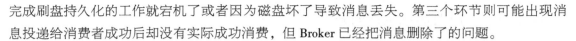
完成刷盘持久化的工作就宕机了或者因为磁盘坏了导致消息丢失。第三个环节则可能出现消息投递给消费者成功后却没有实际成功消费，但 Broker 已经把消息删除了的问题。

这些方方面面的异常情况数不胜数，每个小问题都可能破坏消息中间件的高可靠性。

▶▶ 8.1.2　消息中间件的高可靠承诺

怎样才能做到消息高可靠呢？实际上，针对上面三个环节的各类故障，如果消息中间件设计者能做到以下三点，那么消息就可以认为是高可靠的。

1）如果生产者发送消息到消息中间件，消息中间件告诉生产者成功了，那么就可以认为消息的存储和消息的消费都是可靠的，后续的工作内容无须生产者再介入。

2）如果消息存储下来了，那么 Broker 能保证消息在消费成功之前不会因为任何异常而导致丢失。

3）如果消费者因为各种异常导致没有消费成功，Broker 能保证消息总能至少消费一次。

下面会先展开头尾两个环节，即消息的生产和消息的消费。最后介绍消息存储环节的高可靠设计。

8.2　消息生产的高可靠

要做到消息的高可靠，首先得可靠地把消息投递到消息中间件。这听起来好像很容易，不就是调用一个 API 吗。这样说也对，因为的确就是一个 API 的调用，但也不对，因为这中间问题还是挺多的。

▶▶ 8.2.1　消息生产过程可能遇到的异常

假设现在在处理一个支付的消息，这个支付消息消费成功后，需要发送一个支付成功的事件，以便积分系统增加用户的积分。代码可能是以下这样（片段）。

```
String sql  = update t_pay_order set order_status='SUCCESS' where order_no='12345678';
stmt.executeUpdate(sql);
sendMQMessage(myMsg);
```

这里可能遇到的异常如下。

1）如果数据库执行成功了，但这时候服务重启了。

2）服务正常，但是发送消息到 Broker 的时候，那一台 Broker 挂了。

3）服务正常，但是发送消息到 Broker 的时候消息超时，或者网络出现了异常无法发送。

▶▶ 8.2.2　应对消息生产的异常

关于第一个异常，常见的解决思路是用消息表去存储待发送的消息，直到消息发送成功后才删除/更新消息表数据；RocketMQ 还提供了很强大的事务消息功能去解决这个场景，这个话题会在后面事务消息的章节中再做讨论。

关于第 2 个和第 3 个异常，实际上都是一类问题，就是发送消息的指令已经发出去了，但是由于各种异常没有得到一个明确的成功响应。

针对这类异常，应用要做的就是，没有收到明确成功的响应，都不能认为消息发送是成功的。这时候怎么办呢？重试。当然了，重试意味着同样的消息可能被重复发送了，但是消息重复了实际上是有去重的手段处理的，但是消息丢失了，系统就没办法了。

生产者的参数中有一个 retryTimesWhenSendFailed，所以 RocketMQ 的生产者客户端在内置上已经实现了失败重试。如果开发者还是得到失败、超时的响应，这意味着 RocketMQ 内置的重试操作也无法"拯救"这个失败，则需要应用自行处理这类情况了。常见的解决思路有：保存到数据库后延迟再重试，或者开启一个异步线程不断重试等。

无论如何，对于应用来说，要做到消息的高可靠，就是想尽方法得到一个成功的响应方可罢休。

8.3　消息消费的高可靠

消息消费的高可靠和在前面章节中介绍的 RocketMQ 消费进度管理和 ACK 机制非常相关。实际上消费进度管理和 ACK 机制就是为了解决消息消费高可靠性的。

▶▶ 8.3.1　消费高可靠的保证

对于消息消费的高可靠，消息中间件要做的就是：没有得到消费者的 ACK，这条消息就不会认为是消费成功的。这样只要消费者在线，这条消息还能被继续投递。只不过继续投递这个动作在 RocketMQ 的实现中还带有延迟消费的特性，这是因为很多时候消费失败都是因为外部资源的获取失败而导致的，例如数据库访问失败、Redis 失败、下游系统报错等，这类错误通常情况下都需要一段时间才能恢复，所以 RocketMQ 在重新投递下一个消息的时候会带上一个延迟级别，以便给予这些外部资源恢复的时间。

▶▶ 8.3.2　消费高可靠的实践建议

虽然 RocketMQ 已经对消息消费的高可靠做了很好的支持，但是笔者总还是能看到非常多

的人为原因导致 "消息丢失的"。最常见的问题便是很多人采取以下的消费模板。

```
consumer.registerMessageListener(new MessageListenerConcurrently() {
    @Override
    public ConsumeConcurrentlyStatus consumeMessage(List<MessageExt> msgs,ConsumeCon-
currentlyContext context) {
        try{
            ......// 处理消息
            return ConsumeConcurrentlyStatus.CONSUME_SUCCESS;// 返回消息消费状态
        } catch (Exeption ex) {
            return ConsumeConcurrentlyStatus.CONSUME_SUCCESS;
        }
    }
});
```

这类开发模板很可能是从类似 RabbitMQ 这类消息中间件迁移到 RocketMQ 时顺手带过来的。在 RabbitMQ 的消费代码里，开发者是需要手动调用 ACK 方法的，否则消息会处于 UNACK 状态，达到一定程度，这个消费者就无法再消费消息了，所以开发者可能会 catch 住异常，也把消息给 ACK 掉。

实际上这种消费的方式在 RabbitMQ 也不是很好，因为这样的异常相当于消息消费失败了，但是直接当作成功处理了。在 RabbitMQ 的场景下，要很好地处理这类错误，开发者的确需要 catch 异常，但是针对异常的消息是需要做更多的错误处理的，例如把消息暂存到某个地方，后面再消费等。

RocketMQ 把错误处理内置到 API 级别中，也就是说 RocketMQ 在各种消费失败的场景都能贴心地帮你做重新消费。但前提是能正确地告诉 RocketMQ，这条消息消费失败了。

所以上面的 catch 代码后直接 return ConsumeConcurrentlyStatus.CONSUME_SUCCESS 的处理就画蛇添足了，实际上开发者只需要任由这个异常往外抛出即可。当然了，如果觉得这个异常不加处理就抛出不是很好，也可以 catch 住这个异常返回 ConsumeConcurrentlyStatus.RECON-SUME_LATER，效果也是一样的。

8.4 消息存储的高可靠

介绍完了消息生产和消息消费的高可靠。接下来将介绍 RocketMQ Broker 在存储这一侧要做哪些高可靠工作。

▶▶ 8.4.1 消息刷盘策略

RocketMQ 是由 CommitLog 文件存储消息的，万一 Broker 所在的机器发生重启之类的故障，实际上因为消息被持久化过所以不会丢失。

但是消息的持久化实际上是依赖操作系统的。RocketMQ 写消息是依赖文件映射的方式去操作的，这时候写入消息成功实际上不能百分之百保证消息被刷到了磁盘，只能保证消息被写到了操作系统的 page cache 中。

这时候，RocketMQ 提供了两个刷盘（刷磁盘）策略。刷盘策略是影响消息可靠性的重要一环。RocketMQ 支持 SYNC_FLUSH 和 ASYNC_FLUSH 两种策略。前者是同步刷盘，后者是异步刷盘。

同步刷盘，就是消息写入成功后（到 page cache 后），会立刻触发操作系统的 fsync 操作，把消息刷到磁盘中，这时候的表现就是消息发送需要等到真正刷到磁盘才会返回。如果这时候生产者得到一个成功的响应，生产者可以认为这个消息必定被持久化成功了。

异步刷盘，实际上就是写完 page cache 就结束了。也就是说这时候生产者得到的成功响应，意味着消息是"大概率会持久化"的，并不能百分之百保证消息一定被持久化成功。换一句话说就是，这时候如果 Broker 发生重启，是有机会造成消息丢失的。那么什么时候才触发刷盘呢？一来这个是由操作系统决定的，二来 RocketMQ 也支持在异步刷盘的情况下每隔一段时间就强行触发一次刷盘。

一般情况下，选择异步刷盘能有更好的性能表现。

▶▶ 8.4.2 消息同步策略

解决了消息的持久化问题，也就解决了 Broker 单节点消息可靠性问题。但是在一个大型分布式系统里，这还远远不够。RocketMQ 设计者希望去除所有节点的单点问题，即假设 Broker 的磁盘都坏了，还能不能维持 RocketMQ 的消息高可靠？

答案是可以的。RocketMQ 支持主从的架构去部署，也就是说一个 master 后面可以挂多个 slave。master 和 slave 的数据是完全一致的，只是角色表现上有所区别——只有 master 允许处理写入请求，slave 只能同步 master 数据或者处理读请求。在介绍消息的读写高可用之前，下面先介绍一下消息的同步策略。

在消息写入 master 之后，slave 会不断地往 master 同步数据。这时候 RocketMQ 也提供了两个同步策略，一个是 ASYNC_MASTER，另一个是 SYNC_MASTER。前者意味着 master 启用的是异步复制策略，后者意味着 master 启动的是同步双写策略。

异步复制，意思是消息写入 master 之后，就算成功了。slave 本身会不断地同步 master 的数据。注意，slave 同步数据不是以消息为维度的，而是以 CommitLog 文件同步的方式去顺序同步的，也就是说如果 slave 落后很多的话，slave 没有同步完成前面的消息是不会同步最新的消息的。

而同步双写与异步复制的区别在于，消息写入 master 之后，写入的线程会等待 slave 的数据同步。由于 slave 同步的过程中会上报自己同步的最大进度（消息文件里面的物理 offset），当发现至少有一个 slave 的进度和 master 一致，这条写入的线程才会返回。所以在同步双写策略之下，如果生产者得到一个成功的响应，这意味着消息至少在两个 Broker 上存在了。当然了，这里的存在也只能保证写入了 page cache，是否能持久化到磁盘，还取决于刚刚提到的刷盘策略。

一般而言，笔者建议采取 SYNC_MASTER+ASYNC_FLUSH 的方式，在消息的可靠性和性能间有一个较好的平衡。

▶▶ 8.4.3 消息的读写高可用

做到消息的多副本后，理论上 RocketMQ 集群就具备了读的高可用。因为如果 master 不可用了，slave 是可以继续提供读服务的。所以一旦消息发送成功了，即便出现 master 的单点故障，slave 也能可靠地把消息投递到消费者之间，从而完成 RocketMQ 消息高可靠的任务。

▶▶ 8.4.4 消息高可靠小结

实际上一个 RocketMQ 是如何完成消息的高可靠这个问题已经回答完毕了，如果这是一个面试题，读者可以简单地这样回答：

1）首先 RocketMQ 生产者端会有消息重试机制，保证出现如 Broker 单点故障或者网络异常等情况时去做重试。当发送者接收到 Broker 端成功的响应为止，就可以认为消息存储和消息的投递都是高可靠的。

2）其次，RocketMQ 提供了主从的策略，运维人员可以部署 slave 去同步数据，以避免单点的问题。同时，RocketMQ 还给予了刷盘策略和同步策略，让开发者在性能和可靠性上自行抉择。

3）最后，在消息消费上，RocketMQ 会提供 at least once 的消费模式，除非消费程序主动告诉 Broker 消费是成功的，否则 RocketMQ 不会放弃投递这个消息（进入死信主题除外）。

▶▶ 8.4.5 多副本的 DLedger

上述内容讲到了 RocketMQ 是如何实现一个消息的高可靠性。或许读者会问，如果 master 挂了，消息的读服务是可以延续了，那么写服务呢？这是一个很好的问题，在很长时间里，RocketMQ 是这样解决这个问题的。

1）master 和 slave 不会有主备切换的能力，这意味着如果 master 挂了，那么 slave 不会自动升级为主，只会继续维持 slave 这个角色，接管读服务。

2）如何解决写的高可用呢？答案是部署多个 master。RocketMQ 允许多个不同的 Broker 共同形成一组而对外提供读写服务。意味着同样的 Topic 在 Broker-1 和 Broker-2 上都存在，那么它们都可以对外提供读写服务，如果 Broker-1 的 master 挂了，那么生产者会自动切换到 Broker-2，所以写自然也是可以做到高可用的。

在 4.5.0 版本之后，RocketMQ 提供了一个新的多副本架构，这套实现称为 Dledger。新的多副本架构本质上可以说就是解决一个问题——自动选主。而 DLedger 其实是一个基于 raft 协议的 commitlog 存储库。如果选择使用 DLedger 模式，DLedger commitLog 就会代替原来的 commitLog，使得 commitLog 拥有了选举复制能力。

然而生产上实际使用 DLedger 存储的大型案例不是太多，而且多副本的架构会在 5.x 版本后有较大的升级，如果有意采取此方案的业务需要关注后续的升级是否平滑。

8.5　本章小结

最后针对本章内容做一个简单的总结：

1）要做到消息的高可靠，RocketMQ 从消息生产到消息存储和消息副本，再到消息消费三个环节都做出了不同程度的设计。

2）在消息生产的环节，主要的设计工作是消息重试。同时开发者需要自己处理 RocketMQ 内置重试后仍然失败的场景。

3）在消息存储的环节，RocketMQ 会把消息做持久化和多副本存储，这两个设计都支持同步和异步两个策略。

4）在消息消费的环节，RocketMQ 支持 at least once 消费模式，同时内置消息消费失败重投递的设计，但是开发者需要谨慎处理异常消费的场景，避免吞掉了异常。

8.6　思考题

RocketMQ 强同步策略采取的是同步双写。对比其他消息中间件或者数据库等产品，有哪些是采取类似的策略，又有哪些是采取不一样的策略？

RocketMQ消息过滤原理

这一章将介绍 RocketMQ 的另外一个高级特性——消息过滤。在开始介绍之前，希望读者思考一个问题：RocketMQ 的消息过滤是客户端过滤还是服务端过滤的？带着这个问题，我们开始本章的内容。

9.1 认识消息过滤

▶▶ 9.1.1 消息过滤的场景

有些时候，一个主题下面的消息对于不同消费者来说，可能不是全量关心的。

例如同样的一个主题，有些消息是给测试环境 1 的服务消费，有些是给测试环境 2 的服务消费，这时候对于一个测试环境 1 的一些实例来说，不希望接收到测试环境 2 的消息。

又比如，同样是一个订单支付成功的消息，如果是一个 b2c 的业务系统，肯定不关心里面 b2b 的订单消息，这时候 b2b 的订单消息应该在消费前被过滤掉。

▶▶ 9.1.2 消息过滤的方式

消息的过滤一般有两种方式：客户端过滤和服务端过滤。

客户端过滤就是消息中间件通过网络将消息给到客户端，客户端再筛选出自己感兴趣的消息。某消费者实例从 Broker 接收到 msg1、msg2、msg3、…、msg10 10 条消息，最后过滤掉了 8 条，剩下 msg1、msg2 两条消息进行处理，其过程如图 9-1 所示。

而服务端过滤就是消息在消息中间件端就做好了过滤，不会有多余的消息经过网络投递到消费者端。Broker 查找出来了 msg1、msg2、msg3、…、msg10 10 条消息，发现只有 msg1 和 msg2 是消费者真正关心的，就在投递给消费者之前过滤掉了，其过程如图 9-2 所示。

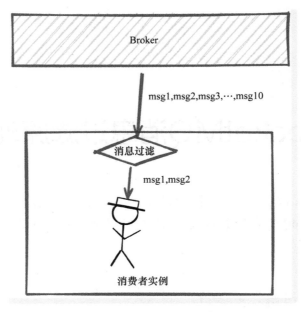

● 图 9-1　客户端过滤示意

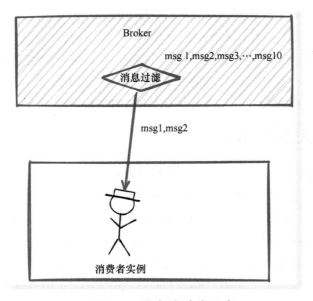

● 图 9-2　服务端过滤示意

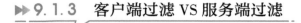
▶▶ 9.1.3　客户端过滤 VS 服务端过滤

如果把消息中间件比作数据库，消息的过滤就好比数据库里面存在一批数据，现在只需要返回其中满足某个条件的数据到前端，例如数据库里面有很多订单，但是后台服务只想返回 b2c 业务的订单到前端。这里只返回 b2c 业务的数据就是过滤。

用数据库的例子去理解消息过滤的话，服务端过滤就好比程序里写了一个 "select * from t_table where order_type＝'b2c' and topic＝'mytopic'" 的语句，然后数据库只把 b2c 的数据返回给应用（客户端）。而客户端过滤就类似应用里写的 SQL 语句是 "select * from mytable where topic＝'mytopic'"，这时候返回来的数据有很多不需要的订单类型的数据。拿到这些数据后，应用内部再写一个 for 循环剔除 order_type！＝'b2c' 的数据。

经过这样对比，哪种方式更优不言而喻了吧，显然是服务端过滤更好。甚至从特性方面来说，如果一个消息中间件支持消息过滤，那么就等同于服务端过滤。因为客户端过滤这种方式所有开发者都能自己在消费逻辑里面实现一轮。类似 Kafka 这样优秀的消息中间件，原生就不支持服务端过滤的能力，开发者要过滤实际上也可以在消费代码里进行过滤。

服务端消息过滤的特性即便缺失，对业务的功能实现来说其实并无太多影响，毕竟也就是消费逻辑开始前先做一轮 if 的判断而已。

但是为什么服务端过滤这个特性那么重要呢？实际上这是一个性能的考虑。一般而言，一个具备优秀性能的消息中间件，其瓶颈在网卡资源。瓶颈在网卡资源意味着能充分利用 CPU、内存、磁盘的性能，换句话说就是消息的生产、消费都把网卡堵满了的时候，CPU、内存实际上还有余力。

RocketMQ 就是这样一个高性能的消息中间件。在一些海量消息的场景，如果开发人员采取客户端过滤，就会有海量多余的消息通过网络传递到了客户端再被过滤掉。这些浪费的网卡资源是很宝贵的，等同于性能、成本的浪费。这时候如果拥有服务端过滤的特性（相当于消耗一部分 CPU 资源），那么在海量互联网场景下是具有显著意义的。

▶▶ 9.1.4　服务端过滤的必要性

聊到这里，可能有些细心的读者会想反驳："不对呀！即便一个消息中间件不支持服务端消息过滤，我一样可以通过 Topic 去分门别类管理消息，一样能实现类似的消息过滤场景，例如上面提到的订单的例子，我可以区分两个主题以实现类似的功能"。读者的这种想法如图 9-3 所示。

有这样想法的读者其实已经抓到问题的本质：主题本身就是一个消息过滤的手段，毕竟开发者可以让不同的消息投递到不同的主题里，那么在消费者订阅的时候就可以按需消费了。

但是有些时候，完全依赖主题去解决消息分类的问题并不优雅。

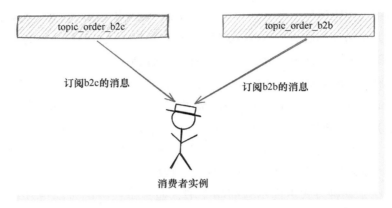

● 图 9-3　通过不同主题去替代消息过滤示意

下面来讨论一个话题：为什么 RocketMQ 需要做服务端的消息过滤。这里至少有两种场景下，开发人员会希望 RocketMQ 具有消息过滤的能力。

1）主题需要一定粒度的汇聚管理。

2）发送者系统可能不希望针对消息体里的细分分类去区分 Topic。

下面将分别展开这两点。

（1）主题需要一定粒度的汇聚管理

RocketMQ 是需要订阅主题进行消息消费的。但是在一个大型的互联网系统下，消息的类型是极多的，开发人员需要对它们进行一定程度的管理。一个最小细粒度的管理则是每一类消息采用一个主题，例如订单创建、订单支付、订单取消可创建三个主题。

但互联网系统的消息类型是极多的，如果按照这个最小细粒度的管理模式去管理，系统上的主题数量可能会爆炸式地增长，在运维管理和 RocketMQ 的性能上都会带来一定的问题。所以 RocketMQ 官方建议针对这种情况，把相似的主题归为一个主题，然后子类型用 Tag 去区分。像刚刚这种情况，推荐的操作是把主题定义为订单操作，然后下面带有创建、支付、取消三个 Tag。这样操作以后，研发人员就会遇到这样一个问题：同一个主题下其实消息的类型是不一样的（订单支付和订单取消是不一样的消息），那么订阅这个主题的不同应用（消费者组）可能关心的类型也是不一样的。例如订单创建和订单取消可能是应用 A 去消费的，订单支付可能是单独另外一个支付系统去消费的，如果都简单地把这个订单主题订阅的话，那么就会消费到自己原本不关心的消息。这时候开发人员就希望 RocketMQ 能进行服务端消息过滤后再投递。

（2）发送者不希望针对消息体的内容区分主题

有些读者可能觉得主题不多，所以管理和性能上其实都认为没什么问题，那是否可以直接用主题粒度去管理消息呢？考虑这样一个场景，假设你是这个订单中台的架构师，需要服务上游多个产品线（例如 b2c、b2b、海外等）的订单服务（如创建、取消、支付、退货等）。为此，设计了一个事件消息去告知上游多个不同的产品线。

由于不同的产品线只希望接收自己产品线的消息，所以需要针对不同的产品线去管理消息的分类。如果按照主题维度发送这些消息，可能需要像下面这样设计你的主题：

```
topic_order_event_b2c
topic_order_event_b2b
topic_order_event_oversea
```

如图 9-4 所示。

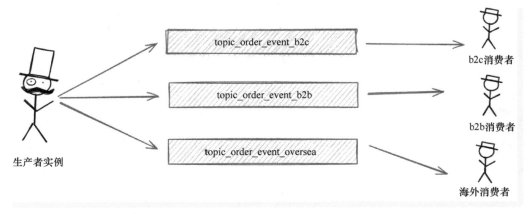

● 图 9-4　使用不同主题替换消息过滤示意——发送者需要把相同消息内容发送到不同主题

然而，这有一个问题，未来这个产品线如果继续拓展需要新增主题的话，还需要修改发送消息的代码去适应这个修改，这显然没有一个主题的管理模式那么优雅。

更悲惨的是，除了产品线这个维度外，订单的操作类型可能也是消费者需要过滤的维度，例如 b2c 这个产品线下可能有很多不同的应用，有些应用可能只想接收订单退货这类的消息（做退货提醒之类的操作），而另外的应用只想接收支付的消息（做发货之类的操作），如果按照主题维度去管理这些消息，就不得不像下面这样设计主题。

```
topic_order_event_b2c_create
topic_order_event_b2c_cancel
```

```
topic_order_event_b2c_pay
topic_order_event_b2c_refund
topic_order_event_b2b_create
topic_order_event_b2b_cancel
topic_order_event_b2b_pay
topic_order_event_b2b_refund
....
```

图 9-5 示意了这种管理模式的复杂性。

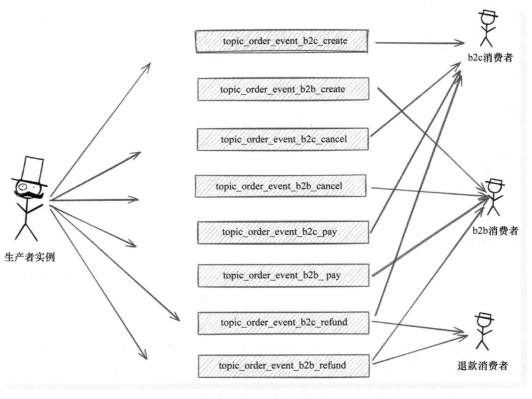

● 图 9-5　使用不同主题替代消息过滤的系统复杂性示意

这显然是极不优雅的方式。如果利用消息中间件服务端过滤能力，只需要这样一个主题：
topic_order_event，如图 9-6 所示。

剩下的利用消息过滤的特性，就能实现不同的消费者去订阅自己产品线的且感兴趣的操作类型的消息。这显然是更为优雅的实现方式。

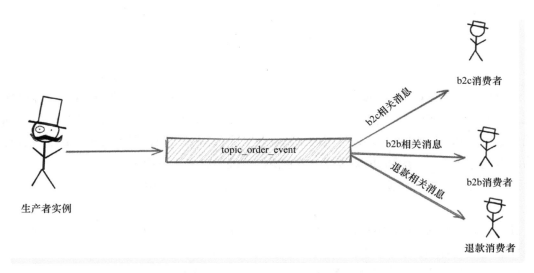

● 图 9-6　使用消息过滤的示意图

▶▶ 9.1.5　RocketMQ 的消息过滤模式

讲到这里，关于开篇的问题相信读者应该猜到了答案。

RocketMQ 的消息过滤是客户端过滤还是服务端过滤的

没错，是服务端过滤。有些读者可能会有这样的疑惑："不可能呀，我记得不少的代码示例里明明还有对 Tag 的 switch case 有一些过滤判断。"如：

```
consumer.registerMessageListener(new MessageListenerConcurrently() {
    @Override
    public ConsumeConcurrentlyStatus consumeMessage(List<MessageExt> msgs,
        ConsumeConcurrentlyContext context) {
        for (MessageExt msg : msgs) {
            switch (msg.getTags()) {
                case "TAG1":
                    ......;// 消费 Tag1 的逻辑
                    break;
                case "TAG2":
                    ......;// 消费 Tag2 的逻辑
                    break;
                default:
                    break;
            }
```

```
    }
    return ConsumeConcurrentlyStatus.CONSUME_SUCCESS;
  }
});
```

这种从现象推导本质的质疑精神是很好的，但是实际上由此推导出 RocketMQ 是客户端消息过滤的方式却是错误的。为什么呢？一来，有一个显而易见的原因是不同的 Tag 乃至 Topic 的消费逻辑在 RocketMQ 客户端设计里面都需要用一个回调去承载，那不同的 Tag 自然需要不同的消费逻辑。二来，这和 RocketMQ 消息过滤的原理是有密切关系的。

讲原理之前，先介绍截止到 RocketMQ 4.9.5 的版本，RocketMQ 都支持哪些消息过滤的模式。

首先，最原始的 RocketMQ 版本在开源贡献给 Apache 之前，就支持两种消息过滤模式：一种是标签过滤（Tag 过滤）模式，另一种是类过滤（Class Filter）模式。

标签过滤是为满足绝大部分场景设计出来的，即让消息打上标签，订阅的时候可以选择某个或多个标签作为订阅的目标。

但由于 RocketMQ 的标签设计不支持在消息维度打多个标签，所以有些场景需要打多个标签的时候，就不好使了（前文提到的订单系统的例子，如果要实现产品线和操作类型两个维度的消息过滤，就需要打上两个标签，例如 b2c+cancel，或者 b2b+pay）。

RocketMQ 又设计了一个类过滤模式，它允许用户上传一个 class 类到服务端，然后运行自己写的代码去实现任意的过滤。这两种模式的结合，能满足所有消息过滤的需求。

贡献给 Apache 后，RocketMQ 又支持了类似 SQL92 语法的属性过滤。它基于 Property 做过滤，由于 Property 是支持任意数量的，所以相当于是 Tag 模式的一个增强方式。而后，在这个模式出来不久，类过滤模式相关的代码就被删除了。

综上，目前官方上还支持其他两套过滤模式：标签过滤和 SQL92 语法的属性过滤。

了解这一发展脉络对于理解 RocketMQ 设计者背后遇到的问题很有帮助，同时对于读者阅读源码的时候，也能自行解答一些疑惑——"为什么感觉这里设计怪怪的？"原因就在于这方面的功能是渐进式的，难免涉及一些兼容性的升级。

9.2　标签过滤模式的使用及原理

▶▶ 9.2.1　标签过滤模式的使用

下面介绍标签过滤模式的使用方式。标签过滤是最早的消息过滤模式，也是截至目前用得最多的模式之一。

使用上，开发者需要写类似下面的代码。以下示意代码中生产者发送消息的时候指定标签，并把标签设置为"TAGA"。

```
Message msg = new Message("TopicTest","TAGA","Hello world".getBytes(RemotingHelper.
DEFAULT_CHARSET));
```

需要注意的是，RocketMQ 不支持给一个消息打上多个标签。

然后消费者在订阅的时候，可以指定需要订阅哪些标签的消息，如下所示。

```
consumer.subscribe("TopicTest", "TAGA ||TAGB ||TAGC");// 订阅多个 Tag,中间用"||"分割
```

可以看到，虽然 RocketMQ 不支持给消息打多个标签，但是消费者订阅的时候是可以订阅多个标签的消息的。

最后在消费回调中也要加 switch case 的逻辑去区分不同标签所需要的消费逻辑。

```
consumer.registerMessageListener(new MessageListenerConcurrently() {
    @Override
    public ConsumeConcurrentlyStatus consumeMessage(List<MessageExt> msgs,
        ConsumeConcurrentlyContext context) {
        for (MessageExt msg: msgs) {
            switch (msg.getTags()) {
                case:"TAGA":
                    ......
                case:"TAGB":
                    ......
                case:"TAGC":
                    ......
                default:
                    ......
            }
        }
        return ConsumeConcurrentlyStatus.CONSUME_SUCCESS;
    }
});
```

如果订阅了多个 Tag，出于不同消费逻辑的需要，这里的 switch case 当然是必要的。但是即便只订阅一个 Tag，这个判断也是必要的。正因为看到这样的代码，很多人以为 RocketMQ 是客户端过滤的模式，并没有服务端过滤，毕竟 RokcetMQ 学习的对象 Kafka 也没有服务端过滤的模式。但这实际上是错的，RocketMQ 的标签过滤是实打实的服务端过滤。

▶▶9.2.2　标签服务端过滤原理

但是即便只订阅一个 Tag，也建议做一下消息筛选，这个建议也是正确的。为什么会看起

来如此自相矛盾呢？

之前内容提及过，RocketMQ 的消息消费是先经过 consumequeue 文件再去搜索 commitlog 文件的。不知道读者是否还记得，consumequeue 文件最后有 8 个字节是用来存储一个叫作 tagCode 的字段的。consumequeue 的文件组成如图 9-7 所示。

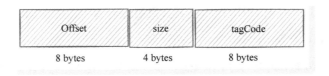

● 图 9-7　consumequeue 文件组成

RocketMQ 的服务端过滤就是使用这个字段去做过滤的，只是这个 tagCode 存储的是消息 Tag 的 hashcode，而不是用户指定的 Tag 本身。

在消费的时候，Broker 发现消费者需要用 Tag 做消息过滤，RocketMQ 会先用消息里的 Tag 求一个 hash 值，然后拿这个 hash 值和 consumequeue 中的 tagCode 值做比较，如果值不一样，证明消息 Tag 和消费指定的是不同的，那么就直接过滤掉而不用去 commitlog 查询了，从而做到性能的提升。毕竟 consumequeue 文件极小，利用 page cache 的缓存，这部分读取的时间远远小于读取一个消息体后再去做过滤的时间。

然而，取 hash 值毕竟是有哈希冲突的可能性的，也就是说可能 Tag 不同，但是 hash 值是一样的，这种情况下，RocketMQ 可能会误投这些消息到客户端。举个例子，假设存储的消息打上的 Tag 是 TagProduce，对应的 TagCode = hash1。这时候有个消费者需要消费 TagConsume 这个标签，但是恰好 TagConsume 的 hash 值也是 hash1 的话，那么在 RocketMQ 做过滤的时候，就会误认为这是消费者所希望消费的消息，也就是说这个消息会真实投递到消费侧。所以有的人建议客户端还是做一些兜底的过滤。

当然，这个可能性极低，在真实的使用场景下（Tag 的命名也是有含义的）同一个 Topic 下去找 hash 值一样但是实际值不一样的两个 Tag 字符串是极难的。

话说回来，在这点上 RocketMQ 的确处理得不够细腻。理论上来说，RocketMQ 是有能力在消息查询出来后，再通过真实的 Tag 二次过滤一遍，或者可以在进入消费者回调之前，在客户端层封装好二次过滤。无论哪种做法都能避免现在很多开发者以为 RocketMQ 的消息过滤是客户端行为的这种误解。

或许读者可能会问，为什么 consumequeue 文件中的 tagCode 设计是存储 hash 值呢？这个问题会作为本章的课后思考题。

9.3 类过滤模式原理

前文提到类过滤模式其实是一个古老的模式，在新版本已经去除了对这个模式的支持。

为什么还需要讲一下这个模式呢，笔者觉得这个模式的支持体现了 RocketMQ 设计者的一些架构设计思路，非常值得开发者学习。

前文介绍到 Tag 模式只支持简单的标签过滤，而且消息还不支持多标签。那么如果有一些较为复杂的过滤需求，例如按照时间过滤等这类需求怎么办呢？在这种情况下，仅仅只有标签过滤是不够的，还是需要客户端自己做过滤。

那么设计者就引入了类过滤的过滤模式，其原理如图 9-8 所示。

老版本的 RocketMQ 还有一个叫作 Filter Server 的组件，这个组件和 Broker 部署在同一台机器上，然后客户端消费的时候指定一个本地的 class 文件，把这个文件上传到 Filter Server。

想法上很朴素：既然无法通过标签过滤的方式完成所有的过滤需求，那么干脆把客户端过滤的代码逻辑上传到 Broker 同一台机器上，直接把代码运行在 Broker 侧，让多余的消息直接在 Broker 所在的机器消化掉而不经过网卡，这是典型的用 CPU 换网卡的设计思路。

由于此手段需要单独启动一个 Filter Server 的组件，较为麻烦，同时允许客户端无限制

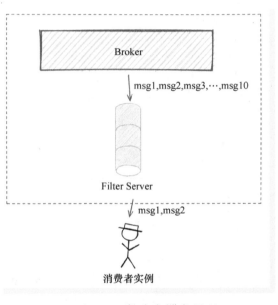

● 图 9-8 类过滤模式原理

地上传 class 文件实际上也是一把双刃剑。毕竟上传的代码可能会带来各种风险，例如死循环、内存溢出等问题，影响 Broker 的稳定性。

在 SQL92 语法的属性过滤模式引入后不久，此模式就从 RocketMQ 中下架了。

9.4 SQL92 属性过滤的使用及原理

标签模式有一些场景无法支持，例如一个消息只能打一个标签。如果在开发者希望打多

个标签的场景，标签过滤就无法支持了。

参考了类似 ActiveMQ 的模式，RocketMQ 在后续版本中引入了 SQL92 模式的过滤方式。这种过滤模式是基于消息 Property 做过滤的，同时支持 SQL92 的语法，类似大于（>）小于（<）等，使得过滤更加灵活。

▶▶ 9.4.1 属性过滤的使用

例如，一条消息定义有 3 个 Property：a、b、c，消费的时候可以写这样的表达式"a > 5 AND b = ' abc '"，就能做消息过滤了，而且是服务端的过滤。

```
-----------
|message   |
|--------- |   a > 5 AND b = 'abc'
|a = 10    |  ------------------> 命中
|b = 'abc'|
|c = true  |
-----------

-----------
|message   |
|--------- |   a > 5 AND b = 'abc'
|a = 1     |  ------------------> 过滤掉
|b = 'abc'|
|c = true  |
-----------
```

里面支持很多功能。

1）数字比较，支持 >、> =、<、< =、BETWEEN、= 。

2）字符比较，支持 =、< >、IN。

3）IS NULL 或者 IS NOT NULL。

4）逻辑运算，支持 AND、OR、NOT。

▶▶ 9.4.2 开启属性过滤

由于实现的原理和标签过滤完全不同且有一定冲突，所以如果需要使用属性过滤的话，还需要在服务端把对应的开关打开，服务端配置如下。

enablePropertyFilter = true

enableCalcFilterBitMap = true

enableConsumeQueueExt = true

▶▶ 9.4.3 属性过滤的原理

从实现原理上看，由于 consumequeue 文件并没有存储属性的信息，基于 property 过滤的时候难以避免需要查询 commitlog 消息的 property 进行过滤。

读者应该可以想到这样的实现方式和标签过滤相比，性能肯定是相差甚远的，毕竟所有的消息都需要从堆外的内存先复制到堆内再经过一轮筛选过滤。为了对属性过滤进行性能优化，RocketMQ 做了部分预处理的加速。

（1）属性过滤预处理优化

类似于程序员在做业务开发的过程中，遇到数据库运行慢就用缓存处理一样，commitlog 读取速度慢（相对于读 consumequeue 而言），同样可以用缓存解决。用空间换时间。

RocketMQ 在这点上，使用了一个叫布隆过滤器的方式去做预处理，避免了每次过滤的时候都需要读 commitlog。

（2）认识布隆过滤器

布隆过滤器是一个特殊的数据结构，它设计出来是为了用非常小的空间去判断某个元素是否存在于集合中。

了解布隆过滤器之前，读者先思考一下在 Java 语言中，如果程序需要快速判断一个元素是否存在集合中，有什么手段？最直接的当然是使用哈希存储的 HashSet。例如需要判断元素 X 是否存在，只需要用 hashSet.contains( ) 方法即可以 O（1）的时间复杂度判断 X 是否存在。但是为了做这个判断，必须要把所有的元素存储在 HashSet 中，这样存储的空间就非常大了。

由于需求是只需要判断元素是否存在，实际上不需要真正去获取这个元素，所以理论上只需要用一个 bit 去表示存在与否即可。读者或许听说过 bitmap 的数据结构，bitmap 它用一个很长的 bit array 去存储所有元素的存在与否，如果一个元素存在，则对应的 bit 存储为 1 即可。具体某个元素要置位哪个 bit，则通过哈希函数 hash 后求得。图 9-9 是 bitmap 示意图。

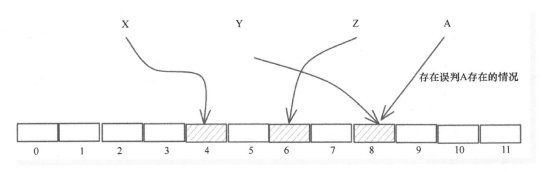

● 图 9-9　bitmap 示意图

有 hash 函数就会有 hash 冲突,这时候 hash 冲突后的元素可能就会误判,例如图 9-9 所示,假设 bitarray 只存在 X、Y、Z 三个元素,但是判断 A 元素是否存在的时候会误认为其存在。

布隆过滤器可以认为是 bitmap 的一个加强版,区别在于这个 hash 函数不止 hash 一次,而是 hash k 次。例如 k = 2 的话,就运行两次不同的 hash 函数,哈希出两个 bit 位,把两个 bit 位都置为 1,如图 9-10 所示。

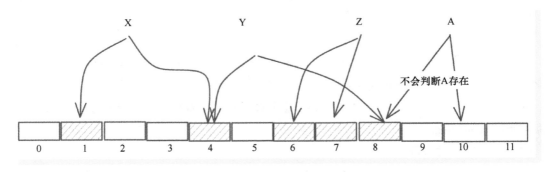

● 图 9-10　布隆过滤器示意图

这时候如果还是 X、Y、Z 三个元素存在,判断 A 是否存在的时候,A 两次 hash 的 bit 位是 8 和 10,由于需要 8 和 10 同时是 1 布隆过滤器才会认为元素 A 存在,所以布隆过滤器会返回 false,即判断 A 元素不存在。

读者通过以上的解释可以知道布隆过滤器判断是否存在可能会误判某元素,但是如果布隆过滤器判断某个元素不存在,则这个判断是完全可信的。这个特性叫作假阳性(False Positive)。

在构造布隆过滤器时,有几个关键的参数 f、n、k、m,其中 f 是误判的概率,n 是预估放入多少元素在布隆过滤器中,k 是经过几次哈希函数的运算,m 是整个布隆过滤器 bit 的长度。

朴素地讲,读者也可以轻易地推测到:空间越大,期望放入的元素越少,误判概率会越低。实际上,这 4 个参数之间有确定的数学公式相互推导。这里读者不需要关心详细的数学推导过程。在实际使用上,开发人员可以控制的是其中的 f 和 n,即误判的概率和期望放入的元素。其中 n 在属性过滤的场景下就是期望放入过滤器的消费者组的个数,默认是 32;而误判率默认是 20%。这两个参数在 Broker 中可以配置。

```
##预估有几个消费者组会用到布隆过滤器
expectConsumerNumUseFilter=32
##最大的误判错误率
maxErrorRateOfBloomFilter=20
```

在默认配置的情况下，k 的计算结果是 3，m 的计算结果是 112。可以知道，实际上只需要 112 个 bit 空间就能完成布隆过滤器的筛选工作。

（3）预处理优化的基本原理

Broker 在生成 consumequeue 文件的同时，会生成一个 consumequeueext 的文件，这个文件和 consumequeue 里的消息是做关联的。

通过布隆过滤器的存储，Broker 可以在一个很小的文件里存储多个不同的消费者组，存储的这些消费者组表示消息应该投递给哪些消费者，从而加速整个过滤的过程。

为了方便理解，读者可以把 consumequeueext 文件类比成 Java 的一个 HashSet，里面存储的内容就是不同的消费者组名，如图 9-11 所示。

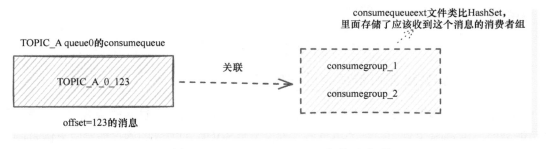

● 图 9-11　consumequeueext 文件示意图

这样当 RocketMQ 准备去搜索 topic = TOPIC_A，queue = 0，offset = 123 的消息时，它立刻就能知道其实只有 consumegroup_1 和 consumegroup_2 需要订阅这个消息，其他的消费者组全部过滤掉即可，这样就形成了预处理加速的效果。

实际上 consumequeueext 文件是布隆过滤器存储的，所以它只需要占据很小的空间就能表示哪些消费者组存在于文件中。但是，因为布隆过滤器可能会误认为这个消息应该投递给某消费者组，如果布隆过滤器返回 true，这时候 Broker 还是会基于 commitlog 进行二次过滤，以做到万无一失。

对应的位点则会在客户端注册心跳的时候就提前计算好，然后 Broker 保存在一个 consumerFilter.json 的文件中。

在消息发送时，构建完 consumequeue 文件需要构建 consumequeueext 文件的时候，就会拿着该消息的 property 去和订阅了这个 Topic 的消费者组的 SQL 表达式做匹配，匹配得上的则会把该消费者组对应的布隆过滤器位置（在 consumeFilter.json 文件中的 bloomFilterData 下的 bitPos 字段）置为 1，以表示这个消息应该投递给该消费者组。

以上就是整个预处理加速的过程。属性过滤预处理过程如图 9-12 所示。

如果读者还想了解更多 SQL92 属性过滤的原理细节和配置，请参考官网的内容。

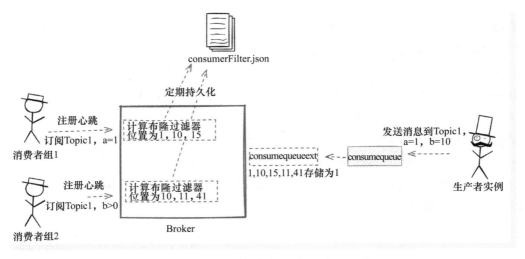

● 图 9-12　属性过滤预处理过程示意

▶▶ 9.4.4　属性过滤可替换类过滤模式

SQL92 过滤的出现，从实践的角度上看，已经可以完全取代类过滤的模式了。当然，读者可能会说上传 class 文件可以做的事更多。理论上用 SQL92 的方式的确只能完成上传 class 文件的子集。但是回过头读者思考下用 SQL92 是为了什么？是为了完成消息的服务端过滤。而做消息过滤无非就是针对消息属于什么标签、有什么属性，或者属于哪类消息等做过滤，即简单匹配相关的工作。生产上不可能说为了做个消息过滤还让 Broker 去查询数据库的，这种方案明显是"杀鸡用牛刀"。所以从做匹配筛选这个角度来说，属性过滤完全够用且易用。所以 SQL92 出现后，Filter Server 这个使用复杂且风险高的组件就可以退出历史舞台了。

9.5　本章小结

本章讲述了消息过滤为什么是一个比较重要的特性，这个特性从性能角度上看是网卡资源和 CPU 资源的平衡，从功能角度上看，能大大简化开发人员设计消息和管理主题的成本。同时本章介绍了 RocketMQ 的标签过滤、类过滤和 SQL92 属性过滤的使用及其原理。

9.6　思考题

RocketMQ 标签不支持多个标签，原因是需要通过 hash 值去比较，如果支持多标签，那么这个 hash 值就无从比较了。但是换一个角度，如果直接存储标签的值，不就可以支持多标签的消息了吗，为什么还要绕一圈选择 Tag 的 hash 值做存储呢？

第10章

RocketMQ顺序消息原理

▶▶▶▶▶▶▶

本章将会介绍 RocketMQ 的一个重要特性——顺序消息。

大多数场景下，消息之间是没有依赖关系的，这时候的消息能做到完全的独立消费，相互不受影响。但是某些特殊的场景下，开发人员却希望消息之间是具备顺序性的。有以下两个典型的场景。

1）电商场景下的订单消费。一个订单可能会经历创建、支付、发货等状态，如果这些状态的处理是通过消息消费的方式的，开发人员会希望订单的消息是按照创建、支付、发货这样的顺序处理的，而不是混乱的。

2）订阅 MySQL binlog 的场景。有些时候需要订阅 MySQL 的 binlog 数据去构建一张异构的数据。如果一行数据经历过创建、更新、删除三个操作，开发人员肯定希望消费这个 binlog 消息的时候也是按创建、更新、删除这样的顺序消费的。因为如果这些消息是乱序的，构建出来的异构存储数据就不一致了。举个例子，一行数据插入，某列的值是 1，然后该列更新为 2，之后数据行被删除。这时候如果消费消息的数据是更新、删除、创建的话，很可能构建出来的异构存储数据该值被存储为 1，但是实际上该行数据已经在 MySQL 中被删除了，不应该在异构存储中存在了。

10.1 消息中间件的时序性挑战

虽然消息的顺序性在某些场景下是非常重要的，但是在一段很长的时间里消息中间件对于消息的顺序性是很难保证的。难点在于消息中间件服务本身架构和应用的架构都是一个分布式的系统。如果需要保证消息是顺序性的，那么消息中间件的设计者至少需要做到以下 4点，才能实现消息顺序性的保证。

1）消息发送的顺序性。

2）消息存储的顺序性。

3）消息投递的顺序性。

4）消息消费的顺序性。

1. 消息发送顺序性的挑战

消息发送顺序性是相对最简单的一点，它要求生产者需要按照顺序生产消息。但这本身要求消息中间件能提供一个同步发送的接口，否则生产者无法保证后发的消息肯定能后到。

2. 消息存储顺序性的挑战

消息存储顺序性的挑战在于消息中间件存储的顺序性和存储的高并发在一定程度上是冲突的，因为要顺序性存储就要求消息存储的过程串行化，这很可能导致性能的急速下降。

3. 消息投递顺序性的挑战

消息投递顺序性的挑战则在于消息中间件的存储通常不是一个节点存储的，即使能做到按照顺序存储，也未必能协调多个存储节点去顺序投递给消费者。

4. 消息消费顺序性的挑战

消息消费顺序性的挑战则在两个维度。第一，消费者也是分布式部署的，即使消息中间件能按照顺序投递消息给消费者，但是这些消息可能会落到不同的消费者实例上，这时候顺序性就需要协调不同的消费者实例。第二，即便能把消息投递给一个消费者，消费者消费消息的线程很可能也是使用多线程的，在一个线程池中顺序地提交两个消费任务进去，无法保证后一个任务能等待前一个任务完成后才执行，甚至都无法保证后一个任务能后执行（因为很可能后一个任务的线程会被操作系统优先调度）。

10.2 Kafka 顺序消息的解决方案

前文说过，RocketMQ 借鉴了 Kafka 大量的优秀设计，这其中就包含了对顺序消息的解决思路。在介绍 RocketMQ 顺序消息之前，先介绍 Kafka 是怎样实现消息的顺序性的。

实际上，Kafka 本身没有顺序消息的概念，但是 Kafka 的确可以应对一些顺序消息的场景（如订单顺序消费、binlog 循序消费）。

▶▶ 10.2.1 Kafka 消息存储和消息投递的顺序性

Kafka 的整体模型和 RocketMQ 大同小异，也是按照主题去管理消息的，为了提升消息消费的并行度，每个主题也会在下面挂不同的分区（Partion），这个分区类似于 RocketMQ 的 queue 的概念。

只不过存储上，Kafka 没有像 RocketMQ 这样集中顺序性的 commitlog。Kafka 的每个分区都会顺序地存储这个分区的消息。可以认为每个分区都是一个 FIFO 的队列。整体的模型如图 10-1 所示。

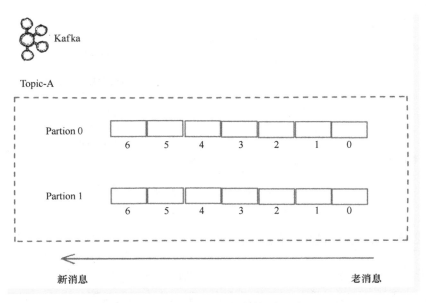

● 图 10-1 Kafka 消息模型示意

因为每个分区在这个模型下都是 FIFO 的队列，所以在单个分区维度，实际上 Kafka 已经解决了消息存储的顺序性和消息投递的顺序性了。请注意，是单个分区下。也就是说如果有 3 个消息需要顺序消费，那么它必须被投递到同一个分区才会顺序保证。

▶▶ 10.2.2 Kafka 消息生产的顺序性

基于 Kafka 这样的存储模型，开发者要做的事情是按照顺序要求，把这一批消息投递到某一个相同的分区即可。这一点实际上不难，Kafka 在生产者的策略里面提供了一个 hash 的策略，这个策略可以让消息基于某个 Key 做哈希路由，使具有一个 Key 的消息能固定投递到某个分区下。如图 10-2 所示，有 2 个订单 order1、order2 分别具有 3 个消息需要顺序投递，图中基于 hash 的策略，把 order1 哈希到了分区 0，order2 哈希到了分区 1。只要发送 order1 消息的时候是顺序投递的，那么在分区 0 里面，order1 的订单创建、订单支付、订单发货这三个消息就肯定是顺序存储和顺序投递的。对于 order2 也是一样，只不过这个例子中，order2 被哈希到了分区 1 罢了。

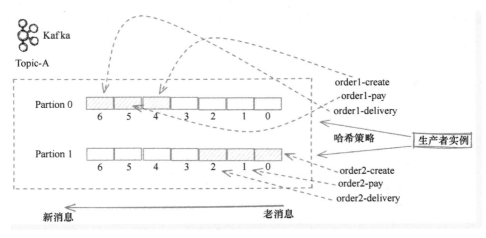

● 图 10-2　Kafka 顺序生产消息示意

▶▶ 10.2.3　Kafka 消息消费的顺序性

目前就只剩下消息消费的顺序性没有解决了。Kafka 的一个分区只会分配给一个消费者实例，而 Kafka 采取的是主动拉取的消息投递方式，所以这个问题就简化为单一消费者下，在拉取到一批顺序的消息之后，如何保证消息的顺序性。Kafka 消费者顺序拉取消息的过程如图 10-3 所示。

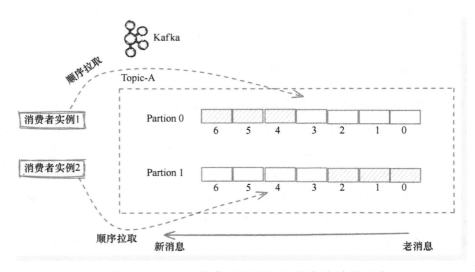

● 图 10-3　Kafka 消费者顺序拉取消息的过程示意

由于 Kafka 没有针对消费者提供一套封装线程模型的 API，所以大部分使用场景下，图 10-3 所示的一个消费者实例对应的就是一个消费者线程。也就是说，大部分使用场景下，单个分区本身就是单线程消费的，所以在 Kafka 的场景下，消费的顺序性是通过单线程的方式去解决的。

10.3 RocketMQ 顺序消息的解决方案

首先需要澄清一个概念，在 Apache RocketMQ 的开源版本里，是没有顺序消息这个概念的（至少源代码里没有），但是 RocketMQ 提供了实现顺序消息的一套解决方案。由于顺序消息这个词具有很强的通用性和概括性，所以本文后面会一直沿用顺序消息这个概念。事实上在百度或者 Google 搜索 "顺序消息" 的关键字，排名靠前的几乎都是 RocketMQ 相关的文章。

而 RocketMQ 的顺序消息解决方案其实是基于 Kafka 的顺序消息解决方案基础上做的优化。下面将对比 Kafka 的方案来说明 RocketMQ 的顺序消息的原理。

▶▶ 10.3.1 RocketMQ 的消息存储顺序性实现

对应于 Kafka 的分区概念，RocketMQ 叫作队列（queue），这个队列实际上是一个逻辑队列，虽然它也具备 FIFO 的特性，但是它本身并不是真实存储消息的地方。真正存储消息的文件是 commitlog，这个文件是所有队列乃至主题都共用存储消息的文件，也就是说即便是在队列中相邻的两个消息，其真实存储的时候可能是不相邻的，如图 10-4 所示。

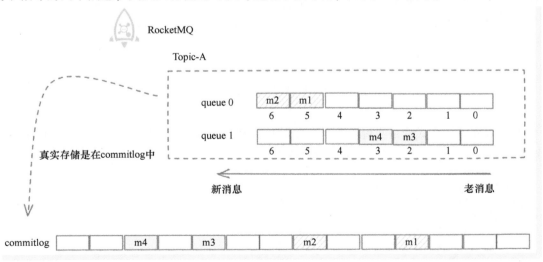

● 图 10-4 RocketMQ 存储顺序性示意

但是在顺序消息的场景下，这点差异并不影响，因为从需要顺序保证的这批消息的角度来看，它还是以队列的维度去投递的，也就是说 RocketMQ 还是能保证先存储的先投递。

▶▶ 10.3.2　RocketMQ 的消息生产顺序性实现

RocketMQ 的生产者负载均衡策略只有轮询这一种，并没有提供修改策略的参数。但是 RocectMQ 提供了一个叫作 MessageQueueSelector（下文简称 selector）的生产者队列选择器的回调，用户可以基于这个 selector 实现任意的自定义策略。

```
public interface MessageQueueSelector {
    MessageQueue select(final List<MessageQueue> mqs, final Message msg, final Object
arg);
}
```

在 Producer（生产者）的发送方法里，很多接口都有一个重载方法，可以接收一个 selector 实例作为入参，以下是一个最常见的重载方法。

```
public SendResult send(Message msg, MessageQueueSelector selector, Object arg) throws
MQClientException, RemotingException, MQBrokerException, InterruptedException
```

而在顺序消息的场景下，selector 需要达到的目的只有一个，把需要顺序生产的这一批消息散列到同一个队列中，如图 10-5 所示。

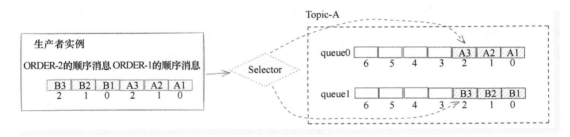

● 图 10-5　RocketMQ 消息顺序生产示意图

所以最简单的方式便是实现一个基于取模路由的 selector。代码如下所示，意思是基于 id（整型）做一个取模操作去决定路由到哪个队列。

```
@Override
public MessageQueue select(List<MessageQueue> mqs, Message msg, Object arg) {
    Integer orderId = (Integer) arg;
    int index = orderId % mqs.size();
    return mqs.get(index);
}
```

需要注意的是，selector 中的入参 arg 是用户决定的，可以任意指定一个变量作为 arg，例如订单号、用户 id、数据库主键等。而具体的策略可以是取模、哈希、一致性哈希等。

▶▶ 10.3.3 RocketMQ 的消息消费顺序性实现

RocketMQ 的消费者模型与 Kafka 的消费者模型并没有区别，都是一个队列只能分配给一个消费者。所以当消息顺序投递到某个消费者实例后，消息消费的顺序性同样转换为了单实例下消费的顺序性。在消费的顺序性上，RocketMQ 对比 Kafka 做了很大的优化努力。

1. Kafka 消息顺序性的弊端

虽然 Kafka 给了一套不错的顺序消息实现方案，但实际上有比较大的缺陷，最大的问题在于，这套方案的整体并行度取决于消费者实例的数量。例如现在有两个分区、两个消费者实例，那么这个 Topic 下整体系统的并行度只有 2。即便单机性能可能很高，也无法利用增加线程去添加并行度。这时候如果需要并行度达到 100，一方面开发人员需要创建 100 个分区，另一方面程序得创建 100 个消费者实例。这无疑是有点大费周章了。

当然了，开发人员也可以在单个消费者实例（进程），创建多个消费者的线程去缓解部署过多实例的困境，但如此一来，开发的难度和资源消耗也上升了，同时要确保消息至少被成功消费一遍也十分困难。

总的来说，在这个顺序消息的方案里，Kafka 的最大消费并行度 = Min（分区数，消费者数）。

图 10-6 解释了 Kafka 提高并行度需要增加队列的同时，增加消费者实例数的原因。

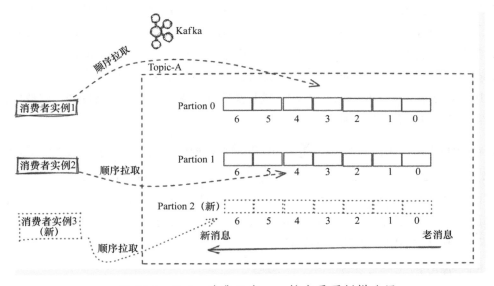

● 图 10-6　Kafka 消费示意——扩容需要新增分区

2. RocketMQ 相比 Kafka 消费顺序性的优化

在消费并行度上 RocketMQ 有了很大的优化。前面说过，在并行消费的情况下，RocketMQ 的消费模型是一个线程负责消息的拉取，另外有一个单独的线程池进行这些拉取到的消息的消费。这样一来，整体的并行度实际上是消费者数量 * 线程池大小。

图 10-7 是 RocketMQ 消息并发消费模型示意图。

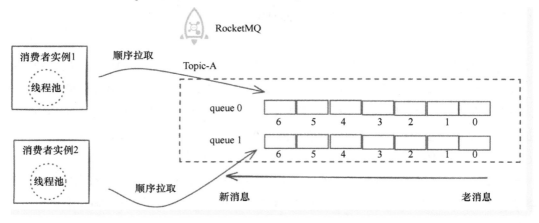

● 图 10-7　RocketMQ 消息并发消费模型示意图

而在顺序消费的场景下，RocketMQ 相比 Kafka 依旧有很大的提升。前文说过，需要保证顺序消费的话，这些消息就需要按顺序进行消费。所以 RocketMQ 的方案是设计了一个特殊的线程模型来保证这个线程池内消费同一个队列的消息时是串行的，但是不同的队列却可以做到并行，如图 10-8 所示，queue0 的 msg1、msg2、msg3 需要顺序消费，queue1 的 msg4、msg5、msg6 也需要顺序消费，这两个 queue 都分配给了消费者实例 1，当 msg1 消费的时候，是不会妨碍 msg4 进行消费的。图 10-8 所示为 RocketMQ 消息顺序消费模型示意图。

图 10-8 的示意说明，RocketMQ 的顺序消息消费并不受限于部署的消费者实例数量，而是受限于消费者实例下总的线程数量。也就是说

$$RocketMQ \text{ 的顺序消息并行度} = \sum_{1}^{n} Min(\text{单实例线程池大小，单实例分配的队列数量})$$

例如现在有 20 个队列、2 个消费者实例，每个消费者实例消费 10 个队列。如果每个消费者实例下线程池大小是 10。消费者的总并行度是 $Min(10,10) + Min(10,10) = 20$，即便这时候系统只运行了两个消费者实例。这对比 Kafka 也是一个莫大的优化，因为同等情况下，Kafka 要达到 20 的并行度需要启动 20 个消费者。

3. RocekeMQ 的线程池在顺序消费的实现

1）如何启动顺序消费？前面的基础篇讲过，如果要启动顺序消费，在写回调的时候需要

使用 **MessageListenerOrderly** 这个回调，如下所示。

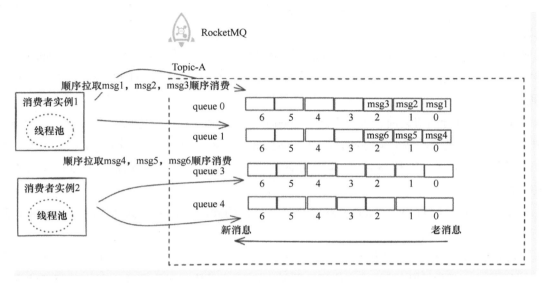

● 图 10-8　RocketMQ 消息顺序消费模型示意图

```
// 注册顺序消息监听
consumer.registerMessageListener(new MessageListenerOrderly() {
    @Override
    public ConsumeOrderlyStatus consumeMessage(List<MessageExt> msgs, ConsumeOrderly-
Context context) {
        for (MessageExt msg : msgs) {
            ;// 消息逻辑省略
        }
        return ConsumeOrderlyStatus.SUCCESS;
    }
});
```

当开发者使用这个回调器的时候，与并行的回调器不同的是 RocketMQ 在消费消息的时候会做一些特殊的处理。

2）线程池中实现顺序消费。实际上，RocketMQ 的线程池还是 JDK 自带的线程池（并没有改造），那么 RocketMQ 是怎样保证这个队列内的消息被顺序处理，而不同队列又能并行的呢？答案是针对队列加锁。

例如 queue0 的 msg1、msg2、msg3 需要顺序消费，queue2 的 msg4、msg5、msg6 也需要顺序消费。这时候 6 条消息都被并发地拉取到了同一个客户端实例，然后这 6 条消息被提交到了线程池中准备执行。在执行指定的回调之前，RocketMQ 的客户端 API 会做很多的事，其中就包括对 queue0、queue2 进行上锁的操作。

假设现在线程池有 6 条线程都被激活去消费 6 条消息。t1 拿到的是 msg1，t2 拿到的是 msg2，以此类推。

刚开始 t1 消费 msg1 之前，会对 queue0 加锁（注意，这里的锁是针对本地内存 queue0 的对象进行加锁），由于这时候没有别的线程拿到这个队列的锁，所以 t1 可以继续进行后面的逻辑。

而 t2 和 t3 进行消费之前，也会尝试对 queue0 进行加锁，这时候它们都拿不到锁，就会在锁外等待。当 t4 进行消费 msg4 的时候，它会对 queue1 进行加锁，由于加锁成功，t4 也会进行消息的消费。同样，t5 和 t6 在对 msg5 和 msg6 消费之前，由于拿不到锁，所以也需要原地等待锁的释放。

这就是为什么不同队列之间的消息消费可以并行的同时，同一个队列的消费却可以做到串行的逻辑。

细心的读者可能会发现这里有个漏洞——当 t1 释放锁的时候，它是怎样保证下一个拿到锁的消息是 msg2 呢？读者可能想到使用公平锁，但是并不是。因为事实上程序甚至无法保证 msg2 在 msg3 之前尝试抢锁，因为线程是并发调度的，谁先被调度起来取决于操作系统而不是任务提交到线程池的顺序。

答案是 RocketMQ 做线程池任务提交的时候，并不是像以上说的基于消息维度去执行逻辑，而是基于队列的维度。以上举的例子只是为了方便大家理解加锁的逻辑，实际上有点区别。RocketMQ 针对这 6 条消息每次需要消费的时候，线程的工作任务是这样的：首先锁住这个队列，然后顺序地从队列提取消息出来做消费处理。

还是同样的例子，当消费者准备进行消费 msg1、msg2、msg3 的时候，会将这三个任务提交到线程池，这时候 t1、t2、t3 都会尝试去抢锁，最后只有 t1 抢到。t1 便从队列 queue0 中拿出 1 条消息，也就是 msg1（拉取的数量默认是一条，可配置成获取一批），然后消费，消费结束后释放锁。后面即便抢到锁的是 t3，它再从队列 queue0 拉取一条消息，拉取到的也是 msg2，所以能保证最后消费的顺序和队列的顺序是一致的。

3）实例中保证顺序消费。实际上，讲到这里，RocketMQ 的顺序性消息的原理基本上已经讲完了，但是还有一个细节需要注意。前面提过，RocketMQ 的消费者负载均衡是完全依赖客户端实例自己计算的，所以无法避免有可能在某些时候一个队列被多个消费者实例分配的情况。如果有这个情况，在那个时间段内，消息可能就会被重复投递到不同的实例中。

例如两个消费者 c1、c2 实例都在负载均衡的时候拿到了 queue0。假设 queue0 里面有 msg1、msg2、msg3 需要顺序消费，c1 拉取消息和消费消息的时间更早，那么从全局的角度来看，消息的消费顺序就是 msg1、msg2、msg3、msg1、msg2、msg3。

从每个消费者的角度看，消息的确是顺序消费的，但是从局部去看就会发现中间一段时间，出现了 msg3 先消费才到 msg1 的情况。RocketMQ 希望让消息的顺序性从局部的角度上看也是顺序的，所以在顺序消费场景下做了一个队列进程级加锁的操作，只有向 Broker 申请到锁，那个消费者实例才有资格去拉取消息和消费消息。

同时为了避免有些实例异常退出没有向 Broker 申请解锁，Broker 在维护这个进程级别锁的时候都是带超时时间的，默认是 60s。这个配置可以通过属性参数修改。

```
private final static long REBALANCE_LOCK_MAX_LIVE_TIME = Long. parseLong ( System. get-
Property (
    "rocketmq. broker. rebalance. lockMaxLiveTime", "60000" ) ); // 顺序消费场景下，进
程级的锁超时时间，默认是 60s
```

4. 消费者消费顺序性小结

RocketMQ 借鉴了 Kafka 对于顺序消息的大量解决方案，但是在消费者消费的顺序性方面有以下的不同。

1）消费者消费是利用线程池多线程消费的，也就是说整体消费者并发性的提升可以通过提高队列数和线程池大小，不一定需要扩容消费者实例数。

2）消费者消费前需要向 Broker 获取一把进程级的锁，这样能保证 Rebalance 期间即便出现一个队列被分配到多个消费者实例，也只有一个消费者实例可以进行消费。

3）为了保证线程池内一个队列内的消费是顺序的，消费前会针对队列再抢一个线程级别的锁。

10.4 分区顺序 VS 全局顺序

在 RocketMQ 的一些概念里，顺序消息分为分区顺序和全局顺序。

分区顺序消息：对于指定的一个主题，所有消息根据 Sharding Key 进行分区，同分区内的消息按照先进先出（FIFO）原则进行发布和消费。同一分区内的消息能保证顺序。

全局顺序消息：对于指定的一个主题，所有消息严格按照先进先出（FIFO）的顺序来发布和消费。

全局顺序消息可以认为是分区顺序消息的特殊情况，因为只需要让某个主题下只有一个队列即可。

从互联网的场景上来说，大部分的顺序消息场景均可以用分区顺序消息去实现，例如：

1）用户注册需要发送验证码，以用户 ID 作为 Sharding Key，那么同一个用户发送的消息都会按照发布的先后顺序来消费。

2）电商的订单创建，以订单 ID 作为 Sharding Key，那么同一个订单相关的创建订单消息、订单支付消息、订单退款消息、订单物流消息都会按照发布的先后顺序来消费。

极少部分场景可能需要全局顺序消息，如：

1）某些购票软件要求完全公平式购票，先抢购的优先处理，则可以按照 FIFO 的方式发布和消费全局顺序消息。

2）消息乱序零容忍，即宁可消息发送不可用，也不能出现消息乱序的场景。

总的来说，分区顺序消息在顺序性和并发性上能有更好的平衡，是绝大部分场景下可以采取的方案。

10.5 RocketMQ 顺序消息的缺陷

即便 RocketMQ 顺序消息的这套方案已经很好了，但是它依旧有以下缺点。

▶▶ 10.5.1 分区热点问题

由于一个分区（队列）只能给到一个消费者的一条线程消费。如果发生了消息积压或者消息不均匀，研发人员没办法通过扩大消费者实例或者扩大线程池去加速积压消息的消费。

▶▶ 10.5.2 扩容与顺序性的冲突

前文说过，RocketMQ 顺序消息的最大并行度是

$$\sum_{1}^{n} \mathrm{Min}(\text{单实例线程池大小，单实例分配的队列数量})$$

这意味着，最大的上限就是队列的数量。万一系统需要提升消费的并行度，这时候就需要扩大队列的数量。但是如果在运行过程中进行队列的扩容，是可能影响消息生产的路由策略的，这时候可能就会出现一批需要顺序的某消息 A 在扩容前被路由到了 queue1，在扩容后这批消息里的消息 B 被路由到 queue2 的情况，从而破坏顺序性。所以如果某个主题需要顺序消费，对于其中的队列数建议提前预留一定的冗余量。

在扩容和顺序消息这个问题上，社区正在考虑使用逻辑队列的概念去解决，即让一个逻辑分区去对应多个物理分区，但在 4.9.4 版本中还未发布。

▶▶ 10.5.3 顺序性与可用性的冲突

严格来说，RocketMQ 是无法在任何异常场景下都提供消费顺序的保证的，因为顺序性和消息中间件的可用性是有一定冲突的。举个例子，有三个需要顺序的订单消息 msg1、msg2、 msg3 基于其中的订单号 123456789 去做 shardingkey 路由，路由到了 Broker-0-queue0 这个队列。发送者顺序地发送这三个消息，其中 msg1 和 msg2 都顺利完成了。但是很不幸，这时候 Broker-0 挂了，基于 123456789 这个 sharingkey 去路由 msg3 的时候，算出来是 Broker-0-queue10 这个队列。如果把 msg3 发送到 Broker-0-queue10，消息顺序性就打破了。如果坚持投递到 Broker-0-queue0，Broker-0 都不可用了，也无法发送。

这就是可用性和顺序性的冲突。这意味着在使用分区顺序时，如果遇到极端场景，消息的顺序性是有可能被打破的，所以如果无法容忍丝毫的乱序，只能启用全局顺序消息，但这个场景下这个主题会退化成单点的可用性。

10.6 本章小结

本章先介绍了顺序消息的意义，还有消息中间件在实现顺序消息的几个挑战。随后介绍了 Kafka 关于顺序消息的解决方案，这对于读者理解 RocketMQ 的方案有很大的帮助。而后介绍了在 RocketMQ 顺序消息方案上对比 Kafka 有哪些区别，最大的区别实际上体现在消费者消费消息的线程模型上。最后也阐述了分区顺序和全局顺序的区别，以及目前 RocketMQ 顺序消息仍然存在的缺陷。

10.7 思考题

RocketMQ 的顺序消息有分区热点的问题。如果某直播系统需要利用顺序消息，可以采取直播间房间号作为散列的依据。正常情况下没有问题，一旦遇到热门的大 V 直播间，就可能造成单一队列热点，业务逻辑该怎样处理这种情况？

第11章

▶▶▶▶▶▶

RocketMQ事务性消息原理

本章将介绍 RocketMQ 最具有特色的特性——事务消息。这可能是 RocketMQ 对比其他消息中间件最具特色而又极具实践价值的特性。要熟悉这个特性，得先聊聊没有事务消息的背景下，研发人员是怎样解决分布式事务问题的。这得从最经典的 ACID 说起。

11.1 分布式场景下的 ACID

▶▶ 11.1.1 认识 ACID

在传统的单体架构场景下，开发人员通常不会遇到分布式事务的问题。原因是单体架构下开发人员能很简单地利用关系型数据库解决事务的问题，如经典的 Bob 转账给 Smith 的问题。

而关系型数据库之所以能应对各类事务挑战，是因为关系型数据库在设计之初就需要满足 ACID，即数据库事务正确执行的四个基本要素的缩写，包含：原子性（Atomicity）、一致性（Consistency）、隔离性（Isolation）、持久性（Durability）。一个支持事务的关系型数据库，必须具有这四种特性，否则在事务过程中无法保证数据的正确性，如 Bob 转账给 Smith 的场景，极可能出现金额不一致或金额损失的情况。

（1）原子性

原子性即指事务是一个不可分割的工作单位，事务中的操作要么都发生，要么都不发生。例如在 Bob 转账给 Smith 100 元这个场景，要么就是 Bob 的账户减少 100，Smith 账户增加 100，要么就是双方的账户都不发生变化，只有这两种情况会发生。在 MySQL 中，这个特性是用 undo log 去保证的。

（2）一致性

一致性是指事务在开始之前和执行结束之后，数据库的完整性约束没有被破坏。只有保证了数据库的原子性、隔离性和持久性，才能保证数据库的一致性。

（3）隔离性

隔离性是指多个事务并发操作时，各个事务之间互不影响，例如多个用户并发同一个表的同一行数据，某用户开启的事务操作不能被其他事务修改的这一行数据所干扰，即多个并发事务之间要相互隔离。隔离性的实现上，MySQL 是利用 MVCC 和锁去实现的。

（4）持久性

持久性简单来说就是事务是持久化的，一旦提交了便不会因为重启等原因丢失变化。MySQL 中此特性是基于 redo log 实现的。

▶▶ 11.1.2　分布式场景下的事务挑战

在传统单体架构中，例如利用一个关系型数据库的实例，就能很好地处理事务的问题。然而互联网的场景往往面临着高并发、海量用户的挑战，这时候，使用一个实例是很难适应业务发展的。通常情况下，在这种海量请求的压力下，架构师都会走上分拆之路，也就是采取"大而化小，小而化了"的思路去做架构升级。

1. 服务拆分对于事务的挑战

在这个思路下的架构，首先面临的就是服务的拆分。

举个电商的例子。电商系统往往都需要处理订单和库存的逻辑，正常的逻辑下下订单和扣库存需要一致。利用关系型数据库的 ACID，开发者把库存表的更新操作和订单表的插入操作放到一个事务即可保证。但是在服务拆分时，这两套逻辑很可能会被拆分到两个服务中，如订单模块、库存模块，如图 11-1 所示。

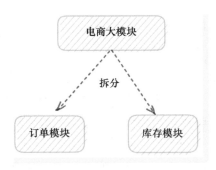

● 图 11-1　服务拆分示意

这时候即便开发人员想利用数据库的 ACID 逻辑，也很难使用，因为库存的逻辑实际上是库存模块处理的，而订单逻辑是订单模块处理的，当两边操作数据库的时候都会单独建立连接，不同的连接是没办法利用共享事务特性的。

2. 业务拆分对于事务的挑战

通常情况主张"一服务一库"的设计，在这个设计原则下，服务拆分后，服务对应的库也是应该拆分的，所以架构上可能会变成如图 11-2 所示。

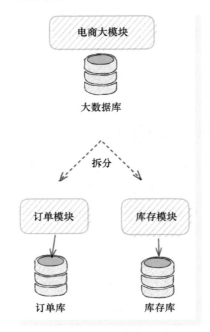

● 图 11-2 服务拆分示意——服务拆分带来库拆分

在这种情况下，订单表和库存表都已经"分家"了，就更不可能利用关系型数据库事务的方式同时处理两张表的一致性了。

3. 数据库拆分对于事务的挑战

还有一种情况，即便是在订单模块内部，可能也无法利用本地事务处理好所有的逻辑。想象一个拼单的场景，假设有一个拼单的业务要求有两个用户拼单成功后，需要给这两个用户下单。这时候系统就需要同时插入两个订单的记录，这听起来很简单，只需要在事务中对订单表插入两行记录即可。

但是如果这是一个亿级别订单量的系统，单个数据库是无法满足容量要求的，这时候需要对订单表进行分库分表。下面简化一下场景来说明这个问题。假设最后方案是要对订单表分成两个库，每个库 100 张表，即总共 200 张表。而分表的依据是基于用户的 userId 做分片，这时候可能就会出现这样一种情况：userId1 和 userId2 的用户拼单，成功的时候系统需要插入两个订单，通过分片的计算得出 userId1 应该是 0 库 0 表，userId2 则在 1 库 99 表。这时候由于两个数据库是独立的，即便所有订单逻辑都在订单模块，订单模块也无法利用关系型数据库的事务去解决这个同时插入的问题。这个问题如图 11-3 所示。

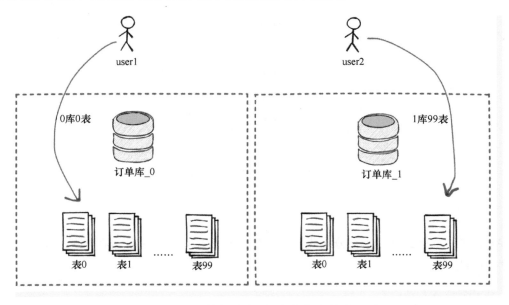

● 图 11-3　数据库拆分后的事务挑战示意

11.2　CAP VS BASE

11.2.1　认识 CAP 三角

要探讨在分布式场景下如何解决一致性问题，就不可避免地谈到 CAP 定理。

CAP 是三个单词的缩写，C（Consistency，一致性），A（Availability，可用性），P（Partition Tolerance，分区容错性）。

这个定理是由加州大学伯克利分校的 Eric Brewer 教授在 1998 年提出的，并于 1999 年在 *Harvest, Yield and Scalable Tolerant Systems* 发表；2 年后，麻省理工学院的 Seth Gilbert 和 Nancy Lynch 从理论上证明了 CAP。之后，CAP 理论正式成为分布式计算领域的公认定理。

CAP 定理基本可以归结为一句话，Consistency（一致性）、Availability（可用性）、Partition Tolerance（分区容错性）三者不可兼得。即在一个系统中最多只能取其二，无法三者兼顾。可取得 CA、CP，或 AP，就是不可能同时得到 CAP，如图 11-4 所示。

下面说明这三个要素在 CAP 定理中分别意味着什么。

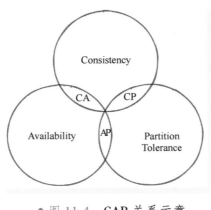

● 图 11-4　CAP 关系示意

1. 一致性（C）

CAP 定理中的一致性是指在分布式系统中的所有数据备份，在任一时刻任一客户端读取都是同样的数据。

2. 可用性（A）

CAP 定理中的可用性是指系统中的某些节点发生故障后，整个集群是否还能响应客户端的读写请求。换句话说就是，每个请求都能在有限的时间内返回正确的结果。

3. 分区容错性（P）

CAP 定理中的分区容错性指的是分布式系统遇到任何的网络分区故障的时候，仍然能正常地提供服务，除非整个网络都出现了故障。

4. CAP 的幸福二选一

在传统的数据库中，由于是单机的数据库，实际上在 CAP 三者中相当于放弃了 P 而取了 CA。而在分布式系统中，由于 P 是必须要争取的，否则整体系统的可用性（这里所指的可用性是日常开发过程中所说的可用性，即整个系统对外提供服务的健壮性指标，和 CAP 中的 A 有所区别，请读者注意）将无法保证。毕竟谁都无法接受一个更新还需要停机维护的互联网产品，这就迫使开发人员在 CP 和 AP 中做抉择。

▶▶ 11.2.2　认识 BASE 理论

根据 CAP 定理，如果要在一个分布式系统中完整地实现类似事务的 ACID 特性，只能放弃可用性，即 CP 模型。然而如今大多数的互联网应用中，可用性至关重要，毕竟一个长时间无法响应的产品不可能留得住广大的互联网用户。

于是 eBay 架构师根据 CAP 定理，妥协性地提出了一种 ACID 替代性方案，即 BASE，从而达到可用性和一致性之间的某种微妙的平衡。BASE 理论在 AP 模型的基础上，可以最大限度地满足系统对一致性的要求。有意思的是，base 在英文中有"碱"的意思，而 acid 在英文中则有"酸"的意思，所以从 ACID 到 BASE 又被戏称为"酸碱理论"。

BASE 理论实际上也是三个单词的缩写。

1. 基本可用（BA）

BA（Basically Available，基本可用）。它意味着分布式系统在出现故障的时候，允许损失部分可用性，即保证核心可用，比如降级部分功能等。

2. 软状态（S）

S（Soft State，软状态），即允许系统存在中间状态，但是该中间状态不会影响整体系统的可用性，例如转账的过程中可以查询到一个"转账中"的状态，而不需要一直等待转账的完成才响应查询请求。

3. 最终一致性（E）

E（Consistency，最终一致性）。不要求数据始终保持一致的状态，但是承诺经过一定时间后，均能达到最终一致的状态。

4. BASE 小结

BASE 理论实际上是对 CAP 中一致性（C）和可用性（A）权衡的结果，其来源于大型互联网分布式实践的总结，是基于 CAP 定理逐步演化而来的。其核心思想是：强一致性（Strong Consistency）无法得到保障时，研发人员可以根据业务自身的特点，采用适当的方式来达到最终一致性（Eventual Consistency）。

11.3　分布式一致性方案

接下来将会介绍包括 RocketMQ 的事务消息在内的各种分布式事务的解决方法。实际上这些方案都是 BASE 理论的一种具体落地实践。不同的方案之间在一致性和可用性上会有一定的区别，但通常而言，某个方案的一致性越高，就意味着其可用性越低。

▶▶ 11.3.1　一致性概念解析

在介绍 RocketMQ 的事务消息原理之前，读者需要先了解业界已有的方案是怎样处理分布式事务这个"老大难"问题的。需要注意的是，本书会把事务解决手段分为："强一致性方案""弱一致性方案""最终一致性方案"。

1. 强一致性方案

这里先强调一下概念，特别是"强一致"这个词，读者会在不同的渠道看到这个词，但是不同的地方可能都有着不同的解释。至少，它可能有以下几个含义。

1）完全一致。就如 CAP 中定义的那样，任何时刻任何情况都一致。

2）同步复制、异步复制的区别。某些语境下特别是副本复制的场景，如果复制是同步的，那么可以认为副本是强一致的；如果副本的复制是异步的，则认为不是强一致的。

3）相对的强一致。这是一个很模糊的概念，意思是大部分情况下都一致，就认为是强一致。

4）撇开概率极低的突发性的网络分区事件，事务只要能完整进行，用户读取的数据则始终满足业务约束。

第 1 点在目前的所有方案中都无法实现，因为系统不可能做到完全不顾 A 的情况下去保 C。后面的篇幅中提及的"强一致方案"实际上也不能保证任何情况的强一致。第 2 点在副本复制的场景下是基本成立的。但是由于本章的话题是分布式事务，所以本书不以同步和异步去区分强一致。第 3 点实际上是很不科学的理解，通常存在于某些方案设计或者博客中的描述，用于对比老方案的优化时"一时兴起"使用的。第 4 点是本书方案分类的标准，通常情况下网络分区等情况不会在事务执行过程中突然发生。假设程序在事务执行过程比较顺利的情况下，数据是一致的，在某些可预知的故障下（如超时、重启等）也能保证事务的一致，那么这个程序可被称为强一致。这一类的方案都是舍 A 求 C 的设计思路。

2. 弱一致性方案

在这种情况下，在某个写操作成功后，用户在读取系统数据的时候，可能会读取到不一致的状态，这段时间被称为"不一致性窗口"。所谓不一致的状态有：数据同步的过程中读取到老数据，如主备同步读取备用库可能读取到更新前的数据；或者是两个数据源之间数据不一致，如电商领域库存扣减了，但是订单并没有生成。

需要注意的是，弱一致性并没有想象中的那么"弱"。很多互联网场景下，架构师采取的方案在其实严格意义上说是弱一致的方案，然而其效果并没有那么不堪，后文会具体讲到一些实践的案例。

3. 最终一致性方案

最终一致性是经常提到的一个词，也是 BASE 里面的 E。实际上它是弱一致的特殊情况，相当于它承认会存在"不一致性窗口"，但是又能承诺这个"不一致性窗口"肯定会在有限的时间内消失。

▶▶ 11.3.2 强一致性方案

1. 两阶段提交

两阶段提交（Two-phaseCommit）是为了使基于分布式系统架构下的所有节点在进行事务提交时保持一致性而设计的一种算法。通常，两阶段提交也被称为一种协议（Protocol）。

在两阶段提交协议里，引入了一个作为协调者的组件来统一掌控所有节点（称作参与者）的操作，以保持事务在跨越多个节点时，也能保持事务的 ACID 特性。这个协调者最终会指示各节点是否要把操作结果进行真正的提交（比如将更新后的数据写入磁盘等）。

因此，两阶段提交协议可以概括为：参与者将操作成败通知协调者，再由协调者根据所有参与者的反馈情报，决定各参与者要提交操作还是中止操作。

两阶段提交协议，顾名思义，其分为两个阶段：准备阶段和提交阶段。

（1）阶段 1：准备阶段（voting phase）

1）协调者向所有参与者发送事务内容，询问是否可以提交事务，并等待所有参与者答复。

2）各参与者执行事务操作，将 undo 和 redo 信息记入事务日志中（但不提交事务）。

3）如参与者执行成功，给协调者反馈 yes，即可以提交；如执行失败，给协调者反馈 no，即不可提交。

准备阶段的过程如图 11-5 所示。

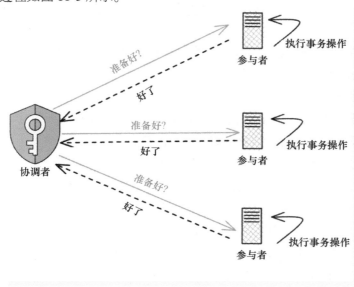

● 图 11-5　两阶段提交的准备阶段的过程

（2）阶段 2：提交阶段（commit phase）

如果协调者收到了参与者准备阶段的失败消息或者超时，就给每个参与者发送回滚（roll-back）指令；否则发送提交（commit）指令。参与者根据协调者的指令执行提交或者回滚操作，并释放所有事务处理过程中使用的资源。图 11-6 是提交指令后的提交阶段示意。

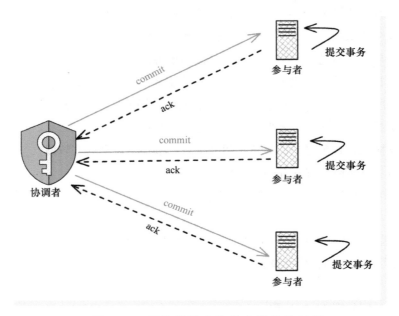

● 图 11-6　两阶段提交的提交阶段的过程

协议的过程实际上很好理解，下面是提交阶段可能遇到的两个情况，情况一是第二阶段正常提交；情况二是第二阶段有异常回滚。

在正常提交的情况下：

1）协调者向所有参与者发出正式提交（commit）事务的指令。

2）参与者执行 commit，并释放整个事务期间占用的资源。

3）各参与者向协调者反馈 ack（应答）完成的消息。

4）协调者收到所有参与者反馈的 ack 消息后，即完成事务提交。

而在异常的情况下：

1）协调者向所有参与者发出回滚（rollback）指令。

2）参与者使用阶段 1 中的 undo 信息执行回滚操作，并释放整个事务期间占用的资源。

3）各参与者向协调者反馈 ack 完成的消息。

4）协调者收到所有参与者反馈的 ack 消息后，即完成事务中断。

两阶段提交方案实际上很容易理解，但是实际项目中特别是互联网的项目中使用极少，主要原因是其在可用性方面表现非常差，具体表现如下。

1）阻塞性问题：所有参与者在 commit phase 中都会处于同步阻塞状态，且占用系统资源。换句话说，这时候如果有第三方需要访问对应的资源，这些请求都会阻塞。

2）单点故障问题：如果协调者存在单点故障问题，参与者将一直处于锁定状态。也就是说，如果协调者故障一直无法恢复，参与者将永远处于阻塞状态中（一直在等 commit 或者 rollback 指令）。

除了可用性，在数据一致性上两阶段协议也不完美，具体表现为：在 commit phase 中如果发生网络分区问题，导致事务参与者一部分收到了 commit 指令，而另一部分事务参与者却没收到，那么这种情况下节点之间就会出现数据不一致。这也是为什么前文说绝对的强一致方案理论上是不存在的。但是由于事务在 voting phase 已经是成功处理过的，突然发生网络分区的概率是非常低的，这也是为什么方案分类上，两阶段协议会放在强一致方案的原因。

2. 三阶段提交

上文提到二阶段提交存在单点故障、同步阻塞和数据一致性的问题，进而"三阶段提交"（3 Phase Commit，3PC）协议出现了，三阶段提交能有效地解决这些问题。三阶段提交协议把过程分为三个阶段：CanCommit、PreCommit、DoCommit（因不好翻译，下文均使用其英文名来引用）。

1）第一阶段：CanCommit 阶段。三阶段提交的 CanCommit 阶段其实和两阶段提交的准备阶段很像，协调者向参与者发送一个 commit 请求，如果参与者可以提交，就返回 yes 响应，否则返回 no 响应。

2）第二阶段：PreCommit 阶段。协调者在 PreCommit 阶段会根据参与者在 CanCommit 阶段的结果采取相应操作，主要有以下两种。

情况 1（正常场景）：假如所有参与者的反馈都是 yes 响应，那么协调者就会向所有参与者发出 PreCommit 请求执行事务的预执行，参与者会将 undo 和 redo 信息记入事务日志中（但不提交事务）。

情况 2（异常场景）：假如有任何一个参与者向协调者发送了 no 响应，或者协调者等待参与者响应超时，协调者进行事务中断。引入这样的超时机制后，就解决了永久阻塞问题。

3）第三阶段：DoCommit 阶段。该阶段进行真正的事务提交，也就是在协调者发出了 pre-Commit 请求之后的阶段。这时候也可以分为以下两种情况。

情况 1（正常提交）：即所有参与者均反馈 ack，执行真正的事务提交。

首先协调者向各个参与者发起事务 DoCommit 请求。参与者收到 DoCommit 请求后，会正式执行事务提交，并释放整个事务期间占用的资源，然后向协调者反馈 ack。最后协调者收到所有参与者 ack 后，即完成事务提交。

情况 2（中断事务）：即 PreCommit 阶段任何一个参与者反馈 no，或者协调者等待所有参与者的响应超时，即中断事务。

首先参与者使用 CanCommit 中的 undo 信息执行回滚操作，并释放整个事务期间占用的资源。然后各参与者向协调者反馈 ack 完成的消息。最后协调者收到所有参与者反馈的 ack 消息后，即完成事务中断。

注：在 DoCommit 阶段，无论协调者出现问题，还是协调者与参与者出现网络问题，都可能导致参与者无法接收到 DoCommit 或 abort 请求。那么参与者都会在等待超时后执行事务提交。这个超时机制也是为了解决永久阻塞的问题。

三提交阶段相比二提交阶段，三提交阶段通过引入了一些超时机制来减少阻塞范围，同时也避免了协调者单点问题。但是由于超时机制的引入，实际上数据不一致问题甚至比两阶段提交的概率更大，例如当参与者收到 PreCommit 请求后等待 DoCommite 指令时，协调者请求中断事务但协调者无法收到的话，会导致参与者继续提交事务，造成数据不一致。根据 CAP 理论，这很好理解，因为三提交阶段比二提交阶段具有更好的可用性，故而其一致性有所下降是很合理的。

需要注意的是，三提交阶段在实际场景下几乎没有人选择，原因在于其实现过于复杂，而且性能表现也满足不了很多互联网业务下高并发的场景。

3. XA 协议

上文提到二提交阶段协议，在传统方案里都是面向数据库层面实现的，如 Oracle、MySQL 都支持二提交阶段协议。为了统一标准减少行业内不必要的对接成本，国际开放标准组织 Open Group 在 1994 年定义了分布式事务处理模型 DTP（Distributed Transaction Processing Reference Model）。DTP 规范中主要包含了 AP、RM、TM 三个部分，如图 11-7 所示。

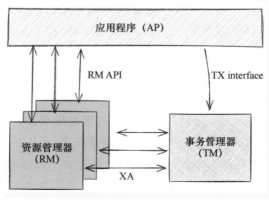

● 图 11-7 XA 协议示意图

- AP（Application Program）：应用程序，一般指事务的发起者（如数据库客户端或访问数据库的微服务），定义事务对应的操作（如数据库的 UPDATE 操作）。
- RM（Resource Managers）：资源管理器，是分布式事务的参与者，管理共享资源，并提供访问接口，供外部程序来访问共享资源（如数据库）。同时 RM 还应具有事务提交或回滚的能力。
- TM（Transaction Manager）：事务管理器，是分布式事务的协调者，管理全局事务，与每个 RM 进行通信，协调事务的提交和回滚，并协助进行故障恢复。

从流程上看，基本上就是两阶段提交介绍的流程，如图 11-8 所示。

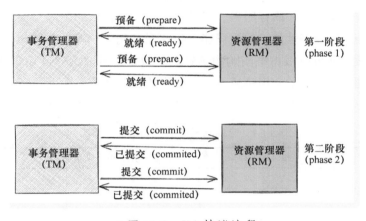

● 图 11-8　XA 协议流程

目前大多数实现 XA 的都是一些关系型数据库（包括 PostgreSQL、MySQL、DB2、SQL Server 和 Oracle）和消息中间件（包括 ActiveMQ，HornetQ，MSMQ 和 IBM MQ），所以提起 XA 往往是指基于资源层的底层分布式事务解决方案。缺点和二阶段协议一样，在两个阶段提交的整个过程中，一直会持有资源的锁，客观上延长了事务的执行时间，提高了访问共享资源冲突和死锁的概率。其实就是性能不好（使用 XA 协议的 MySQL 集群，操作延时是单机的 10 倍），无法满足高并发场景，在互联网中使用较少。常见于传统的单体应用，在同一个方法中的逻辑既要跨库操作又要保证一致性的场景。

▶▶ 11.3.3　弱一致性方案

讲到弱一致性方案，因为其存在一个"弱"字，所以很多人会觉得这些方案不值一提。但是实际上绝大部分场景下，弱一致方案并非如此不堪，并不是说弱一致就完全不一致，也不是说弱一致就很大概率不一致。只是对比强一致，在超时、网络分区、机器重启等场景下容易导致数据的不一致，而对比最终一致性，它又没有保证能自我恢复。但是在互联网场景上，大部分方案正在采取的或者准备采取的都是弱一致方案。以下举三个最常见的方案，这三个方案因其无法自动恢复一致性的缘故，本书把其分为弱一致方案，但是实际上一致性并不弱，且互联网绝大部分场景都适用。

1. 基于业务妥协的状态补偿

根据实际的业务场景对数据重要性进行划分，如果一致性和性能的矛盾太大，为了保证性能可放弃传统的全局数据一致性，允许部分不重要的数据出现不一致。这基本上不会对业务产生重大影响。

最典型的如电商场景里面的秒杀抢购，两个主要的步骤是创建订单和扣库存，分别由两个服务进行处理：订单服务和库存服务。但是因为是一个秒杀的超高并发场景，要保证库存和订单的一致性会牺牲很多性能，最后可能一致性保证到了，但是服务却扛不住了。这时候为了保证性能，架构师可以根据电商购物场景进行取舍，所谓不一致无非就是少卖和超卖。电商场景里少卖通常是允许的，但是超卖是不允许的。于是在实现上程序可以先扣库存（通常更快），再异步处理订单相关的动作（慢）。这样，可能会有表 11-1 所示的几种情况。

表 11-1 电商场景库存与订单异常情况

情 况	扣 库 存	创 建 订 单	可 能 结 果
1	√	√	正常
2	√	×	多扣库存，少卖
3	×	不触发	下单失败

对于第 2 种情况，会出现少卖的问题，可以基于状态进行补偿，就不会出现超卖的问题了。这时候可以事后触发一段清理脚本，根据库存流水记录查找一段时间内未关联的订单，进行库存的回滚操作。类似于抢购了一部手机，但是一直不支付，后续库存就会释放。

这是一种事后处理机制，这个补偿、回滚不一定严格保证成功，而且不成功也不会造成严重的业务后果。此方案在部分场景下对业务来说也是可接受的，且实现成本低，真的出现不一致场景大不了手工修复一下数据即可。

2. 重试+告警+人工修复

有些时候，为了最低成本地解决业务问题，且一致性问题不太致命的情况下，最低成本的方案就是人工修复。但是这里所谓的人工修复不是说等客户投诉了才去处理。系统还是需要有手段能主动探知不一致情况的存在与否，以及具体是哪里不一致。

还是拿上面那个订单和库存的例子进行说明，正常的业务逻辑是先扣库存，然后创建订单，如果订单创建失败，这时候程序可以重试。但重试也无法保证 100% 成功。如果重试还是失败的话，正常情况下应该需要回滚库存。回滚的操作也是可能失败的，回滚失败后也可以持续重试回滚。但回滚重试依旧可能会失败。这时候其实就是一个不一致的场景（少卖）。此时系统应该触发告警，然后通过人工介入的方式，根据日志、数据库记录、监控视图等手段辅助研发人员进行人工的数据修复，以解决其中的不一致。

这个方案其实并没有特别的设计，其思想就是根据业务流程特性一步一步地操作，在关键流程失败又无法自动处理的情况下，记录好对应的操作日志、上下文等后，发出告警。甚至其中是否需要尝试做系统的回滚，也是视实际开发难度、一致性要求而定。这个方案实际上是放弃解决分布式场景下一致性带来的挑战，客观上接受不一致，但是通过辅助的手段让开发人员能事后补救来解决一致性问题。它是成本最低的方案。在大部分场景下是可行的。

3. 异步队列处理

还是库存的例子，为了尽可能地保证性能，扣除库存的操作可能会使用 Redis 作为计数，然后异步地同步到数据库中。

这里的异步或许是一个内存的异步队列，然后定时同步，也可能是一个消息中间件的消息异步更新到数据库。

如果是前者内存的队列，在服务重启的时候可能线程的任务就丢失了。所以一致性没有一个承诺性的保证，是弱一致的方案。而对于后者，架构师可以依赖消息中间件的持久化和 **AT-LEAST-ONCE** 机制，似乎没有问题。但实际上要保证消息能发送成功，也不是一件容易的事，故本质上也是弱一致的方案。具体为什么保证发送成功困难，随后会详细展开。

但是这类异步的事务处理是非常常见的解决业务问题的手段，很多场景下如果一致性不是那么重要都是可以采纳的。大部分场景下，辅助以重试+告警+人工修复的方案也能提升不少一致性。

4. 对账

所有的事务都是由一个一个的操作组合而成的。如果把这些操作比作一个过程，那么所有的"过程"最后都会产生一个"结果"。而所有的一致，实际上就是关注这个结果正确即可。对账属于事后处理的方式，不关注"过程"，只关注"结果"。

研发人员可以根据结果来反推出事务是否出现了问题，从而对数据进行补救。如每隔一段时间对订单进行扫描，对长时间未处理的订单进行告警。T+1 的时候将本方订单和外部支付系统的流水进行对比，发现有不平则告警。

对账实际上是告警+人工修复的一种落地实践，也是业界十分常见的应对分布式事务挑战的方案。架构师在设计方案时，对于可能导致不一致的数据点，根据对账的思路来设计一个自动对账流程以发现不一致的数据，从而简化整个系统的设计。

但是由于对账通常情况下只能发现问题并不解决问题，并且很多时候对账程序本身是否能稳定运行，也涉及很多技术挑战，故而对账的程序在各种异常场景下能否正常工作本身也是一个问号。所以本书也把这个手段归为弱一致的方案。

▶▶ 11.3.4 最终一致性方案

前文介绍过实际上最终一致性是弱一致的一个特例，其特点在于系统能给出承诺，不一致的状态能在有限的时间内自动修复为一致状态。在最终一致性的方案上，除了 RocketMQ 事务性消息之外，业界实践的还有很多常见的方案，认识这些方案对了解 RocketMQ 事务消息的特点很有帮助。下面将介绍几款场景的最终一致性方案。

1. TCC

TCC 是基于 BASE 理论的类二阶段提交方案，但是前文说过，二阶段提交方案实际上在性能上有极大的短板，而 TCC 则根据业务的特性对流程进行了优化。以下还是以库存和订单的例子来讲解，如图 11-9 所示。

图 11-9 的流程中，用户在下订单调用订单服务后，还需要调用库存服务扣库存，最后通过积分服务给用户增加积分。

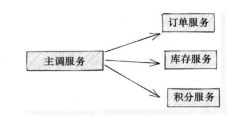

● 图 11-9　主调服务调用多个下游服务示意

从事务的角度来看，整个过程应该具有原子性，即所有步骤要么都成功，要么都失败。而这里订单很可能成功了，但是库存可能扣除失败，这时候对于用户来说就会导致超卖问题。前面内容提到可以用二阶段提交去解决类似的问题，但是二阶段提交方案会使交易在事务成功或者失败回滚前，其他用户的操作都会阻塞，极大地影响系统稳定性和用户体验。

而 TCC 的流程虽然和二阶段提交类似，但是却能极大地提高性能。

在具体实现上，TCC 其实是一种业务侵入性较强的事务方案，它要求业务处理过程必须拆分为"预留业务资源"和"确认／释放消费资源"两个子过程。而 TCC 实际上就是这两个过程的三个阶段的缩写：Try、Confirm、Cancel。

1）Try：尝试执行阶段，完成所有业务可执行性的检查（保障一致性），并且预留好事务需要用到的所有业务资源（保障隔离性）。在库存这个场景，实际上就是冻结库存（事实上没有扣）。

2）Confirm：确认执行阶段，不进行任何业务检查，直接使用 Try 阶段准备的资源来完成业务处理。注意，Confirm 阶段可能会重复执行，因此需要满足幂等性。在库存这个场景就是确认扣除掉 Try 阶段的库存。

3）Cancel：取消执行阶段，释放 Try 阶段预留的业务资源。注意，Cancel 阶段也可能会重复执行，因此也需要满足幂等性。在库存的场景就是把预扣库存的操作进行回滚。

二阶段提交的流程和 TCC 流程对应如图 11-10 所示。

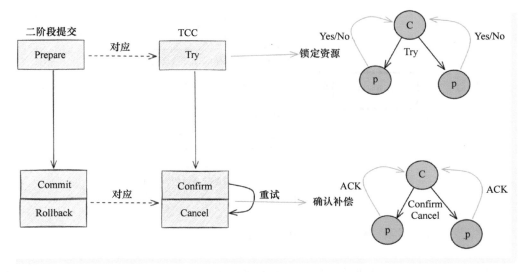

● 图 11-10　2PC 与 TCC 流 程 对 应 示 意

为了更好地理解 TCC，以下以商品购买的例子运行一轮 TCC 的流程。假设现有商品库存为 100，某用户购买 2 个商品。TCC 的流程如下。

1）Try 阶段：检查库存资源是否够用，由于 100>2，所以够用，把库存暂时更新为 98，并且同时标记额外有 2 个库存是冻结的。同样的道理，针对订单检查订单资源是否可创建（订单场景下没什么好检查的），同时预创建订单。由于订单实际上还没创建，这里订单状态设置为"待确认"。TCC TRY 阶段的过程如图 11-11 所示。

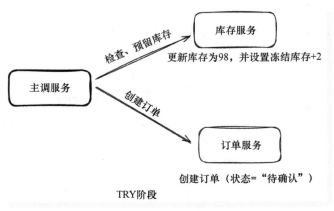

● 图 11-11　TCC TRY 阶 段 的 过 程

2）Confirm 阶段：Try 阶段因为完成了，所以触发 Confirm 阶段，这里使用的资源一定是 Try 阶段预留的业务资源。在 TCC 事务机制中认为，如果在 Try 阶段能正常地预留资源，那么 Confirm 阶段一定能完整正确地提交。在以上例子中就是把冻结的库存删除的过程，从而实现真正的库存更新为 98。而订单服务则把对应的订单状态置为 "成功" 即可。Confirm 阶段的过程如图 11-12 所示。

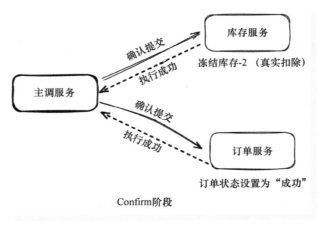

● 图 11-12 TCC Confirm 阶段的过程

可以看到，Confirm 阶段其实可以看成是对 Try 阶段的一个补充，Try+Confirm 一起组成了一个完整的业务逻辑。

3）Cancel 阶段：如果 Try 阶段执行失败了，那么就会进入 Cancel 阶段，Cancel 阶段会释放 Try 阶段预留的业务资源，上面的例子中，Cancel 阶段则会把冻结的库存释放，也就是库存 = 100、冻结库存 = 0，同时取消对应的订单。TCC Cancel 阶段的过程如图 11-13 所示。

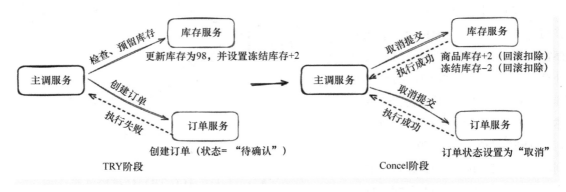

● 图 11-13 TCC cancel 阶段的过程

TCC 协议相比二阶段提交/XA 最明显的区别如下。

- 性能提升：由具体业务来操作资源的锁定，可以实现更小的锁粒度，不会锁定整个资源。

- 数据最终一致性：基于 Confirm 和 Cancel 的幂等性，保证事务最终完成确认或者取消，保证数据的最终一致性。
- 可靠性：解决了二阶段提交/XA 里的协调者单点故障问题，因为事务由主业务方发起并控制，使得事务的管理器也可变为多点。

但 TCC 最大的缺点是：TCC 的 Try、Confirm 和 Cancel 操作功能要按具体业务来实现，整体改造、开发成本高，实现难度较大。特别是老系统的改造，因为深入到业务流程、表设计、接口设计等阶段，使得老系统用 TCC 改造的阻力极大。

2. 查询+补偿

补偿是具体实践下一个非常常见的最终一致性手段。例如一个订单系统可能需要依赖支付系统，订单的状态往往需要等待支付系统成功后才能更新为成功。这里一般的设计都是查询+自动查询补偿的方式。这要求活动的被动方提供查询、重试、取消的操作接口。而活动的主动方则需要定期地去查询未完成、不正常的那些操作，从而进行重新执行或者回滚，最终使得整个分布式系统达到最终一致性。这个过程如图 11-14 所示。

继续以订单系统和支付系统为例，从订单系统的角度来说，不能完全依赖于支付系统的回调（因为不知道外部的支付系统是否可靠，是否可以回调成功）来维持最终一致性。这时候订单系统一般会需要一个

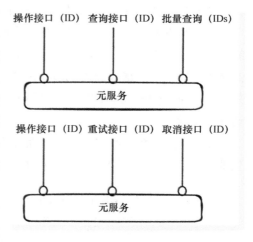

● 图 11-14　查询+补偿方案示意

定时任务主动去回查该订单的支付状态，如果一直是中间状态，可以重新执行未完成的操作，例如继续下单请求（重试）或者退款（回滚），从而保证支付状态和订单状态的最终一致性。

这个例子很好地体现了自动补偿这个手段对于维护最终一致性的效果。实际上这个手段在消息中间件领域也非常常见，无非是补偿的动作转移到了消息中间件的消费重试罢了。

当然，考虑比较极端的场景，假如系统自身有 bug 或者那段时间数据库一直有问题，那么即使重试一万次可能也无济于事。那应该如何避免"用户已经付款，系统却迟迟不发货"的问题呢？

其实为了交易系统更可靠。这时候会结合前文说过的告警+人工修复的手段。当重试到一定次数或者一定时间，这个补偿依旧不成功的时候，可以触发告警。在这些特殊的情况下，进行人工补偿便是最后一道一致性保证的屏障了。

3. 最大努力通知

最大努力通知方案（Best-Effort Delivery）是一种适合于设计回调、通知的柔性事务的解决方案。如果一个系统接受了上游系统的操作后，需要异步通知本系统事务的状态结果的话，比较适合这个方式。典型的使用场景有：银行通知、商户通知等。最大努力通知型的实现方案，一般符合以下特点。

1）努力通知：业务活动主动方（通常就是回调系统，如支付系统），在完成业务处理之后，向业务活动的被动方发送消息，直到通知 N 次后不再通知，允许消息丢失（不可靠消息）。

2）定期校对：业务活动的被动方（如订单系统），根据定时策略，向业务活动主动方查询（主动方提供查询接口），恢复丢失的业务消息。

关于努力通知，笔者以支付系统的通知回调为例进行讲解。如果支付系统是一个外部系统，例如微信支付，它需要提供让外部系统的订单状态和支付状态一致的能力。而为了避免回调因为网络、系统故障的原因而失败，微信支付系统也需要定期补偿这个通知，直到得到外部订单系统明确成功的响应或者达到一定次数后才停止通知。这个过程其实就是最大努力通知的实现。

而关于定期校对其实有点像上面提到的查询+补偿的方案，是针对活动的被动方而言的，也就是接受支付状态的一方。图 11-15 示意了这个过程。

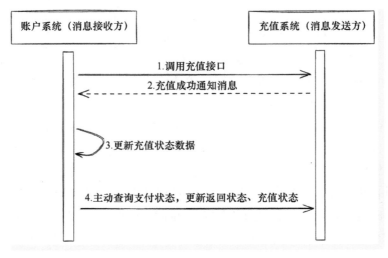

● 图 11-15　最大努力通知示意

4. Saga 事务模式

Saga 事务模式的历史十分悠久，比分布式事务概念的提出还要更早。Saga 的意思是"长篇故事、长篇记叙、一长串事件"，Saga 的大体思路是把一个大事务分解为可以交错运行的一系列子事务的集合。原本提出 Saga 的目的，是为了避免大事务长时间锁定数据库的资源，后来才逐渐发展成将一个分布式环境中的大事务，分解为一系列本地事务的设计模式。

Saga 事务基本协议如下。

1）每个 Saga 事务由一系列幂等的有序子事务（sub-transaction）T1，T2，…，Ti，…，Tn 组成。

2）每个 Ti 都有对应的幂等补偿动作 C1，C2，…，Ci，…，Cn，补偿动作用于撤销 T1，T2，…，Ti，…，Tn 造成的结果。

如果 T1 ~ Tn 均成功提交，那么事务就可以顺利完成。否则就要采取恢复策略，恢复策略分为向前恢复和向后恢复。其中向前恢复可以简单理解为不断重试补偿，而向后恢复则可以理解为回滚。

以电商购买为例，T1 = 扣减库存、T2 = 创建订单、T3 = 支付，如果 T2 出现了异常，向前恢复和向后恢复的流程会有所差异，如图 11-16 和图 11-17 所示。

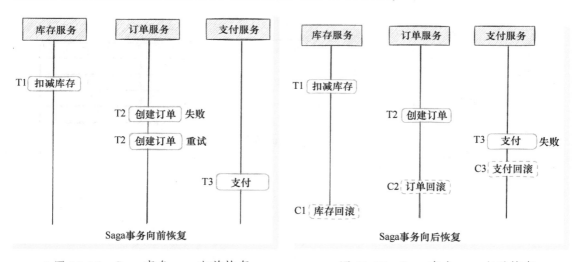

● 图 11-16　Saga 事务——向前恢复　　　　● 图 11-17　Saga 事务——向后恢复

Saga 的适用场景主要是以下几种。

1）业务流程长且多。

2）参与者包含第三方或遗留系统服务，无法很好地利用 TCC 或者消息中间件去做改造。故而在金融网络（与外部金融机构对接）、互联网贷款、渠道整合等场景下比较常见。

Saga 优势主要体现在：

1）无锁。一阶段直接提交本地数据库事务，无须锁定资源。

2）可异步化。各参与者理论上可以采用事务驱动的方式异步执行，以实现高吞吐。

但 Saga 模式拥有和其他异步化方案的相同缺点：由于一阶段已经提交本地数据库事务，且没有进行资源的"预留"动作，所以无法保证事务的隔离性。

5. 本地事务状态表

本地事务状态表类似于查询+补偿的方案，但理论上其更通用。区别在于其在执行分布式事务之前，需要将事务的流程及其状态存储在数据库中。因为可以依靠数据库本地事务的原子特性，这一步操作是原子完成的。这个存储事务执行状态信息的表称为本地事务状态表。

在将事务状态信息存储到数据库后，调用方才会开始继续后面的调用操作。每次调用成功时，更新对应的事务状态，某一步失败时则中止执行。同时，后台会运行一个定时任务定期扫描事务状态表，对于没有完成的事务操作重新发起调用，或者执行回滚，或者在失败重试指定次数后，触发告警让人工介入进行修复。

本地事务状态表如图 11-18 所示。

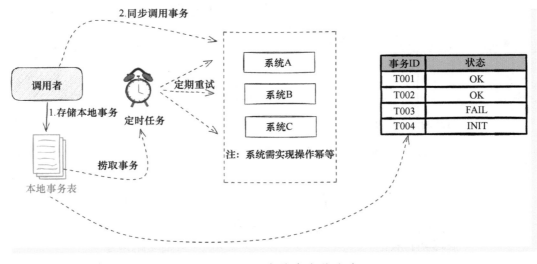

● 图 11-18 本地事务状态表

如果存储了事务状态表之后并不立刻执行事务调用，而是完全依赖定时任务扫描而进行调用的话，这个手段也被称作异步确保模式。

6. 本地消息表

本地消息表和上面的本地事务状态表思路很类似，它们都是希望保证有一个组件能把暂存的未完成的事务进行补偿完成。在消息中间件的领域，架构师可以用消息中间件的 ATLEAST-ONCE 机制，以帮助实现补偿。但是在前文异步队列处理的方案里面，笔者把事务异步化成任务持久化到消息中间件的方案归类到弱一致的方案里，这是为何呢？

如果有两个分布式事务需要完成，A 事务完成了，另外 B 事务靠消息补偿去确保能完成，这个过程最大的漏洞在于怎样保证 A 事务完成的时候，消息是能发送成功的？假设消息发送成功了，那么 B 事务的确可以通过消息补偿的方式达到最终一致。在普通消息中间件的使用范式下，如果 A 事务完成了，但消息没发出去服务就重启了，会发生什么事情呢？这时候只有 A 事务完成了，B 事务没完成。读者可能会想到这样的解决方案："我可以把发送消息和本地事务放到一个 try catch 中，通过 expcetion 做回滚"。这看起来是个不错的方法，其伪代码可能是这样的：

```
try{
// 操作本地 A 事务
bool result = dao.tx();
// 如果事务成功,则发送消息
if (result) {
producer.sendMsg(msg);// 发送消息去保证 B 事务能执行成功,发送失败(如超时),这里会抛出异常
conn.commit();// 提交事务
}
}catch (Expcetion ex) {
conn.rollback();// 事务异常、消息异常都回滚调用 A 事务
}
```

在正常的视角里，可能会有以下情况：

1）A 事务执行成功，消息中间件投递消息也成功，皆大欢喜，B 事务会依赖消息中间件的补偿机制去完成。

2）A 事务失败，则会回滚事务或者不提交事务，同时不会触发向消息中间件中投递消息的逻辑，B 事务自然就没机会执行。

3）A 事务成功，但是发送消息到消息中间件时投递失败了，这时候因为向外抛出了异常进入 catch 块中，刚刚 A 事务执行的操作将被回滚。

似乎看起来也挺完美的，但实际上问题是隐秘的，主要体现在以下两点：

1）消息中间件发送消息超时。超时的场景是不确定的，可能成功（从经验角度看，成功的可能性会很大），可能失败。但是在以上实现逻辑中都会把 A 事务回滚掉。如果消息实际上是发送成功的，那么 B 事务就会因为消息消费而成功，这时候不一致就产生了。

2）事务提交失败。以上的实现中，事务的提交是在发送消息之后的，而事务的提交本身也可能会失败的，如机器重启、数据库挂了。如果事务提交失败，也会出现消息投递出去了而 A 事务实际上没执行成功的情况，也会产生不一致。

这就是本地消息表模式要解决的根本问题：即使消息中间件有 ATLEAST-ONCE 这么优秀的补偿机制，开发者还是要设法保证消息的发送和本地事务是能一起成功或者一起失败的。

本地消息表如图 11-19 所示。

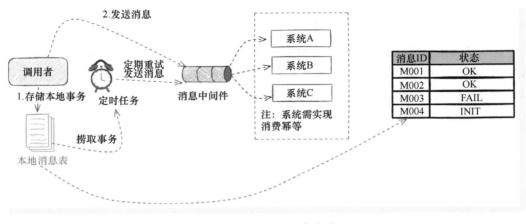

● 图 11-19　本地消息表

1）参与分布式事务的系统 A 在执行本地事务的同时，把待发送的消息记录到事务消息表中，将业务表的操作和消息表的插入放在同一个数据库事务，从而保证两者的原子性。

2）执行后系统 A 不直接给消息中间件发消息，而是通过后台定时任务扫描消息表中未发送的消息进行发送。对于发送过程遇到异常的消息则不断重试，直到消息中间件返回"发送成功"的确认，并更新消息表中的投递状态。这样一来，就能保证进入到消息表中的消息最终一定能被投递出去一次。

3）消息中间件收到消息后，依赖消息中间件的 AT-LEAST-ONCE 机制，一定能把消息至少投递一次到订阅者。而这时取决于参与分布式事务的事务方的数量，只需要让事务的参与系统都订阅这个消息，即可保证每个事务最终都能保证执行成功一次。需要注意的是，无论是消息的发送还是消息的投递，都可能会出现消息的重复，所以要求消费消息并执行事务的一方需要自行保证事务执行的幂等性。

7. 可靠消息模式

可靠消息模式可以认为是本地消息表的一种演变方式，本地消息表里面维护消息的发送状态是由业务模块设计的一张本地消息表负责的，使消息表的插入和本地事务的执行在一个事务中，这对于业务是有所侵入的，无法做到很通用。而可靠消息模式抽出了一个第三方的消息管理模块，其关键流程如图 11-20 所示。

1）在执行本地事务之前，需要通知这个消息管理模块去预发送一条消息。这条预发送的消息不会被立刻投递，而是先暂存在数据库中。

2）当业务模块执行完本地事务后，需要重新确认这条消息时，消息管理模块才会真正把消息发送出去。

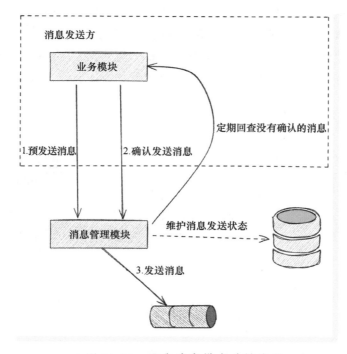

● 图 11-20　可靠消息模式关键流程

3）如果消息管理模块很久都没收到消息的确认，那么会发起对消息的回查，从而确认消息的状态。

4）一旦消息是确认状态的，消息管理模块会保证把消息发送到消息队列，然后才标记这个消息发送成功。

介绍到这里，相信读者已经了解了解决分布式事务的一些主流手段。读者应该意识到分布式事务在一致性和可用性上是存在无法调和的矛盾，其衍生出来的在不同取舍情况下是存在不同的实践方案的。接下来介绍 RocketMQ 提供的一个新思路：异步队列方案。

11.4　异步队列方案的挑战

前文提到的异步队列处理的一致性解决方案是把分布式事务的多个事务异步化处理。通常情况是当前系统处理一个事务，然后把后面的事务放到本地队列或者消息中间件中异步处理，辅助以重试等手段来保证后面的事务的成功。

　　但是本书把这个手段归为"弱一致"的手段，为何呢？本地队列异步处理归为弱一致应该很好理解，因为本地队列实际上没有可靠性的保证，例如机器重启可能就丢失这些任务了，导致事务没有成功执行。那么把另外一个事务的处理以消息的方式发送到消息中间件中，这样为什么还被归为"弱一致"呢？以图 11-21 所示的方案为例，订单系统处理完订单逻辑后，发送一条消息给积分系统处理用户的积分。为什么这样的设计也是"弱一致"呢？

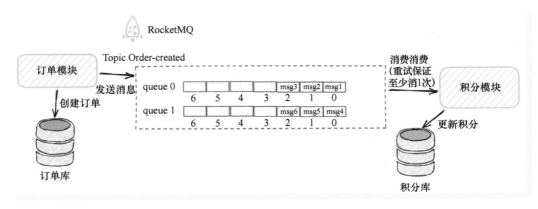

● 图 11-21　异步队列方案

　　RocketMQ 有很优秀的消息可靠性和失败重试等特性，看起来是一个最终一致性的方案。但是实际上这里有一些异常场景会有一致性问题。读者请看以下两个场景。

▶▶ 11.4.1　场景一：服务重启导致消息发送失败

```
// 第一步:处理本地订单事务
processOrderTransaction();
// 第二步:发送消息给积分系统处理用户积分,消费失败会利用 RocketMQ 的重试机制一直重试
sendMsg();
```

　　在一般情况下都挺完美的，如果遇到本地事务成功后，消息还没发送就重启服务的话（这很常见，毕竟互联网系统经常需要发布，发布就需要重启服务），那么 RocketMQ 实际上是没收到这个消息的，自然积分系统的事务就没机会执行了，RocketMQ 那些重试机制也好，可靠性也好，都无用武之地了。

▶▶ 11.4.2　场景二：服务重启导致消息发送失败

　　这时候有些读者可能会想到利用本地事务的能力，把发送消息和本地事务打包在一个事务里，如果事务没执行提交就重启是否就能解决问题呢？伪代码如下所示。

```
try{
    // 第一步:处理本地订单事务
    processOrderTransaction();
    // 第二步:发送消息给积分系统处理用户积分,消费失败会利用 RocketMQ 的重试机制一直重试
    sendMsg();
    commit();
} catch (Exception e) {
    rollback();// 出现异常回滚事务
}
```

实际上这里看起来很美好,但有以下三种情况。

1)本地事务成功,消息发送成功,事务提交,事务完整。

2)本地事务成功,发送消息失败,回滚事务,事务完整。

3)本地事务失败,直接回滚事务,事务完整。

这里有一些隐藏的风险,主要是以下两种情况:

1)本地事务成功,消息发送超时。这时候按照处理流程是需要回滚本地事务的。但是消息发送超时实际上是一个不确定的状态,可能消息实际上是发送成功的,也就是说积分系统会收到这个消息,最后可能的状态就是订单没成功,但是用户积分却算多了。

2)本地事务成功,消息发送成功,事务提交之前机器重启。虽然开发者已经把消息的发送打包到了一个事务中,但实际上消息的发送是不受事务控制的。在程序执行完 sendMsg 这一步之后,消息实际上已经被发出去了。消息发送出去后,机器如果重启,订单是没处理成功的,但这时候用户的积分却无故增长了。

▶▶ 11.4.3 异步队列方案小结

由此可见即使架构师使用一些可靠性很高的消息中间件来实现异步队列方案,如果没有一些特殊的处理,仍然无法保证分布式事务是能最终一致的。问题的核心不在于消息的消费方,而在于消息的生产方,因为生产方生产消息前是有一个事务操作的,而这个事务操作和消息发送操作,如何保证它们的原子性——要么共同成功,要么共同失败,这是一个很大的挑战。

而为了解决这个问题,业界有了类似前文所提及的本地消息表的实现方式,如图 11-22 所示。

这类方式的本质是把消息发送记录为一个状态,让这个状态通过补偿的方式保证其必然成功。如果设计得再复杂一点,也可以抽取一个消息管理模块,用可靠消息模式去实现。但无论如何,实现成本还是比较大的,一来需要记录消息的状态,二来需要一个机制保证消息发送是能成功的,毕竟消息中间件也是有可能处于不可用的状态的。

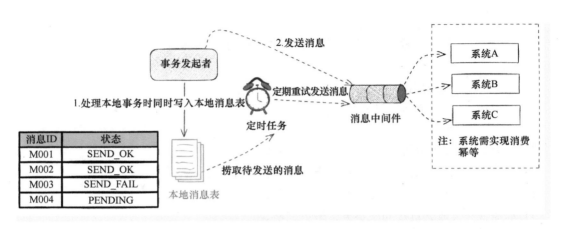

● 图 11-22　本地消息表方案

　　而 RocketMQ 事务消息，是一个把类似方案集成到消息中间件的一体化方案，使得其应对此挑战更加从容。

11.5　RocketMQ 事务消息的实现

▶ 11.5.1　RocketMQ 事务消息实现的关键流程

　　了解完以上背景之后，下面将展开 RocketMQ 的事务性消息实现思路。

　　整体思路上，事务性消息的实现方式如图 11-23 所示。

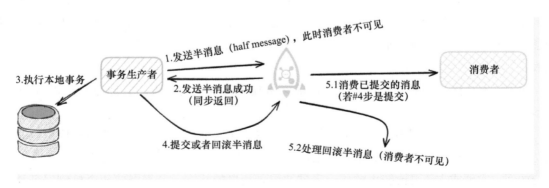

● 图 11-23　RocketMQ 事务性消息的实现方式

正常情况下，一个事务消息的关键流程如下。

1）事务生产者发送一条半消息（half message）标记准备要开启本地事务的处理。此消息之所以被称为半消息是因为其状态是未确认的，而未确认的消息是不会被 RocketMQ 投递到消费者的。

2）发送半消息成功后，事务生产者所在的系统执行本地事务。这个本地事务就是需要保证和事务消息发送保持原子性的事务。

3）事务执行如果是成功的，RocketMQ 会确认刚刚发送的那条半消息。使其成为确认状态，随后 RocketMQ 就会投递其到对应的消费者；事务执行如果是失败的，RocketMQ 会把半消息的状态标记为回滚状态，这条消息将永远不可见。

而如果事务执行到一半服务重启了，也就是说事务的执行状态无法主动送达到 Broker，那么 Broker 会有个定时任务把所有未确认的消息重新确认其最终状态。这个手段是依靠回查机制的，所谓回查就是 Broker 去询问对应的生产者，确认其本地事务的状态来更新半消息的最终状态，如图 11-24 所示。

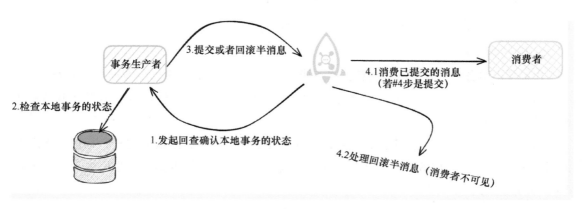

● 图 11-24　RocketMQ 事务消息流程——事务回查

从以上流程来看，RocketMQ 的确可以在各个异常的场景下保证消息的发送和本地事务是能同时成功的。这一步有所保证后，再依赖消息的 ACK 机制，重试机制就能很好地完成分布式事务的最终一致性保证了。

▶▶ 11.5.2　RocketMQ 事务消息 VS 可靠消息模式

从流程上看，可以看到 RocketMQ 的事务消息非常像前一章说的可靠消息模式。表 11-2 是 RocketMQ 事务消息和可靠消息模式的一些对比。

表 11-2　RocketMQ 事务消息对比可靠消息模式

RocketMQ 事务消息	可靠消息模式
事务生产者发起半消息	业务模块调用消息管理模块发送预消息
Broker 发起消息回查	消息管理模块进行消息回查
Broker 用 commitlog 存储半消息	消息管理模块用数据库存储预消息
Broker 有机制保证确认的消息能最终投递到消费者	消息管理模块有定时任务去管理消息状态

可以这样去理解 RocketMQ 事务消息的思想——它是把业界实践了多年的可靠消息模式嵌入到消息中间件里，做成了一个通用的特性。

这具有非常大的意义，因为整个业界的消息中间件里，RocketMQ 是目前提供的类似解决方案里最优雅、业务接入最简单的一个选择。

▶▶ 11.5.3　RocketMQ 事务消息的存储

在使用事务消息发送的时候，除了用特殊的 API 外，消息体的构造并无特别，也是一个正常的消息。但是实际上 RocketMQ 有很多巧妙的设计。

1. 标记事务消息

如果是由事务生产者发送的消息，这条消息会被特殊处理，最重要的特殊点有两个：

1）通过事务生产者发送的消息会有 TRAN_MSG 的属性，会标记为 true，从而让 Broker 知道其是事务消息。

2）因为可能会涉及回查工作，需要让 Broker 知道往哪回查，这就需要一个标记，所以事务消息还有一个叫作 PGROUP 的属性，RocketMQ 的客户端会把其值设置为该生产者的 ProducerGroup 的名字。

2. 暂存事务半消息

客户端经过特殊标记之后，到 Broker 端的时候，RocketMQ 使用了一些特殊的技巧进行"偷天换日"。

前文提到过在本地事务处理之前，消息实际上是处于待确认状态的，RocketMQ 称这类消息为半消息（half message）。RocketMQ 接收事务消息和普通消息的时候，核心逻辑都是一致的——消息落地存储，但是如果发现发送的是一条事务消息（即 TRAN_MSG = true），会对这条消息做一些特殊转换。把它暂存到一个中转站主题中——RMQ_SYS_TRANS_HALF_TOPIC。既然这是一个主题，那么就会有队列的数量，这条主题有且仅有一个队列，所以暂存到 queueId = 0 的队列中。

同时把原本的主题、队列都转换到属性中保存起来，以便后续做恢复之用，主题会存储在属性 REAL_TOPIC 中，队列则存储在属性 REAL_QID 中。

之所以使用一个特殊主题存储，原因是半消息不希望被消费者消费到，如果直接把消息投递到真实主题里，那么这条消息就会立刻可见，所以才会有 RMQ_SYS_TRANS_HALF_TOPIC 这个"中转站"。

此部分核心源码位于 TransactionalMessageBriger.java 中，核心代码（增加了注释）如下。

```
// 存储事务半消息
public PutMessageResult putHalfMessage(MessageExtBrokerInner messageInner) {
    return store.putMessage(parseHalfMessageInner(messageInner));
}


// 从原始消息里构造一条半消息的消息体
private MessageExtBrokerInner parseHalfMessageInner(MessageExtBrokerInner msgInner) {
    // 备份消息的原主题名称与原队列 ID 到属性中
    MessageAccessor.putProperty(msgInner, MessageConst.PROPERTY_REAL_TOPIC,
msgInner.getTopic());
    MessageAccessor.putProperty(msgInner, MessageConst.PROPERTY_REAL_QUEUE_ID,
        String.valueOf(msgInner.getQueueId()));
    msgInner.setSysFlag(
MessageSysFlag.resetTransactionValue(msgInner.getSysFlag(), MessageSysFlag.TRANSAC-
TION_NOT_TYPE));
    // 半消息统一存储到 RMQ_SYS_TRANS_HALF_TOPIC 的第 0 个队列里
    msgInner.setTopic(TransactionalMessageUtil.buildHalfTopic());
    msgInner.setQueueId(0);
msgInner.setPropertiesString(MessageDecoder.messageProperties2String(msgInner.get-
Properties()));
    return msgInner;
}
```

3. 从半消息中恢复原消息

既然 RMQ_SYS_TRANS_HALF_TOPIC 是事务消息的中转站，终归它是需要回到真实主题中的。在本地事务确认是提交状态（LocalTransactionState.COMMIT_MESSAGE）时，Broker 就会着手做半消息的恢复了。

前文介绍过半消息存储的时候实际上只是把主题和队列做了一些转换，所以恢复的时候只需要恢复对应的主题和队列即可。原来的主题和队列，这两个值可以从属性 REAL_TOPIC 和 REAL_QID 中恢复。而由于是一条全新的消息，所以半消息对应的 offset 之类的物理属性都将是完全新的，不能复用原来的。可以这样理解半消息和真实消息的关系——它们是物理上相互独立，但是逻辑上有很多共同之处的两条消息。

在恢复消息的核心代码 EndTransactionProcessor.java 中，关键的代码片段（添加了注释）如下。

```
@Override
public RemotingCommand processRequest (ChannelHandlerContext ctx, RemotingCommand re-
quest) throws
    RemotingCommandException {
        // ......前面逻辑略
        OperationResult result = new OperationResult();
        // 如果是提交事务的请求则处理
        if (MessageSysFlag.TRANSACTION_COMMIT_TYPE == requestHeader.getCommitOrRollback()){
            result = this.brokerController.getTransactionalMessageService().commitMessage
(requestHeader);
            if (result.getResponseCode() == ResponseCode.SUCCESS) {
                RemotingCommand res = checkPrepareMessage(result.getPrepareMessage(), re-
questHeader);
                if (res.getCode() == ResponseCode.SUCCESS) {
                    // 首先从半消息里恢复原事务消息的真实主题、队列,并设置事务 ID
                    MessageExtBrokerInner msgInner = endMessageTransaction(result.getPre-
pareMessage());
                    // 设置事务 sysFlag
msgInner.setSysFlag(MessageSysFlag.resetTransactionValue(msgInner.getSysFlag(), re-
questHeader.getCommitOrRollback()));
                    // 设置这条事务消息的物理属性
msgInner.setQueueOffset(requestHeader.getTranStateTableOffset());
msgInner.setPreparedTransactionOffset(requestHeader.getCommitLogOffset());
msgInner.setStoreTimestamp(result.getPrepareMessage().getStoreTimestamp());
                    // 去除事务消息的标记
                    MessageAccessor.clearProperty(msgInner, MessageConst.PROPERTY_TRANS-
ACTION_PREPARED);
                    RemotingCommand sendResult = sendFinalMessage(msgInner);
                    if (sendResult.getCode() == ResponseCode.SUCCESS) {
this.brokerController.getTransactionalMessageService().deletePrepareMessage(result.
getPrepareMessage());
                    }
                    return sendResult;
                }
                return res;
            }
        }
    }

// 恢复原事务消息
```

```
private MessageExtBrokerInner endMessageTransaction(MessageExt msgExt) {
    MessageExtBrokerInner msgInner = new MessageExtBrokerInner();
    // 恢复主题和队列
msgInner.setTopic(msgExt.getUserProperty(MessageConst.PROPERTY_REAL_TOPIC));
msgInner.setQueueId(Integer.parseInt(msgExt.getUserProperty(MessageConst.PROPERTY_
REAL_QUEUE_ID)));
    // 其他属性从原消息中复制恢复
    msgInner.setBody(msgExt.getBody());
    msgInner.setFlag(msgExt.getFlag());
    msgInner.setBornTimestamp(msgExt.getBornTimestamp());
    msgInner.setBornHost(msgExt.getBornHost());
    msgInner.setStoreHost(msgExt.getStoreHost());
    msgInner.setReconsumeTimes(msgExt.getReconsumeTimes());
    msgInner.setWaitStoreMsgOK(false);
msgInner.setTransactionId(msgExt.getUserProperty(MessageConst.PROPERTY_UNIQ_CLIENT_
MESSAGE_ID_KEYIDX));
    msgInner.setSysFlag(msgExt.getSysFlag());
    TopicFilterType topicFilterType =
        (msgInner.getSysFlag() & MessageSysFlag.MULTI_TAGS_FLAG) == MessageSysFlag.
MULTI_TAGS_FLAG ? TopicFilterType.MULTI_TAG
            : TopicFilterType.SINGLE_TAG;
    long tagsCodeValue = MessageExtBrokerInner.tagsString2tagsCode(topicFilterType,
msgInner.getTags());
    msgInner.setTagsCode(tagsCodeValue);
    MessageAccessor.setProperties(msgInner, msgExt.getProperties());
msgInner.setPropertiesString(MessageDecoder.messageProperties2String(msgExt.get-
Properties()));
    MessageAccessor.clearProperty(msgInner, MessageConst.PROPERTY_REAL_TOPIC);
    MessageAccessor.clearProperty(msgInner, MessageConst.PROPERTY_REAL_QUEUE_ID);
    return msgInner;
}
```

4. 事务消息回滚

如果遇到本地事务执行是失败的场景，也是需要和 Broker 确认的。只是这个确认不是 commit 的确认，而是 rollback 的确认。当 Broker 收到是 rollback 的确认的时候，Broker 会"删除"之前存储的半消息，这样以后它就不会被恢复，也不会走到事务回查的过程。这里的删除实际上是把消息存储在一个叫作 RMQ_SYS_TRANS_OP_HALF_TOPIC 的主题中，具体的作用比较复杂，后文会深入介绍。在此读者只需要知道，Broker 对于事务回滚的消息，是不会再做后续的回查、恢复等工作的。

▶▶ 11.5.4　RocketMQ 事务回查及状态

读者已经知道了事务消息的常规流程，即发起事务消息的客户端若能很顺利地执行完事务，并且把事务状态正常传递给 Broker，那么 Broker 就能更新半消息的状态来做投递或者删除的动作。

然而实际上这个过程在分布式的场景下存在非常大的不确定性，典型的情况如下。

1）半消息发送成功，但是本地事务执行超时。这个场景很常见，毕竟谁都不能保证数据库调用或者 RPC 调用是成功的，例如当时服务不可用、数据库索引建得不好导致慢查询、事务执行太久超时了等。但是超时不代表失败，实际上可能是成功的。

2）事务可能执行成功了，但是发送确认指令给 Broker 时失败了。这也很正常，毕竟 Broker 也是分布式系统的一个节点，无时无刻不在处理消息的生产和消费，服务超时了、网络不可用，甚至 Broker 挂了都是有可能的。

这两个场景反映出来的就是一个问题：怎样保证本地事务和事务消息的状态是最终一致的，这是 RocketMQ 事务消息的最大挑战。为了解决这个问题，RocketMQ 设计了一套回查机制。RocketMQ 的回查机制一句话说来很简单，就是定期扫描未确认的半消息，去找原生产者询问确认其本地事务的最终状态来更新半消息的状态。但是真要深入到细节原理，实际上非常复杂。读者不妨停下来设想这样一个问题："如果我们来设计事务回查，需要解决哪些问题"。带着这个问题，下文将解答 RocketMQ 的解决方案。

1. 事务回查需要解决的难点

1）原来的事务执行者可能已经挂了，那么找谁确认？例如事务执行方在执行完本地事务之后，突然服务不可用了。而且很久都没人去重启这个服务，怎样保证这笔订单最终一致？

2）RocketMQ 本身就是一个第三方的独立组件，其本身是不依赖类似 MySQL 的数据库的。所以怎样存储这些半消息，怎样存储哪些半消息已经提交，哪些已经回滚了？

3）事务消息的提交顺序和发送顺序可能是不一样的，如何维持哪些事务需要回查哪些事务不需要回查呢？例如事务消息发送可能是 1、2、3，但是提交的顺序可能是 2、3、1。当第 2 条消息提交的时候，回查的消息是 1、3。这听起来很自然，但是在缺乏 MySQL 这种存储引擎的帮助下，要实现这个待回查表实际上是很难的。

2. 回查对象高可用设计

为了解决上面的第一个难点：即执行本地事务的那个实例可能已经挂了（例如发布、重启、容器重建等），RocketMQ 定义了一个生产者组（ProducerGroup）的概念，这个概念仅在事务场景下会用到。拥有相同的生产者组的实例都会认为是对等的。还记得前文提到事务消息有一个特殊的 PGROUP 属性吗？这里会存储具体的生产者组的名称，所以 Broker 在发起回查的时候知道这个消息是由哪个生产者组产生的，只要回查这个生产者组中的任何实例，理论上都可以查到真实的事务状态。而这个生产者组对应的实例的所有连接都在 Broker 中有记录，在 Broker 需要发起回查的时候，任意一个生产者组的可用连接都可以发起回查操作。此部分维护的代码放在 ProducerManager.java 中，有兴趣的读者可以去阅读源码。

3. 半消息的高可用存储设计

前文提到所有半消息实际上是存储到 RMQ_SYS_TRANS_HALF_TOPIC 里的，从存储的角度看，里面存储的消息和普通消息并无区别。所以半消息本身的高可用是依赖 RocketMQ 消息存储的高可用的。即半消息可以和普通消息一样，拥有主备的复制、消息的落地存储等特性。从而解决半消息的高可用挑战，如图 11-25 所示。

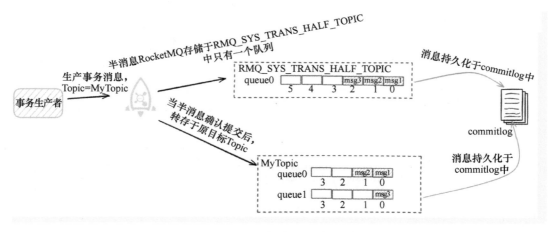

● 图 11-25 半消息的存储示意

消息的存储队列是无限扩张的，而且是按顺序存储、不支持删除的。而消息回查的时候条件是只回查未提交的消息，那么如何避免查询全量消息以回查未提交的半消息呢？

因为所有半消息只有一个队列，而消息又是顺序存储的，所以 RocketMQ 回查的时候可以记录上次回查的位置，从该位置往后开始扫描，就可以避免每次都从头扫描到重复的半消息而做无用功了。具体实现上很巧妙，RocketMQ 虚拟了一个消费者组 CID_RMQ_SYS_TRANS，这个位置实际上就是这个消费者组对于这个队列的消费位点。因此整个位点的存储本身也是可复用消费位点的持久化和高可用设计的，这确保了回查进度本身也是可靠的，如图 11-26 所示。

4. 记录半消息的处理状态

Broker 发起的半消息回查也好，还是客户端主动提交/回滚半消息也好，这里的顺序都可能和原始半消息存储顺序是不一致的，如图 11-27 所示，事务生产者发送了 5 条事务消息，其中顺序是 msg1、msg2、msg3、msg4、msg5。但是可能因为 msg2 提交得比较快，所以 msg2 比 msg1 更早提交了；又或者是 msg4 很快就出现异常导致回滚了，所以 msg4 也比 msg1 要早确定状态。

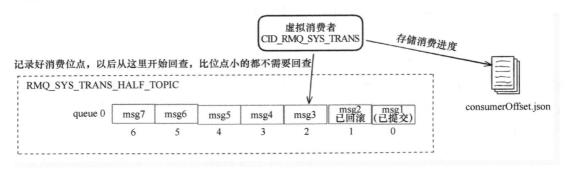

● 图 11-26 半消息消费进度记录示意

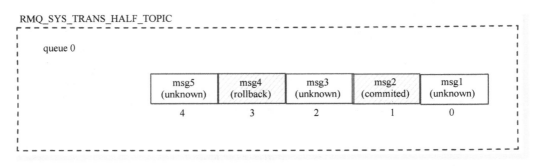

● 图 11-27 半消息示意图——存储顺序与确认顺序不一致

存储顺序和状态确认的顺序不一致的主要原因如下。

1）不同的本地事务处理时间可能不一样，半消息 msg1 可能比 msg2 先存储，但是事务 T2 可能比 T1 更早提交确认，故 msg2 比 msg1 会更早确认半消息状态。

2）Broker 发起回查是按照消息存储顺序发起的，但是单次消息的回查是异步的，而且是不可靠的。试想一下，如果消息的回查是同步的，那么有一个事务生产者的回查结果卡死了，就会阻塞整条队列里半消息的回查任务，故而 RocketMQ 的回查都是异步不等待结果的，需要等待客户端异步确认事务状态，所以回查的顺序可能是 msg1、msg2、msg3，但是收到确认状态可能是乱序的（如 msg3、msg2、msg1）。

这里的发送顺序和确认顺序不一致会带来很多挑战。首先，RocketMQ 的半消息存储是基于 commitlog 的机制顺序写入的，故而不支持随机修改，也就是说半消息的写入只能一直顺序写入，不能修改已写入的消息。

但是 RocketMQ 的确要标记一个消息是否已经确认（已提交或者已回滚），在这点上，RMQ_SYS_TRANS_HALF_TOPIC 里面存储的内容已经没办法记录这个信息了。

其次，前文介绍过哪些消息需要回查哪些不回查（实际上是已处理的半消息的进度）是依赖半消息队列上一个消费进度的，但是现在确认顺序可能完全是打乱的，这会有什么困难呢？如图 11-28 所示，msg4 和 msg2 的位点是 3 和 1，虽然其都是已确认状态，但是 RocketMQ 的虚拟消费者 CID_RMQ_SYS_TRANS 肯定不能把回查位点更新到 3 或者 1 的位置上，因为 0 这个位置的消息还没确认。

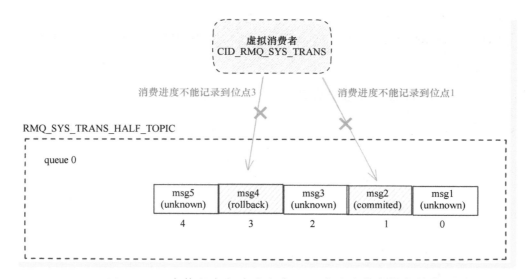

● 图 11-28　存储顺序与确认顺序不一致后的位点提交挑战

为此，RocketMQ 又设计了一个 RMQ_SYS_TRANS_OP_HALF_TOPIC 的主题，下文简称为 OP 主题，其中存储的消息称为 OP 消息。

这个主题和 RMQ_SYS_TRANS_HALF_TOPIC 主题一样，也是只有一个队列。其存在的意义就是记录每一个半消息的处理状态，如果是 commit 或者 rollback 状态，在 OP 主题里，会记录该消息为删除状态，以便后续不再发起回查。到此为止，要处理一条事务消息的完整生命周期，总共涉及以下三个主题。

1）原消息的真实主题。

2）半消息存储的主题 RMQ_SYS_TRANS_HALF_TOPIC。

3）半消息处理状态的主题 RMQ_SYS_TRANS_OP_HALF_TOPIC。

三个主题需要相互协作来完成消息的状态流转，以下介绍当半消息 commit 或者 rollback 的时候，这个状态是怎样流转的。

（1）半消息提交状态处理

当 Broker 接收到一个半消息的 commit 状态时，Broker 会写入 OP 消息，OP 消息的 body 存储的就是该 commit 消息的 queueOffset（可以认为 OP 消息存储了半消息的指针地址），同时会标记这条半消息是被删除的，所谓的被删除实际上就是告诉 Broker 回查的时候客户忽略这个消息的回查。

同时，Broker 会读取这条半消息，把原来的主题等信息进行还原，重新写入原来的主题中，这之后消费者可以消费此事务消息了，如图 11-29 所示。

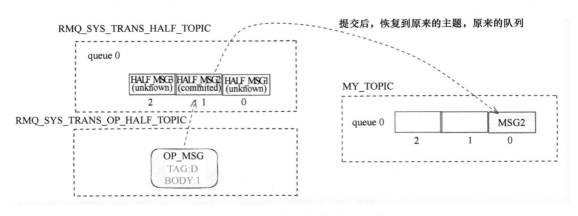

● 图 11-29　事务消息还原示意

（2）半消息回滚状态处理

当 Broker 接收到一个半消息是 rollback 状态时，Broker 同样写入 OP 消息，流程和 commit 一样，也会标记这条半消息是被删除的。但后续不会读取和还原该半消息。这样消费者就不会消费到该消息，如图 11-30 所示。

（3）半消息 unknow 状态处理

如果消息是 unknow 状态，Broker 不会贸然处理这条半消息，因为可能只是本地事务没有完成，或者还处于未确认状态，以后才知道真实状态。这时候，Broker 会依赖前文所说的事务回查去重新处理这条半消息，最后总会落到 commit 或者 rollback 两者之一的状态，然后再走相应的处理流程。需要注意的是，commit 或者 rollback 指令实际上可能会发送失败，例如 Broker 挂了或者网络出现闪断时等，这时候实际上也是和 unknow 的处理流程类似，推迟依赖事务回查，再确认事务的状态。

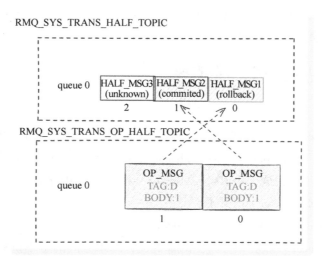

RMQ_SYS_TRANS_HALF_TOPIC

RMQ_SYS_TRANS_OP_HALF_TOPIC

● 图 11-30　半消息回滚存储示意

11.6　RocketMQ 事务消息与 Kafka 事务消息的对比

11.6　RocketMQ 事务消息与 Kafka 事务消息的对比

　　事实上，Kafka 消息中间件里也有事务消息，很多研发人员会以为 RocketMQ 事务消息是基于 Kafka 事务消息的一种优化，实际上这是一个误解。两者虽然同为事务消息，但是希望解决的场景完全不同。读者已经清楚了 RocketMQ 事务消息要解决的问题是保证本地事务和消息的发送是最终一致性的，接下来扩展了解一下 Kafka 事务消息要解决什么场景。要了解 Kafka 事务性消息解决的场景，读者需要先知道一个词——Exactly-Once。

▶▶ 11.6.1　Kafka 想要解决的 Exactly-Once 是什么

　　简单来说，Kafka 事务性消息就是为了解决一个词——Exactly-once，而这里的 Exaclly-once 是这样定义的。说到 Exactly-once 之前，还得一起介绍 At-most-once 和 At-least-once。

　　At-most-once：每条消息最多被 Kafka 持久化一次，如果生产者不做重试的话，消息可能会出现丢失。Kafka 的 Producer 的 acks＝0，就是这个语义。

　　At-least-once：每条消息都会被保证最少持久化一次到 Kafka。这样一来，消息不会丢失，但是可能会出现消息的重发。例如 Kafka 的 Producer acks＝ all，如果接收 ack 超时或者错误并且重新发送这条消息，消息就可能被写入两次。

　　Exactly-once：每条消息肯定会被持久化（且只会持久化一次）。

可以看到所谓的 Exactly-once 实际上和事务关系并不大，至少和业务侧的事务没有什么关系，更多的是解决消息重复的问题。

▶▶ 11.6.2　Kafka 事务消息的表现

1. 幂等 Producer

在讲 Kafka 事务消息之前，需要先介绍幂等 Producer。在创建 Kafka Producer 客户端的时候，如果开发者设置了 props.put（"enable.idempotence"，ture），Producer 就变成幂等的了。

Kafka 就会对每条消息生成一个 ID 值，Broker 会根据这个 ID 值进行去重，从而实现幂等，这样一来就能够实现 Exactly-once 语义了。

然而这里幂等 Producer 有两个以下主要缺陷。

1）幂等性的 Producer 仅做到单分区上的幂等性，即单分区消息不重复，多分区无法保证幂等性。

2）只能保持单会话的幂等性，无法实现跨会话的幂等性。如 Producer 发生重启，就无法保证这两个会话间的幂等性。

2. 事务 Producer

正因为幂等性 Producer 无法解决所有问题，并且流处理的需求随着流处理的兴起，对具有更强处理保证的流处理应用的需求也在增长。例如在金融行业，金融机构使用流处理引擎为用户处理借款，而这里要求每条消息只处理一次。

因为 Kafka 提供了事务 Producer 用以解决此类问题。事务 Producer 可以支持多分区的数据完整性、原子性，并且支持跨会话的 Exactly-once 处理语义，即使 Producer 宕机重启，依旧能保证数据只处理一次。

但是 Kafka 需要事务 Producer 和事务 Consumer，两者配合使用，才能实现端到端 Exaclty-once（end-to-end EOS）；通过事务机制，Kafka 可以实现对多个 Topic 的多个 partition 的原子性的写入。

到此，读者需要明确的是虽然 RocketMQ 和 Kafka 都有所谓的事务机制，但是解决的场景是完全不一致的。RocketMQ 是为了解决事务和消息发送的最终一致性，而 Kafka 解决的则是消息的 Exactly-Once 语义。

11.7　本章小结

分布式事务的解决方案随着互联网实践的深入，已经百花齐放。由于篇幅所限，本文无法全部枚举,仅介绍了其中最为常见的一些方案。但无论如何,本质上都是在 CAP 的基础上舍弃了一部分 A 或者舍弃了一部分 C 的方案罢了。

认识这些方案有助于在架构设计过程中的方案选择,因为只有了解每个方案解决什么问题,有什么缺点,才能做好架构设计。

随后本章介绍了 RocketMQ 事务消息需要解决的场景难点,并且展开介绍了事务消息的实现原理。其关键性的设计是半消息存储上复用了消息存储的设计,但是巧妙地转移了主题和队列。同时还介绍了关键的回查设计和半消息状态处理的设计。最后作为扩展学习内容,本章对比了 RocketMQ 事务消息和 Kafka 事务消息的不同。

11.8 思考题

思考题一

结合自身经历,读者参与的项目中遇到了哪些分布式事务的难题,项目的原作者都是怎样解决的?采用的是本章介绍的方法之一吗?

思考题二

事务消息回查的时候,半消息的状态有些是确认/回滚,有些是未确认的,虽然通过 OP 主题可以知道每个消息的处理状态,但是 CID_RMQ_SYS_TRANS 的消费进度,RocketMQ 是怎样处理的呢?例如一瞬间来了 1000 条半消息,假设 offset 是 1~1000。很快 2~1000 的半消息都提交了,因为进度 1 的消息未确认,那么 CID_RMQ_SYS_TRANS 很可能就停在了 1 这个进度一直卡住了,读者觉得 RocketMQ 可以怎样处理这个问题呢?

第12章

RocketMQ延迟消息原理

12.1 互联网场景下延迟任务的常见场景

有些时候开发者会遇到在未来某个固定的时刻才做一个任务的场景，笔者姑且称这些工作为延迟任务。典型的延迟任务例子如下。

1）支付关单；订单下单后需要30min后关闭未支付的订单。

2）待还账单提醒；信贷的场景下，每天可能需要进行跑批得出今天有待还账单的用户，并给他们发还款提醒。但是跑批可能是凌晨，如果立刻发提醒的话会对用户造成骚扰，所以提醒的时间通常需要延迟到早上，例如10：00才触发提醒。

3）外部系统超时处理；有时候程序会调用一个外部系统处理一些事务，例如调用外部一个审核系统审核图片是否违规来决定一篇文章是否发布成功。但是审核系统通常是一个异步送审的动作，审核系统可能遇到了一些故障或者因为需要人工审核等情况导致回调迟迟不回来，如正常1s就能审核成功，可能有些情况过了30min都还没有回调。这时候业务方可能需要设计一个超时机制，如果30s一直不返回结果，则直接兜底为发布成功。

以上是三个常见的延迟任务的场景。在传统的手段下，开发人员通常会采取定时任务去处理这个场景，以支付关单的场景为例，如图12-1所示。

大概步骤如下。

1）启动一个定时任务，每 X 分钟执行一次。这里为了时效性，可能 $X = 1$。

2）任务启动的时候扫描当前所有订单表，状态是未支付的那些订单且下单时间是最近31（30+X）分钟内。

3）对这些订单执行关单操作。

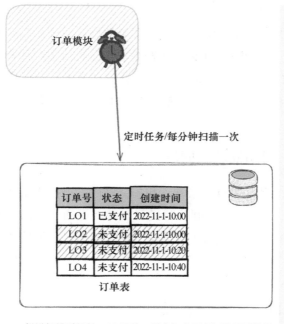

假设扫描时间是：11:00整，则会扫出两条订单需要关单

● 图 12-1　支付系统定时关单示意图

12.2　使用定时任务处理延迟任务的一些问题

以上使用定时任务的方案很清晰，但是存在几个问题是需要注意的。

▶▶ 12.2.1　时效性

定时任务假设是每 1min 执行一次，那么理论上这次关单的时效性最坏情况就是滞后了 1 分钟。例如 9：30：01 下了一个单，理想的关单时间是：10：00：01。而定时任务每 1min 执行一次，假设任务设置在整点执行，那么 10：00：00 的这次任务是会忽略 9：30：01 的这个订单的，因为这个订单只存活了 29min 59s，所以不在这个周期需要处理的订单内。而下次处理它的时候已经到了 10：01：00，足足晚了 59s。当然这个时效性是可以缩小 X 去减少时延的，但是 X 越少，意味着扫描得越频繁，会带来一定的性能问题。而这个方案最大的问题恰恰就是性能。

▶▶ 12.2.2　扫描性能

由于订单数据可能很大，假设有 1000 万的订单数据，那么每次处理超时订单的时候都需要全表扫描这 1000 万订单的表，从中筛选出极少的部分进行关单的操作。虽然扫描的时候可以在索引层面做一些优化，但是总的来说这个代价还是巨大的。而且订单表还可能做了分库分表处理，例如分了 128 张表，那这时候就需要对 128 张表做全表的扫描，这样的开销无疑会更大。

▶▶ 12.2.3　单一周期处理量问题

在某些促销的时机，例如双 11 的凌晨，可能会一瞬间产生大量的订单，这里的订单假设也存在大量的超时订单，那么在 0：30 的时候可能有大量的订单需要做关单处理。但是极端情况下，一个定时任务的周期内可能处理不完所有的订单，这时候就可能导致后面的定时任务全部拥塞了。

12.3　认识 RocketMQ 延迟消息

▶▶ 12.3.1　RocketMQ 延迟消息的优点

在 12.2 节所讲的这些问题，如果使用定时消息的机制，几乎都能解决。例如双 11 的 00：00 有一笔订单，如果其没有支付，系统需要在 00：30 关闭此订单。那么在下单的时候程序可以发送一条定时消息，消息体中含有其订单号，并指定这条消息的投递时间为 00：30。那么在 00：30 的时候，关单的消费者就会接收到这个消息，然后解析出消息中的订单号去数据库查询其状态，如果其是未支付状态，则关闭该订单。

下面分析这个方案的好处。

1）时效性。时效性转换为定时消息投放的时效性，而通常消息中间件在这块的性能表现都不错。

2）扫描性能。由于不存在数据库扫描了，所以无论双 11 累计了多少的订单量，对于业务来说只是消费消息而已。

3）单一周期处理量。由于没有定时任务了，就没有所谓的周期而言。而对于一瞬间的高并发的订单量，在关单处理上都可以通过增加消费者的方式提高并发处理量。

而且用定时消息的方式远比使用定时任务手动扫描表的方式实现起来更简单、更优雅。

可见用定时消息的方式确实在性能、方案易用性上都更为出色。而 RocketMQ 有类似的支持定时消息机制，只不过它不支持任意精度的定时消息，只支持固定级别的定时消息，更准确地说是延迟消息。在刚刚关单的场景下，使用 RocketMQ 的延迟消息实现如图 12-2 所示。

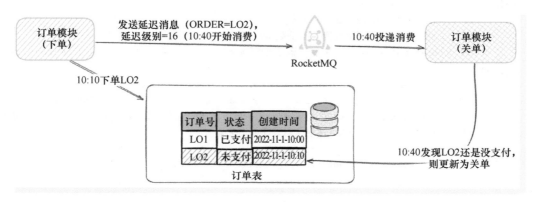

● 图 12-2 RocketMQ 延迟消息使用示意

▶▶ 12.3.2 RocketMQ 延迟消息的代码示意

相关的代码也非常简单，发送延迟消息的示意代码如下。

```
// 正常启动一个生产者
DefaultMQProducer producer = new DefaultMQProducer("DelayProducerGroup");
producer.start();

// 和普通消息一样,构建对应的消息体
String orderNo = "LO123456789";// 订单号
Message delayMsg=new Message();
delayMsg.setTopic("TOPIC-CLOSE-ORDER");
delayMsg.setBody("LO123456789".getBytes());// 延迟消息的消息体,这里只需要存放订单号即可

// 唯一不同:对消息设置延迟 level 为 16,默认配置下,16 对应为延迟 30min
delayMsg.setDelayTimeLevel(16);

// 和普通消息一样调用相同的方法进行发送
producer.send(delayMsg);// 发送消息,API 和普通发送消息一致

DefaultMQPushConsumer consumer = new DefaultMQPushConsumer("DelayCloseOrderConsum-
er");
consumer.subscribe("TOPIC-CLOSE-ORDER", "*");// 订阅延迟消息的主题
// 注册回调,里面有处理关单逻辑
```

```
consumer.registerMessageListener(new MessageListenerConcurrently() {
    @Override
    public ConsumeConcurrentlyStatus consumeMessage(List<MessageExt> messages, Con-
sumeConcurrentlyContext context) {
        for (MessageExt message : messages) {
            // 打印日志,通过时间差确认是否按预期的延迟投递
            System.out.printf("接收到延迟消息[msgId=%s %d  ms later]\n", message.get-
MsgId(),
                System.currentTimeMillis() - message.getStoreTimestamp());
            String orderNo = new String(message.getBody());// 从消息体里解析出订单号
            orderDao.closeOrderIfUnpaid(orderNo);// 检查订单,如果超时就执行关单操作。注意
这里的代码,假设程序有一个 orderDao 的对象封装好了此逻辑
        }
        return ConsumeConcurrentlyStatus.CONSUME_SUCCESS;
    }
});
```

而怎样知道延迟的时间和级别之间的关系呢？在 Broker 里面有一个配置项叫作 messageDe-layLevel，在不修改设置的情况下总共有 18 个级别，其值如下。

```
1s 5s 10s 30s 1m 2m 3m 4m 5m 6m 7m 8m 9m 10m 20m 30m 1h 2h
```

其中后面的字母表示单位，分别是秒（s）、分钟（m）、小时（h）和天（d）。

而这里每个位置就是 delay level 的值（从 1 开始计算），所以 30 分钟在默认的配置下就是 16。

一般情况下，默认的等级已经够用。若不够用通常只需要往后追加级别即可，例如需要一天后生效的则改为 1d。

12.4　延迟消息实现原理

▶▶ 12.4.1　RocketMQ 延迟消息存储实现

RocketMQ 的延迟消息和事务消息一样，存储上并没有区分处理。在消息存储上也是 com-mitlog+consumequeue 的机制，所以其存储的可靠性和普通消息是一样的。也就是说消息不会因为单一一个 Broker 的不可用而丢失，因为消息存储是多副本处理的。

▶▶ 12.4.2　RocketMQ 延迟消息转存

但是 RocketMQ 的延迟消息怎样实现在时间到达之前不投递的呢？答案和事务消息一样——转存。RocketMQ 的 Broker 在处理消息存储前，如果发现消息是设置了 delayLevel 的，会

把消息转存到主题 SCHEDULE_TOPIC_XXXX，由于这个主题没有消费者订阅，所以这个消息就不会被消费到。转存的过程中，会把真实的主题存储到属性 REAL_TOPIC 中，而真实的队列 ID 则存储在 REAL_QID 中。转存的逻辑处于源码的 Commitlog.java 中，以下是核心的代码片段。

```
// 如果消息是延迟消息
if (msg.getDelayTimeLevel() > 0) {
    if (msg.getDelayTimeLevel() > this.defaultMessageStore.getScheduleMessageService
().getMaxDelayLevel()) {
msg.setDelayTimeLevel(this.defaultMessageStore.getScheduleMessageService().getMax-
DelayLevel());
    }

    // 主题改为延迟消息的主题暂存
    topic = TopicValidator.RMQ_SYS_SCHEDULE_TOPIC;
    // 队列则依据其延迟级别计算得出
    int queueId = ScheduleMessageService.delayLevel2QueueId(msg.getDelayTimeLevel());

    // 在消息中备份原来真实的主题和真实的队列
    MessageAccessor.putProperty(msg, MessageConst.PROPERTY_REAL_TOPIC, msg.getTopic
());
    MessageAccessor.putProperty(msg, MessageConst.PROPERTY_REAL_QUEUE_ID, String.val-
ueOf(msg.getQueueId()));
msg.setPropertiesString(MessageDecoder.messageProperties2String(msg.getProperties
()));

    msg.setTopic(topic);
    msg.setQueueId(queueId);
}
```

当到投递时间的时候，RocketMQ 有一个调度的模块会把这些到投递时间的消息重新恢复回原主题原队列，这时候就能正常消费了。那么 RocketMQ 怎样知道每个消息的具体投递时间的呢？答案是用存储的时间+延迟级别计算。计算之后，会把这个投递时间的绝对值存起来，存储的位置就是 consumequeue。但是 consumequeue 其实并没有多少个字段。RocketMQ 在处理存储的时候有个巧妙的地方——把时间存储在 TagCode 中。这也是为什么 consumequeue 的 Tag-Code 设计成 8B 的原因，因为延迟主题的队列里，需要存储的是时间戳，如图 12-3 所示。

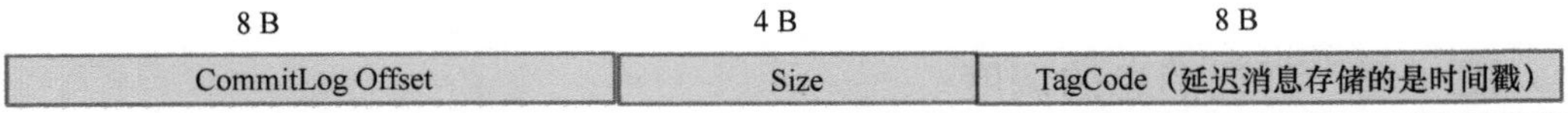

8 B	4 B	8 B
CommitLog Offset	Size	TagCode（延迟消息存储的是时间戳）

● 图 12-3　consumequeue 存储组成

tagCodes 字段在延迟消息里很关键，因为 RocketMQ 在做延迟消息调度的时候需要依赖这个字段来判断消息到达调度时间没有。

▶▶ 12.4.3　延迟主题的队列

延迟消息的转存逻辑和事务消息的转存逻辑如出一辙。但是从前文的源码可以看到，SCHEDULE_TOPIC_XXXX 主题的队列数量并不是一个，否则就不会有通过延迟级别计算队列 ID 的逻辑了。

那么具体延迟主题的队列有几个呢？答案是根据 messageDelayLevel 的配置而定。以默认的设置为例，默认的设置下有 18 个级别。那么就会存在 18 个队列，每个队列存储对应的延迟级别的消息，队列 0 存储级别 1 的消息，队列 1 存储级别 2 的消息，以此类推，如图 12-4 所示。

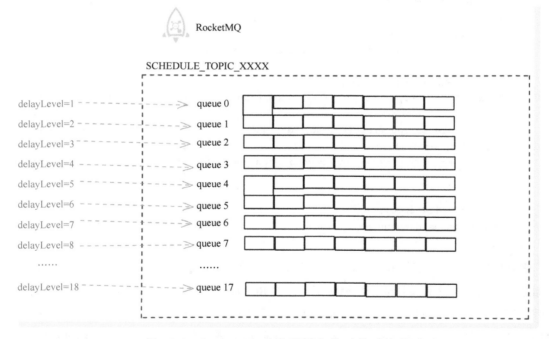

● 图 12-4　RocketMQ 延迟级别与队列的对应关系

有些读者可能会问，为什么这里的存储结构不能简单一点，只用一个队列存储呢？后面的内容会解答。

▶▶ 12.4.4　延迟消息的调度

实际上，RocketMQ 也是程序员写出来的，需要做调度就避免不了写定时任务。RocketMQ

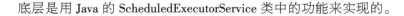
底层是用 Java 的 ScheduledExecutorService 类中的功能来实现的。

▶▶ 12.4.5 调度的性能问题

但是这里有一个扫描的难题，consumequeue 是不支持基于延迟级别搜索的，也不支持针对某个延迟消息进行删除的，也就是说如果 consumequeue 中有 10000 条延迟消息，其中有 5000 条已经投递了。假设每一秒都有 100 条是当前时刻需要投递的，不特殊处理的情况下，RocketMQ 只能全量扫描 10000 条消息去筛选这 100 条消息。而到下个周期，RocketMQ 还得扫描 10000 条消息去筛选下一个 100 条消息，这样的扫描负担就非常大了。这个问题实际上与一开始提到的定时任务的问题是一致的（全表扫描性能负担大）。

读者可能会想，RocketMQ 可以记录一个投递进度，扫描过并投递过的那些消息就不再扫描，这样就可以缩小扫描的数据集了，就像事务消息的虚拟消费者 CID_RMQ_SYS_TRANS 那样。

这是一个好思路，但是这里还有一个问题，消息的存储顺序和消息的投递顺序是不一致的。如图 12-5 所示，MSG1、MSG2、MSG3 按顺序存储，但是投递的时间可能是 MSG3、MSG1、MSG2。

MSG1
（发送时间09:55）
（投递时间10:55）

MSG2
（发送时间09:56）
（投递时间10:56）

MSG3
（发送时间09:57）
（投递时间09:58）

offset=98   offset=99   offset=100

● 图 12-5　RocketMQ 延迟消息——延迟消息的存储顺序与投递顺序不一致

如果这三条消息都存储在一个 consumequeue 的情况下，当前时间如果是 09：58，RocketMQ 会把 MSG3 投递出去，也就是说这次周期处理到了位点 100 的位置。但是下次不能直接从 100 开始扫描，因为 100 之前的消息（98、99）还有一些消息的投递时间是在未来的。

这时候读者可能会想，是否参考事务消息的处理方式，再设计一个 OP 主题去记录每个延迟消息的处理情况。但是由于延迟消息的调度周期远比事务消息重试的消息要密集，用这个机制的话会产生大量的重复消息的存储，对于性能是极大的负担。所以 RocketMQ 并没有再设计一个 OP 主题去管理这些消息的投递状态。

虽然消息的存储顺序和消息的投递顺序不一致，但是同一个级别下的消息，存储顺序和投递顺序是一致的。例如 MSG1、MSG3 都是延迟 10min 投递，MSG2、MSG4 都是延迟 5min 投递，那么如果它的存储顺序是 MSG1、MSG2、MSG3、MSG4 的话，在相同 10min 级别的消息里，投递顺序肯定是先 MSG1 再 MSG3；在相同 5min 的投递级别里，投递顺序肯定是先 MSG2 再 MSG4，如图 12-6 所示。

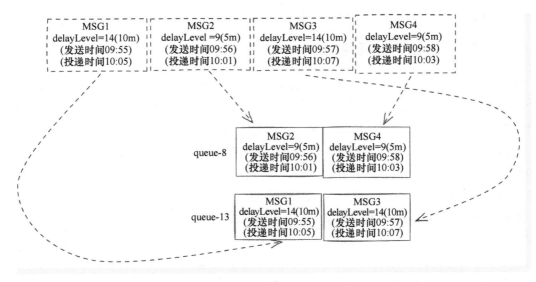

● 图 12-6 延迟消息存储——同一延迟级别下投递顺序与存储顺序一致

▶▶ 12.4.6 分队列调度解决投递顺序问题

说到这里，读者可能已经猜到前面问题的答案了。

为什么 RocketMQ 的 SCHEDULE_TOPIC_XXXX 主题里，队列数量不简单设计成一条，而是设计成多条？

原因就在于让队列 ID 和延迟级别一一对应起来，那么队列中消息的存储顺序就和投递顺序一致了。如图 12-7 所示，两个队列中存储的消息是按照投递时间来排序的。

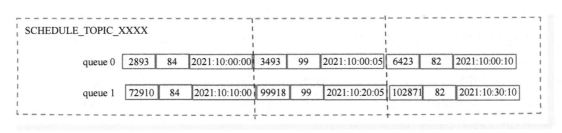

● 图 12-7 分队列调度不同级别的延迟消息

既然每个队列里的消息是按照投递时间排序的，而且每个队列的延迟级别也是一样的，也就是说，已经投递过的消息，以后扫描的时候肯定不需要扫描了。所以任务进度是可以一直向前的，并且以延迟级别的维度存储，一个延迟级别，一个投递进度。这个投递的进度存

储在 $HOME/store/config/delayOffset.json 中，便于以后 Broker 重启的时候能记住之前的投递位置。其存储的格式很简单，如下所示。

```
{
"offsetTable":{1:14,2:1,3:10,4:10,5:10,6:10,7:10,8:10,9:0}
}
```

▶▶ 12.4.7　调度的性能优化

这里调度还有一个优化点，因为消息是按照投递时间顺序排序的（实际上是按照存储时间排序的，但是相同延迟级别下，存储时间排序就等于投递时间排序）。

在扫描的时候实际上每次只需要扫描下一条消息，因为如果下一条都没有到投递时间的话，接下来的消息是不用处理的。而如果下一条消息已经到了投递时间，那么投递后就立刻扫描下一条消息。

▶▶ 12.4.8　调度的延迟

RocketMQ 的调度器实际上也是普通的调度任务，所以这里肯定是带一定延迟的。以下情况下可能会带来一定的消息投递的延迟。

1）扫描的时候发现消息已经满了。如当前只有 100 个延迟消息，已经全部投递出去了。RocketMQ 会"睡眠"一小会，再回来检查是否有消息需要投递。这个睡眠的时间是 100ms。也就是说可能会造成最大 100ms 的延迟。

2）第一条消息都没有到达投递时间。如当前时间是 10:00.00.000，该队列第一条消息投递时间是 10:00.00.001，也就是差一毫秒还没到达投递时间，RocketMQ 也会"睡眠"小会才会进行下一轮的扫描。这个"睡眠"的时间是 100ms。也就是说这种场景下会带来最多 100ms 的延迟。

3）延迟消息调度堆积。延迟消息在调度的过程中是需要存储一份新的消息到新的主题的，这里有 IO 操作。如果一瞬间需要投递的延迟消息非常多，可能有些延迟消息恢复原主题的过程有所延迟，造成消息投递的延迟。

12.5　实现任意精度的定时消息

RocketMQ 延时消息毕竟只能支持预设好的精度，但是某些时候系统可能需要一个定时消息的功能。

假设有这么一个需求：当每一个用户新注册后的第二天早上 6 点，需要进行一条信息的推送。这时候预设精度可能就不满足了。因为在 23：00：00 的时候注册触发了一条消息，这条消息需要延迟 6 个小时后投递，但如果是 23：00：01 发生的注册而触发消息的发送，延迟的时间就是 5 小时 59 分 59 秒。

▶▶ 12.5.1　简易逼近法

下面先介绍一种最简单的解决思路。

思考这样的一个问题，假设一个人 1 步能走 0.5m，那么这个人从家走去附近的学校需要走 500m，难道这个人就没办法过去了吗？显然不是，这个人可以重复地走 1000 步就能到学校，如图 12-8 所示（注：下图比例并不是真实比例，仅作为简单示意）。

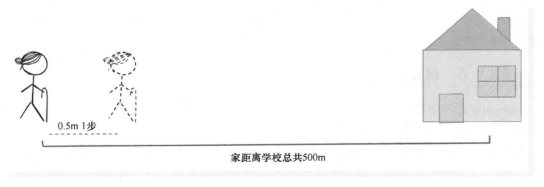

● 图 12-8　走路至学校示意图

同样的道理也可以应用在延时消息这里，假设 09：58：59 系统发送了一条定时消息，这条消息需要 10：00 整点发送一条短信，也就是延时 1min01s（61s）后触发一条短信通知。那么理论上只需要经过 61 次 1s 的 RocketMQ 延时消息，就可以达到 1min01s 的时间点了，之后程序才触发发送短信的逻辑。

那么最粗略的方案就出来了，如图 12-9 所示。

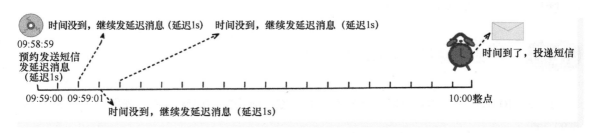

● 图 12-9　粗略的定时消息方案示意

当需要一个定时消息的时候，就把对应的投递时间放置在消息体中（例如设计一个 deliveryTime 的字段去存储）。在前面的例子里，所要实现的是在下一个小时的整点进行一个短信通知，那么系统可以计算好这个整点的时间戳，把此时间放到消息体里。消费者消费的时候先比对一下当前时间到预期时间没有，到了就触发逻辑，没有到就把这个消息重新再发送回原来的 Topic。

大概的代码（其中有一些伪代码）如下所示。

```java
consumer.registerMessageListener(new MessageListenerConcurrently() {
    @Override
    public ConsumeConcurrentlyStatus consumeMessage(List<MessageExt> msgs,
        ConsumeConcurrentlyContext context) {
        for (MessageExt msg: msgs) {
            // 解析这条消息成为一个自定义的结构,通常情况下就是 JSON 反序列化
            MyMsg myMsg = parse(msg);
            // 拿到这个消息目标投递的时间戳
            long deliveryTime = myMsg.getDeliveryTime();
            // 如果时间已经到了,就立刻执行消费逻辑
            if (System.currentTimeMillis() >= deliveryTime) {
                handle(myMsg);// 做对应的消费逻辑
            } else {//时间没到,就继续重复发送这条消息,等到时间到了才执行消费逻辑
                // 复制这个消息
                MessageExt newMsg = cloneMsg(msg);
                // 新消息固定延迟 1s
                newMsg.setDelayTimeLevel(1);
                // 把这个新消息发送回原主题,新消费的时候会重复一样的逻辑,如果时间还没到会继续重
复发送
                sendMsg(newMsg);
            }
        }
        // 已经发送新消息回主题了,这条消息就可以认为消费成功了
        return ConsumeConcurrentlyStatus.CONSUME_SUCCESS;
    }
});
```

这个方案能解决任意时刻的定时消息问题，精度误差在 1s 内（因为 delayLevel 最小就是 1s）。

▶▶ 12.5.2　最优逼近法模拟任意时刻的定时消息

以上的简易逼近法确实可以模拟任意时刻定时消息的表现，但是代价十分沉重，需要把一个消息重新发送 N 次，而这个 N 的数值非常巨大。如果要延迟 10h 零 1s，那么 $N = 36001$，也就是说消息需要重复发送 36001 次才能完成。这显然代价太大了。

在此基础上还可以做一定的改进。以默认的 **RocketMQ** 延时级别为例，其总共有 18 个级别。如果开发人员把所有的级别都利用起来，那么当要延迟 10h 零 1s，可以这样去逼近：

1）先延迟 2h（延迟级别＝18），延迟消费的时候距离目标时间还有 8 小时零 1s。

2）再延迟 2h（延迟级别＝18），延迟消费的时候距离目标时间还有 6 小时零 1s。

3）再延迟 2h（延迟级别＝18），延迟消费的时候距离目标时间还有 4 小时零 1s。

4）再延迟 2h（延迟级别＝18），延迟消费的时候距离目标时间还有 2 小时零 1s。

5）再延迟 2h（延迟级别＝18），延迟消费的时候距离目标时间还有 0 小时零 1s。

6）再延迟 1s（延迟级别＝1），延迟消费的时候即到达了定时触发的时间

那么对于这样一条定时消息，系统需要最多发送 6 次消息，即可达到目标，如图 12-10 所示。

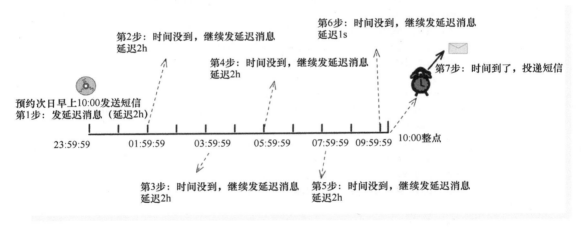

● 图 12-10　最优逼近法示意图

要实现最优逼近法，实现其实很简单，只需要发送新消息前，计算一个最接近的 **delayLevel** 即可，其代码大概如下。

```
consumer.registerMessageListener(new MessageListenerConcurrently() {

    @Override
    public ConsumeConcurrentlyStatus consumeMessage(List<MessageExt> msgs,
        ConsumeConcurrentlyContext context) {
        for (MessageExt msg: msgs) {
            MyMsg myMsg = parse(msg);
            long deliveryTime = myMsg.getDeliveryTime();
            if (System.currentTimeMillis() >= deliveryTime) {
                handle(myMsg);// 做对应的消费逻辑
```

```
        } else {
            // 复制这个消息
            MessageExt newMsg = cloneMsg(msg);

            // 计算最接近投递时间的一个延迟级别
            int  nextDelayLevel =  countNextDelayLevel(deliveryTime);
            newMsg.setDelayTimeLevel(nextDelayLevel);
            // 把这个新消息发送回原主题,新消费的时候会重复一样的逻辑,如果时间还没到会继续重
复发送

            sendMsg(newMsg);
        }
    }
    System.out.printf("%s Receive New Messages: %s %n", Thread.currentThread().
getName(), msgs);
    return ConsumeConcurrentlyStatus.CONSUME_SUCCESS;
    }
});
```

其中 countNextDelayLevel 实现代码如下。

```
public static int countNextDelayLevel(long deliveryTime) {
    long now = System.currentTimeMillis();
    long[] delayTimes = new long[]{
        now + TimeUnit.SECONDS.toMillis(1),// 1s
        now + TimeUnit.SECONDS.toMillis(5),// 5s
        now + TimeUnit.SECONDS.toMillis(10),// 1s
        now + TimeUnit.SECONDS.toMillis(30),// 1s
        now + TimeUnit.MINUTES.toMillis(1),// 1m
        now + TimeUnit.MINUTES.toMillis(2),// 2m
        now + TimeUnit.MINUTES.toMillis(3),// 3m
        now + TimeUnit.MINUTES.toMillis(4),// 4m
        now + TimeUnit.MINUTES.toMillis(5),// 5m
        now + TimeUnit.MINUTES.toMillis(6),// 6m
        now + TimeUnit.MINUTES.toMillis(7),// 7m
        now + TimeUnit.MINUTES.toMillis(8),// 8m
        now + TimeUnit.MINUTES.toMillis(9),// 9m
        now + TimeUnit.MINUTES.toMillis(10),// 10m
        now + TimeUnit.MINUTES.toMillis(20),// 20m
        now + TimeUnit.MINUTES.toMillis(30),// 30m
        now + TimeUnit.HOURS.toMillis(1),// 1h
        now + TimeUnit.HOURS.toMillis(2),// 2h
        };

    int returnIndex = 0;
```

```
for (int i= delayTimes.length-1; i>=0 ;i--) {
    long time = delayTimes[i];
    if (time > deliveryTime) {
        continue;
    } else {
        returnIndex = i;
        break;
    }
}

return returnIndex + 1;
}
```

▶▶ 12.5.3 代理定时消息方案

上面逼近法的处理手段能再通过有限的消息重发实现精确的定时消息（误差在 1s 内），已经能基本满足所有定时消息的需求了。但是该方案有一点不优雅，原因在于消费者本来是对定时消息无感的，以短信推送的消费者来说，本来短信推送消费者只要接收到消息投递立刻推送就可以了，它甚至都不用关心这个消息是定时消息还是普通消息。然而按照逼近法的方案后，消费者必须要感受投递的时间，而且还要自己处理重发消息的逻辑。如果需要精确定时消息的地方只有零星一两个的话，这样实现是比较便捷的，但是如果很多地方都需要发送精确定时消息，那么就会带来很大的开发维护成本。

在此，可以考虑创建一个定时消息的代理服务，如图 12-11 所示。

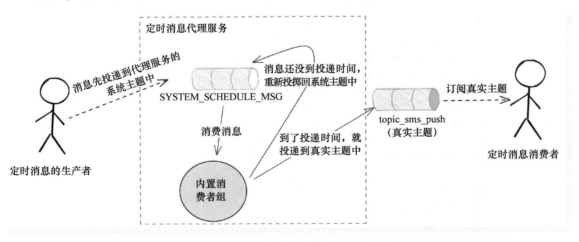

● 图 12-11　定时消息的代理服务方案示意

消息的发送者需要发送定时消息的时候，把消息发送到一个预留的主题中，如 SYSTEM_

SCHEDULE_MSG，其中在属性中设置好一个投递时间还有真正的目标主题，图 12-11 中示意的即是短信推送的主题 topic_sms_push。

然后有一个代理服务专门消费这个 SYSTEM_SCHEDULE_MSG 的主题，消费逻辑则用逼近法计算出合理的延迟等级，然后重发回去，到消息投递时间后，才真实投递到目标主题 topic_sms_push 中，这时候短信推送的消费者收到消息之后，就能立刻发送短信了。

这种定时消息代理服务的方式能屏蔽所有定时消息的内部逻辑，使得生产者和消费者都能方便地接入，而且因为 RocketMQ 内置实现的延迟消息功能已经很强大了，所以实现成本并不高。

▶▶ 12.5.4　5.x 版本定时消息展望

实际上，在规划的 5.x 版本中，RocketMQ 已经在设计精确的定时消息了，其使用方式也很简单，以下是官网对于 5.x 版本的使用例子。

```
// 定时/延时消息发送
MessageBuilder messageBuilder = null;
// 以下示例表示:延迟时间为 10min 之后的 UNIX 时间戳
Long deliverTimeStamp = System.currentTimeMillis() + 10L * 60 * 1000;
Message message = messageBuilder.setTopic("topic")
    // 设置消息索引键,可根据关键字精确查找某条消息
    .setKeys("messageKey")
    // 设置消息 Tag,用于消费端根据指定 Tag 过滤消息
    .setTag("messageTag")
    .setDeliveryTimestamp(deliverTimeStamp)
    // 消息体
    .setBody("messageBody".getBytes())
    .build();
try {
    // 发送消息,需要关注发送结果,并捕获失败等异常
    SendReceipt sendReceipt = producer.send(message);
    System.out.println(sendReceipt.getMessageId());
} catch (ClientException e) {
    e.printStackTrace();
}
```

可以看到，其和目前版本的延迟消息的区别仅仅在于把 delay level 的相关参数改成了 delivery timestamp 的参数。

12.6　本章小结

本章介绍了 RocketMQ 延迟消息适用的一些场景，而且阐述了其对比定时任务的优势。

随后展开介绍了延迟消息的实现原理，其中关键性的设计是其存储上复用了消息存储的设计，但是使用了延迟主题暂存了消息。同时还介绍了延迟消息队列的设计，及其调度器的设计细节。

最后作为实践扩展，还介绍了如何利用 RocketMQ 的延迟消息去实现定时消息的功能。介绍了简易逼近法和最优逼近法两种方法，都可以轻松地实现定时消息。同时也介绍了采用构建代理的方式去实现一个较为通用的定时消息服务，能在屏蔽所有实现细节的前提下提供一个定时消息的通用能力。

12.7　思考题

如果使用逼近法实现定时消息的服务，在实践的过程中需要注意哪些方面呢？

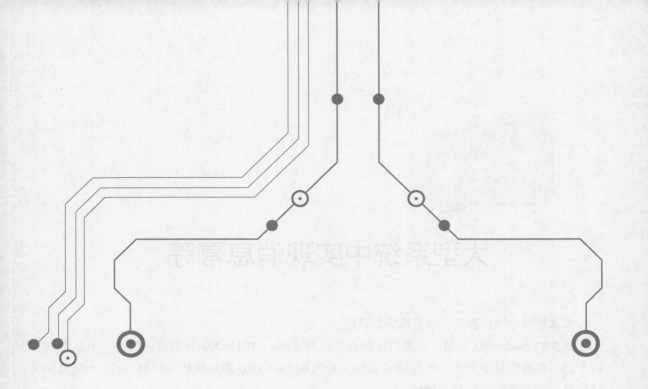

进 阶 篇

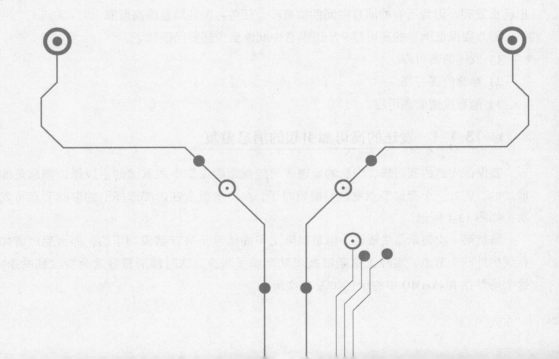

第13章

►►►►►►►

大型系统中实现消息幂等

本章将讨论消息重复、消息幂等的话题。

在接触 RocketMQ 之前，读者可能接触过类似 Kafka、RabbitMQ 等消息中间件，所以对这两个词汇本身应该不陌生。同时读者也经常会在各 RocketMQ 最佳实践里听到过："一定要保证消息消费的幂等"这样的建议。

这到底为什么呢？具体幂等应该怎样实现呢？本章内容会来解答这些问题。

13.1 为什么消息中间件的消息会重复

实际上，消息重复的话题在使用任何消息中间件的时候都需要面对。那么为什么消息会出现重复呢？因为所有的消息中间件都有一个任务：保证消息的高可靠。

因为要保证消息的高可靠，所以消息中间件至少需要保证如下。

1）发送的高可靠。

2）存储的高可靠。

3）消息投递的高可靠。

►► 13.1.1 发送的高可靠引起的消息重复

要保证发送的高可靠，消息的发送者可能就需要采取一些重试的手段保证消息是能发送成功的。例如一个存储节点发送可能超时了，生产者就会在内部选择别的存储节点再发送一次，如图 13-1 所示。

虽然第一次显示是失败了，但是实际上可能消息是被存储成功了的，那么生产者如果转存到另外一个节点，实际上这条就被成功存储了两次，这时候消费者就会接收到两条消息。这个场景在 RocketMQ 中的示意如图 13-2 所示。

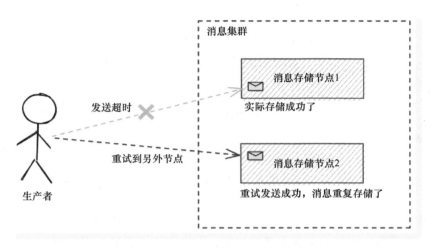

● 图 13-1　发送超时导致消息重复示意

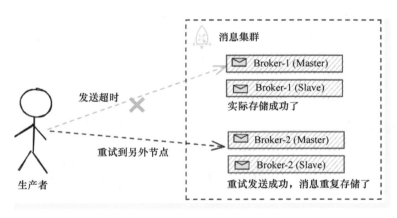

● 图 13-2　在 RocketMQ 中发送超时导致消息重复示意

▶▶ 13.1.2　存储的高可靠引起的消息重复

要保证存储的高可靠，消息中间件除了消息持久化外，还需要做副本的处理。例如 RabbitMQ 镜像队列，Kafka 的 ISR 等都会对消息进行多副本的同步。

这里的消息副本在某些场景下是会承担消息高可靠的作用的，例如在某个主节点不可用的时候，副本会保证消息的投递不会因为单一副本的失效而不可用。

但是这里可能就会出现这样一个场景：主副本的消息投递出去之后"挂掉"了，这时候备用的副本会顶替主副本进行运作，消息会从新替代的副本中又投递出去一份，如图 13-3 所示。

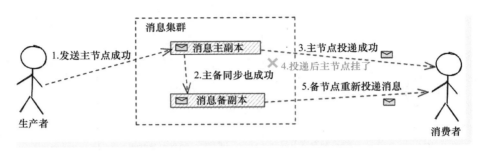

● 图 13-3　消息集群异常导致消息重复投递

这时候从消费者的角度来看，两份一模一样的消息就收到了两次。因为消息第一次是从原来的主副本中获取，而在备副本运作的时候，可能因为消息确认等机制还没同步完成，导致新的副本认为这条消息之前没消费过，就又投递出去一次了。这种情况常发生在主备切换等场景。而在 RocketMQ 的场景下，常见于 Master 不可用，而从 Slave 消费的情况，如图 13-4 所示。

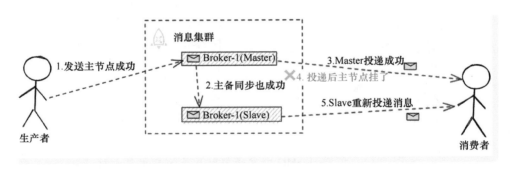

● 图 13-4　Master 异常导致消息重复投递

▶▶ 13.1.3　消息投递的高可靠引起的消息重复

要保证消息投递的高可靠，消息中间件就需要明确得到消费者的确认机制后，才能把消息"删除"，否则消息就需要在未来的某个时间继续投递，直到消息能被至少消费成功一次为止。但有可能会出现这样一种情况，消费者接收到了消息，消息实际上也已经消费成功了，但是确认的环节出现了问题，例如确认前消费者重启了，导致无法成功确认。这时候对于消息中间件而言，是不知道消息被成功消费了的，它能做的就是在消费者在线的时候再次投递这条消息。这时候对于消费者而言，消息是被重新投递了，如图 13-5 所示。

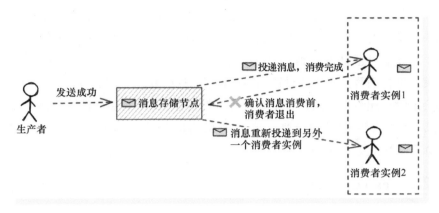

● 图 13-5　消费确认异常导致消息重复投递示意

　　而在使用 RocketMQ 的场景下，这个问题出现最常见的场景莫过于消费者重启、扩容等情况下触发重平衡。因为 RocketMQ 的消费进度是定期才异步同步一次的，如果在进度同步成功前出现重平衡，很可能在重平衡后一段时间内，已经消费过的消息都会被重新拉取一遍，如图 13-6 所示。

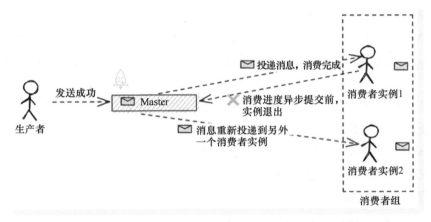

● 图 13-6　RocketMQ 重平衡导致消息重复投递示意

13.2　消息幂等

▶▶ 13.2.1　at least once

通常认为消息中间件是一个可靠的组件。这里所谓的可靠是指，只要系统把消息成功投递到了消息中间件，消息就不会丢失，即肯定会保证消息能被消费者至少成功消费一次，这是消息中间件最基本的特性之一，也就是"at least once"，即消息至少会被成功消费一次。

举个例子，一个消息 M 发送到了消息中间件，消息投递到了消费程序 A。A 接收到消息，然后进行消费，但在消费到一半的时候程序重启了，这时候这个消息并没有标记为消费成功。这个消息还会继续投递给这个消费者，直到其消费成功了，消息中间件才会停止投递。

然而正是因为这种可靠的特性，导致消息可能被多次地投递，即消息重复。这在 RockectMQ 的场景下，就是同一个 messageId 的消息重复投递下来了。

▶▶ 13.2.2 exactly once

消息的投递可靠（消息不丢）相比于消息不重复是优先级更高的，而且一定程度上是矛盾的。所以消息去重的任务就需要转移到应用程序自我实现，这也是为什么 RocketMQ 的文档里强调：消费逻辑需要自我实现幂等。背后的逻辑其实是因为消息不丢和不重是矛盾的（在分布式场景下），消息重复对于应用程序来说有解决方案，但是消息丢失却是很难修复的，所以两者相比，消息中间件就保证消息不丢，应用则保证消费不重复。这里的消费不重复就是所说的消息幂等。

简单地说，消息幂等就是消息去重。从结果上看，消息幂等就是实现这样一个效果：即使一个消息被重复投递了多次，但是最终它和只消费一次的效果是一样的。例如创建订单的消息，消费 1 次和消费 100 次，最后也仅会创建一个订单，那么创建订单这个消息就是幂等的。

而在消息中间件里，有一个投递语义的概念，而这个语义里有一个叫作"exactly once"，即消息肯定会被成功消费，并且只会被消费一次。以下是 exactly once 的解释。

exactly once 是指发送到消息系统的消息只能被消费端处理一次，即使生产端重试消息发送导致某消息重复投递，该消息在消费端也只被处理一次。在业务消息幂等处理的领域内，如果最后消费业务消息的逻辑肯定会被执行且只会执行一次，那么就可以认为是 exactly once。

可以看到，exactly once 实际上和消息幂等要实现的目的是一样的。

13.3 基于业务逻辑实现消息幂等

▶▶ 13.3.1 基于数据库的去重实现

假设业务消息的消费逻辑是：插入某张订单表的数据，然后更新库存，大概流程如下（注：为了简易地阐述逻辑，以下代码属于伪代码）。

```
insert into t_order values .....
update t_inv set count = count-1 where good_id = 'good123';
// 要实现消息的幂等,开发人员可能会采取如下的方案
select * from t_order where order_no = 'order123'

if(order   != null) {
    return ;// 消息重复,直接返回
}
```

这在很多情况下，的确能起到不错的效果，但是在并发场景下，还是会有问题。

▶▶ 13.3.2　基于数据库去重的并发问题

假设消费的代码逻辑总体的耗时加起来需要 1s，有重复的消息在这 1s 内（假设 100ms）到达（如生产者快速重发、Broker 重启等），那么很可能从上面的去重代码里发现，数据依然是空的（因为上一条消息还没消费完，还没成功更新订单状态）。那么就会穿透检查的挡板，最后导致重复的消息消费逻辑进入非幂等安全的业务代码中，从而引发重复消费的问题（如主键冲突抛出异常、库存被重复扣减而没释放等）。

▶▶ 13.3.3　加锁解决基于数据库去重的并发问题

要解决上面并发场景下的消息幂等问题，一个可取的方案是开启事务，把 select 改成 select for update 语句，并把记录锁定。

```
select * from t_order where order_no = 'THIS_ORDER_NO' for update  // 开启事务
if(order.status == ORDER.SUCCESS) {//
    return ;// 消息重复,直接返回
}
```

但这样消费的逻辑会因为引入了事务包裹而导致整个消息消费时间可能变长，并发度下降。这时候开发者也可以基于乐观锁解决。

▶▶ 13.3.4　乐观锁解决基于数据库去重的并发问题

为了解决并发重复的问题，在加锁方面可以采取类似乐观锁的方式，例如更新订单状态采取乐观锁（where 条件筛选的时候带状态筛选）。以下是更新订单状态的乐观锁示意的伪代码。

```
// select * from t_order where order_no = 'THIS_ORDER_NO'
Order order = doSelect();// 正常判断订单是否存在
if(order.status == ORDER.SUCCESS) {
    return ;// 消息重复,直接返回
```

```
}

// 来到这里,证明在 select 的瞬间订单的状态是待处理的,接下来对订单的状态进行修改
// 因为要处理并发消息的问题,所以更新的 where 条件中,除了设置订单号外,还增加了状态的补充筛选
int count =  doUpdate();// update  t_order set status ='success'where order_no ='THIS_
ORDER_NO' AND status ='processing';// 搜索带状态搜索

// 前面 update 带了状态,如果更新行数为 0,证明之前的状态已经发生了变更,可以认为是重复消费
if (count ==0) {
   return;// 直接幂等返回
}
```

当然在真实处理场景的时候,需要针对具体业务场景做更复杂和细致的代码开发、库表设计,细节不在本文讨论的范围。

▶▶ 13.3.5　基于业务逻辑实现消息幂等的局限性

无论是 select for update,还是乐观锁这种解决方案,实际上都是基于业务表本身做去重,这无疑增加了业务开发的复杂度。一个业务系统里大部分的请求处理都是依赖 MQ 的,如果每个消费逻辑都需要基于业务做去重/幂等的开发,这是相当烦琐的工作。

那么有没有可能有一些通用的去重方案是可以适用于所有的场景的呢?

13.4　基于数据库事务的消息表实现消息幂等

▶▶ 13.4.1　基于数据库事务的消息表的实现

实际上如果利用好数据库的事务能力,是可以实现一套通用的消息幂等方案的。

假设业务的消息消费逻辑是:更新 MySQL 数据库的某张订单表的状态。

```
update t_order set status ='SUCCESS'where order_no ='order123';
```

要实现这个消息只被消费一次(并且肯定要保证能消费一次),可以这样做:在这个数据库中增加一个消息消费记录表,把消息插入这个表,并且把原来的订单更新和这个插入的动作放到同一个事务中一起提交,就能保证消息只会被消费一次了。

1)开启事务。

2)插入消息表(处理好主键冲突的问题)。

3)更新订单表(原消费逻辑)。

4)提交事务。

这时候如果消息消费成功并且事务提交了，那么消息表肯定也插入成功了。即便 RocketMQ 还没有收到消费位点的更新再次投递，也会视为已经消费过，后续就直接更新消费位点了。可保证消费代码只会执行一次。

而如果事务提交之前服务挂了（例如重启），对于本地事务并没有执行，所以订单没有更新，那么消息表肯定也没有插入成功。对 RocketMQ Broker 来说，消费位点也没更新，所以消息还会继续投递下来。再投递的时候，消费者会发现这个消息插入消息表是可以成功的，所以可以继续消费。这保证了消息不丢失。

基于这种方式，的确是有能力拓展到不同的应用场景，因为这个实现方案与具体业务本身无关，而是依赖一个消息表。

使用这种方案需要注意的是，消息表设计时不应该以消息 ID 作为唯一的主键，而应该以业务主键作为唯一主键更为合理。

因为某些场景下，生产者会重发，而生产者重发的场景，消息 ID 是可能不一样的。消息表完全基于消息 ID 做去重应对不了这种生产者重发的场景。

▶▶ 13.4.2　基于数据库事务的消息表的局限性

这个方案看起来挺完美的，但是有它的局限性。

1）消费逻辑必须是仅依赖于关系型数据库，消费过程中还涉及其他数据的修改，例如 Redis、ES 这种不支持事务特性的数据源。这是因为非关系型数据库通常不支持事务，那就无法保证插入消息表和操作业务表是原子性的。

2）消费逻辑过程不能依赖外部的 RPC 调用、消息中间件消息发送等。这也是因为不能保证外部的调用和消息表的插入是原子性的。

3）数据库必须是在一个库中，跨库的情况则无法利用这个方案，因为跨库的场景无法利用一个事务一起处理跨库事务和消息表的插入。例如消费逻辑需要同时操作订单库和商品库，消息表设计在订单库，那么商品表就无法和消息表、订单表保持原子性了。

4）由于基于数据库事务，可能导致锁表时间过长，引起消费并发能力弱等问题。

13.5　基于无锁的消息表的通用幂等方案

▶▶ 13.5.1　复杂业务消费场景

如上所述，要做到完整的消息幂等实现，利用数据库事务+消息表的方式实际上有很多局限性。这些局限性使得这个方案基本不具备广泛应用的价值。

以一个比较常见的一个订单申请的消息来举例，假设订单服务需要以下几步来完成整个消费逻辑。

1）检查库存（RPC）。

2）锁库存（RPC）。

3）开启事务，插入订单表（MySQL）。

4）调用某些其他下游服务（RPC）。

5）更新订单状态。

6）commit 事务（MySQL）。

这种情况下，如果架构师采取消息表+本地事务的实现方式，实际上是无法完整达到目标的。因为消息消费过程中很多子过程是不支持回滚的，也就是说就算程序在整个消费的过程中开启一个事务，以 commit 订单库的提交才释放整个事务，实际上这背后的 6 步操作也不是原子性的。

以一个异常的场景举例，可能第一条消息经历了第二步锁库存后，订单服务重启了。这时因为调用锁库存是 RPC 的操作，很可能库存服务已经把库存锁定了，虽然订单服务的重启把订单服务开启的事务回滚了，这并不能回滚库存服务的数据。但 RocketMQ 会保证消息能至少消费一遍，所以会继续投递这条消息给订单服务。当消息再次消费的时候，就会重新触发第一步的检查库存和第二步的锁定库存的动作。从库存服务的角度来看，就是这两个 RPC 接口都被重复调用了，所以检查库存和锁库存的两个 RPC 接口本身在设计上也是要支持"幂等"的，否则整个流程很可能连一个都无法保证成功执行。

换句话说，用基于数据库的事务包裹整个消费流程去实现幂等，实际上是无法应对这种场景的。

所以面对复杂的消费场景，有时候要做到消息去重，最终还是会使用前面所说的基于业务逻辑去实现消息幂等，如前面加 select for update，或者使用乐观锁。

那么有没有方法抽取出一个公共的解决方案，能兼顾去重、通用、高性能呢？

其中一个思路参考 SEGA 事务的思想，把上面的几步拆解成几个不同的子消息，例如：

1）消息 A 先发送给库存系统消费：检查库存并做锁库存，发送消息 B 给订单服务。

2）订单系统消费消息 B：插入订单表（MySQL），发送消息 C 给自己（下游系统）消费。

3）下游系统消费消息 C：处理部分逻辑，发送消息 D 给订单系统。

4）订单系统消费消息 D：更新订单状态。

注：上述步骤需要保证本地事务和消息是一个事务的（至少是最终一致性的），要实现这点可以利用 RocketMQ 的事务消息的特性。

可以看到，这样的处理方法会使得每一步的操作都比较原子，而原子则意味着是单库的事务，单库的事务则意味着使用消息表+事务的方案是可行的。

然而，这太复杂了！仅仅为了解决消息重复消费的问题把一个本来连续的代码逻辑割裂成多个系统多次消息交互，是有点得不偿失的。真正落地时，复杂度大概率也会大于业务代码层面上的加锁实现幂等。真正使用的场景并不是太多。

前文讲到的基于数据库事务的消息表方案之所以有其局限性和并发的短板，究其根本是因为它依赖于关系型数据库的事务（否则无法保证消费的原子性），且必须要把事务包裹于整个消息消费的环节。

▶▶ 13.5.2　基于消息幂等表的非事务方案

设想一下，如果能不依赖事务而实现消息的去重，那么方案是否就可以推广到更复杂的场景，例如 RPC、跨库等场景，这样就是一个基于消息幂等表的非事务方案。设计上依旧有消息表的存在，但是在消息表的操作上引入消费状态的概念，在消费的过程中维护消费状态来实现无锁的通用幂等方案。整个流程如图 13-7 所示。

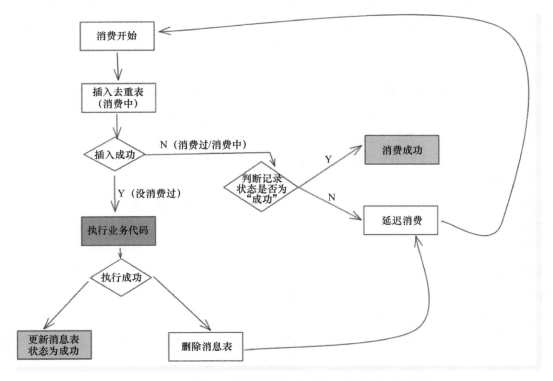

● 图 13-7　基于消息幂等表的非事务幂等方案流程

1）在消费开始的时候，会先针对这条消息插入到消息表，并且记录这条消息是消费中。

2）如果插入成功，那么证明这是一条新消息，则执行后面的业务代码逻辑。

3）如果遇到主键冲突导致插入不成功，说明这是一条重复消息。但是重复消息也分这条消息是已经消费成功过的，还是没消费完成的，所以需要判断其消费状态。如果是前者，因为已经消费成功过了，所以直接告诉 RocketMQ 消费成功即可；如果是后者则利用 RocketMQ 的延迟消费的逻辑，让消息重复消费。因为延迟之后消息很可能已经消费结束（成功或者失败）了，消息表的消费状态会发生变更，所以延迟消费的逻辑也会有所不同。如果已经消费成功了，那就直接返回成功。如果消费是失败的，那就正常消费一次，如果之前的消息还是消费中，那就继续延迟消费。

4）执行完业务代码之后，按照业务代码的执行结果去更新消息表的状态，如果执行成功，那么就更新为成功状态，这样以后有重复消息进来就会直接发现这是一个已经消费过的消息，从而直接幂等返回；如果执行业务逻辑失败，那么这次的消息消费不能记录为成功，否则后面有消息重发也会幂等返回，故而需要把消息表的消费记录直接删除。

以上是去事务化后的消息幂等方案的流程，可以看到，此方案完全没有使用数据库的事务，而是针对消息表本身做了状态的区分：消费中、消费完成。只有消费完成的消息才会被幂等处理。而对于消费中的消息会触发延迟消费（在 RocketMQ 的场景下即发送到 Retry Topic），之所以这么设计是为了控制并发场景的问题，即重复消息在第一条消息没完成的时候，突然重复投递的场景。这样的设计可以保证消息是不会丢的。

介绍到这里，读者可以思考一下消息去重的几个关键问题是否解决了。

1）可以实现消息的去重，且实现与业务无关，可以作为通用的组件/插件去提供能力。

2）在并发场景下的重复消息依旧能满足消息消费幂等。

3）上游的生产者重发消息导致消息重复的消息幂等问题。

关于第一个问题已经解决了，因为方案中设计了消息表，而这个表和业务逻辑是无关的，即方案不关心业务场景到底是订单消费的逻辑还是会员注册的逻辑，都可以复用同一张消息幂等表。

关于第二个问题是如何解决的？主要是依靠插入消息表的这个动作控制的。假设开发人员用 MySQL 作为消息表的存储媒介（设置消息的唯一 ID 为主键），那么插入的动作只有一条消息会成功，后面的消息插入会由于主键冲突而失败，走向延迟消费的分支，后面延迟消费的时候就会变成第一个场景的问题。

关于第三个问题，只要设计的消息表里让唯一主键支持业务的主键即可（如订单号、请求流水号等），而不仅仅是 messageId，所以也不是问题。

细心的读者可能会发现这里实际上还有一定的逻辑漏洞。问题还是出在并发场景的时候，因为并发的重复消息下，消息状态会处于消费中，这使得第二条消息会不断延迟消费（重试），如果这时候第一条消息也由于一些异常原因（如机器重启了、外部异常导致消费失败）导致最终没有成功消费呢？也就是说这时候延迟消费实际上每次下来看到的都是消费中的状态，最后就会被视为消费失败而被投递到死信 Topic 中（RocketMQ 默认可以重复消费 16 次）。最后这种情况发生的时候会发现两条消息实际上都没有消费成功，从业务的角度来看，消息的消费并不满足至少一次的语义。

有这种顾虑是正确的。要解决这个问题，需要在插入的消息表里携带一个最长消费过期时间（如 10min），其作用是如果一个消息处于消费中，超过这个最长消费时间，那么就需要从消息表中删除这个消息。这样的作用是为了避免有些消息消费异常退出了，而来不及更新消费状态，为了避免后续的消息丢失问题，需要清除这个状态，以保证后续消费的正常。增加过期时间解决消费死循环问题的流程如图 13-8 所示。

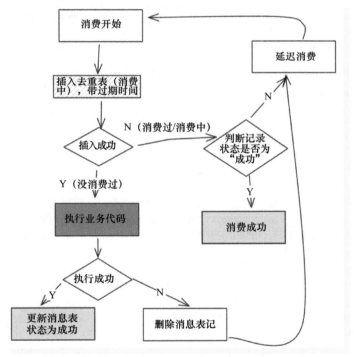

● 图 13-8　基于消息幂等表的非事务幂等方案流程——增加过期时间解决消费死循环问题

▶▶ 13.5.3　消息表的设计

这个方案是没有事务的，只需要一个中心存储。从表的设计上来说，实际上要存储的核心信息就是几个字段，如表 13-1 所示。

表 13-1　通用幂等方案幂等表字段

字 段 名	含 义	备 注
application_name	消费的应用名（可以用消费者组名称）	因为同一个消息可能被多个应用同时消费，A 应用的消费，不能影响 B 应用的消费
topic	消息来源的 topic（不同的 topic 消息不会认为重复）	
tag	消息的 tag（同一个 topic 不同的 tag，就算是去重键一样也不会认为重复）	如果没有订阅、没有指定 tag 则存 "" 字符串
msg_uniq_key	消息的幂等键	建议使用业务主键，没有的情况下可以用 RocketMQ 的 msgId
status	消息的消费状态	初始化的时候是消费中，消息消费成功则更新，消息消费失败则删除这行记录
expire_time	去重记录的过期时间（时间戳）	数值可以由消费的开始时间+最大消费时长计算得出

只要存储的组件可以存储这些字段，自然就可以作为消息表的数据库。如果选择 MySQL 作为数据库，那么建表语句则是：

```
-- ----------------------------
-- Table structure for t_rocketmq_dedup
-- ----------------------------
DROP TABLE IF EXISTS `t_rocketmq_dedup`;
CREATE TABLE `t_rocketmq_dedup` (
`application_name` varchar(255) NOT NULL COMMENT '消费的应用名(可以用消费者组名称)',
`topic` varchar(255) NOT NULL COMMENT '消息来源的 topic(不同 topic 消息不会认为重复)',
`tag` varchar(16) NOT NULL COMMENT '消息的 tag(同一个 topic 不同的 tag,就算是去重键一样也不会认为重复),如果没有订阅、没有指定 tag 则存""字符串',
`msg_uniq_key` varchar(255) NOT NULL COMMENT '消息的唯一键(建议使用业务主键)',
`status` varchar(16) NOT NULL COMMENT '这条消息的消费状态',
`expire_time` bigint(20) NOT NULL COMMENT '去重记录的过期时间(时间戳)',
UNIQUE KEY `uniq_key` (`application_name`,`topic`,`tag`,`msg_uniq_key`) USING BTREE
) ENGINE=InnoDB DEFAULT CHARSET=utf8 ROW_FORMAT=COMPACT;
```

除了 MySQL 外，架构师还可以选择 Redis。开发人员只需要用 Redis 的哈希结构存储即可，甚至不需要创建表。

选择 Redis 还有两个额外的好处：

1）性能上损耗更低。这样操作消息表所带来的时长会降低。

2）消息表的最大消费时间可以利用 Redis 本身的 ttl 机制去实现。

当然 Redis 存储在数据的可靠性、一致性等方面是不如 MySQL 的，需要用户自己取舍。

▶▶ 13.5.4　无锁消息表的代码实现

此方案的 RocketMQ 实现（Java）已经开源，放到 Github 中，具体源码可以参考 https://github.com/Jaskey/RocketMQDedupListener。

由于此方案依靠的是通用的消息表，表设计与业务的具体逻辑无关，所以在接入上可以设计得很简单。以下是一个使用用例，代码接入分为两步。

1）继承 DedupConcurrentListener 类，实现消费回调和去重键的设置回调。

```java
public class SampleListener extends DedupConcurrentListener {

    public SampleListener(DedupConfig dedupConfig) {
        super(dedupConfig);
    }


    // 基于什么做消息去重,每一类不同的消息都可以不一样,做去重之前会尊重此方法返回的值
    @Override
    protected String dedupMessageKey(MessageExt messageExt) {
        // 为了简单示意,这里直接使用消息体作为去重键,正式使用时不建议这样
        if ("TEST-TOPIC".equals(messageExt.getTopic())) {
            return new String(messageExt.getBody());
        } else {//其他使用默认的配置(消息 id)
            return super.dedupMessageKey(messageExt);
        }
    }


    @Override
    protected boolean doHandleMsg(MessageExt messageExt) {
        switch (messageExt.getTopic()) {
            case "TEST-TOPIC":
                log.info("假装消费很久....{} {}", new String(messageExt.getBody()), mes-
sageExt);
                try {
                    Thread.sleep(3000);
                } catch (InterruptedException e) {}
                break;
        }
        return true;
    }
}
```

2）以第一步的回调器实例去启动 RocketMQ 消费者。

```
DefaultMQPushConsumer consumer = new DefaultMQPushConsumer("TEST-APP1");
consumer.subscribe("TEST-TOPIC", "*");

// START:区别于普通 RocketMQ 使用的代码
String appName = consumer.getConsumerGroup();//针对什么应用做去重,相同的消息在不同应用的
去重是隔离处理的
StringRedisTemplate stringRedisTemplate = null;// 这里省略获取 StringRedisTemplate 的过
程,具体的消息幂等表会保存到 Redis 中
DedupConfig dedupConfig = DedupConfig.enableDedupConsumeConfig(appName, stringRedis-
Template);
DedupConcurrentListener messageListener = new SampleListener(dedupConfig);
// END:区别于普通 RocketMQ 使用的代码

consumer.registerMessageListener(messageListener);
consumer.start();
```

以上代码大部分是原始 RocketMQ 必需的代码,唯一需要修改的仅仅是创建一个 DedupConcurrentListener 实例。在这个实例中指明消费逻辑和去重的业务键(默认是 messageId)即可。

注:上述示例的去重能力依赖于 Redis,实现上依赖于 Spring 的 StringRedisTemplate,需要业务人员自己想办法获取这个实例,才能往对应的 Redis 实例中插入消息表的记录。但通常情况下用 Spring 的时候都可以轻松获取到。

想了解这个方案的更多使用详情,或者实现的源码细节,可以到 Github 中的 fork 源码中进行了解。

13.6 通用消息幂等的局限性

▶▶ 13.6.1 消费过程的局限性

讲到这里,似乎无锁的消息表幂等方案挺完美的,因为所有的应用都能快速接入去重,并且与具体业务实现也完全解耦。那么这样是否就完美地解决所有幂等遇到的难题呢?

很可惜不是。原因很简单:因为要保证消息至少被成功消费一次,那么消息就有可能在消费的途中失败了,因此触发消息重试是肯定不可避免的,也是必要的。

还是以前文订单服务的例子为例,其流程如下。

1)检查库存(RPC)。

2)锁库存(RPC)。

3)开启事务,插入订单表(MySQL)。

4)调用某些其他下游服务(RPC)。

5）更新订单状态。

6）commit 事务（MySQL）。

当消息消费到第三步的时候，假设 MySQL 异常导致失败了，这样消费失败后，会触发消息重试。因为重试前会删除幂等表的记录，所以消息重试的时候就会重新进入消费代码。

重新消费后，步骤 1 和步骤 2 又会重新再执行一遍。还是前文说到的难题，如果步骤 1 和步骤 2 本身不是幂等的，那么这个业务消息消费依旧没有做好完整的幂等处理。也就是说整体方案的幂等是全链路的，这个方案是消息消费的环节能保证至少投递过一次，且投递过就不投递了。但是消费的每个子过程在消息重新投递的时候是否还能保证幂等，还是需要业务去保证。

▶▶ 13.6.2　通用幂等解决方案的价值

既然不能完整地完成消息幂等，是否说明本章介绍的通用幂等方案是没有价值的呢？不是的，相反价值非常大。

虽然这不是解决消息幂等的银弹（事实上，软件工程领域里基本没有银弹），但是这个方案能以便捷、低成本手段解决以下异常场景的挑战。

1）各种由于 Broker、负载均衡等原因导致的消息重复投递的问题。

2）各种上游生产者导致的业务级别消息重复问题。

3）重复消息并发消费的控制窗口问题，就算重复，也不可能同一时间进入消费逻辑，这能避免多并发 Bug。

也就是说，使用这个方法能保证正常的消费逻辑场景下（无异常，无异常退出），消息的幂等工作全部能解决，无论这条消息是业务重复，还是 RocketMQ 特性带来的重复。

▶▶ 13.6.3　关于通用幂等方案的实践建议

事实上，只要使用了这套方案，就能解决大部分的消息重复问题了，毕竟极端异常的场景肯定是少数的。

如果希望异常场景下也能很好地处理幂等的各类挑战，可以考虑尝试做以下的一些工作。

1）消息消费失败做好回滚处理。如果消息消费失败本身是带回滚机制的，那么消息重试的所有过程自然就没有副作用了。

2）消费者做好优雅退出处理。这是为了尽可能避免消息消费到一半程序退出导致的消息重试。

3）一些无法做到幂等的操作，至少要做到终止消费并告警。例如锁库存的操作，如果统一的业务流水锁成功了一次库存，再触发锁库存；如果做不到幂等的处理，至少要做到消息消费触发异常（如主键冲突导致消费异常等），并且依靠告警做到人工介入。因为 RocketMQ 消息的重试会持续 16 次，只要这个过程中人工修复好了数据，等下一次消息重试的时候，消息消费就会成功。

4）做好消息重试消费监控。如果发现消息重试不断失败的时候，快速定位原因，争取在下次重试消费前处理好过程的问题。

13.7 本章小结

本章讨论了消息幂等的话题，首先阐述了消息的重复是无法避免的。其次介绍了什么叫作消息幂等。随后介绍了多个消息幂等的方案及其局限性。最后介绍了一个通用的、可被不同业务场景复用的无锁消息表幂等方案，并解释了其工作的过程。

通过本章的内容，读者应该也认识到消息幂等领域是没有银弹的，即便用了消息幂等表的方案，实际上还是有一些异常的场景需要解决，本章也提供了一些实践的建议。

13.8 思考题

实际上无锁的消息表方案有一个最简单的方案，也是很多系统使用的方案——消费前插入一张消息表，如果消息表存在，就认为消息重复；如果消息表不存在，就正常消费。这样的方案会带来什么问题？

第14章

▶▶▶▶▶▶

复杂场景下的消息丢失问题

在后台系统慢慢变复杂后，会演进出很多子系统，不同的子系统可能会有不同的团队开发、维护。不同的子系统之间会以 RPC 接口、内部网关、消息中间件的方式做交互。但总体来说，不同的子系统是有一定边界的。例如 A 系统的数据库不会给 B 系统的服务去访问，同理，A 系统可能也会有自己的 RocketMQ 集群，这个集群上的主题创建等管理的操作也不会给 B 系统的开发同学管理，反之亦然。那么很可能对于某个微服务而言，它是需要对接多个 RocketMQ 集群的。在这个过程中，可能有很多的"坑"会导致消息"不见了"。

同时，当一个系统服务的用户数量越来越多的时候，系统发布是一定要求用灰度的。灰度的过程中，RocketMQ 会出现一些类似消息丢失的现象，这也是不可接受的。

本章会剖析这两个场景下消息丢失的原因，同时给出解决方案。

14.1　跨集群场景下消息的丢失问题

▶▶ 14.1.1　多集群使用的场景

多集群的场景非常多，以下会列举几个常见的场景。

（1）作为消费者从不同的集群消费消息

作为一个订单服务，可能需要同时消费订单团队维护的一个 RocketMQ 集群的订单消息，同时还需要消费来自支付团队维护的一个 RocketMQ 集群里的支付回调消息，如图 14-1 所示。

按照图中的部署架构，订单集群和支付集群是两套集群，所以有两套 Name Server，也就是说作为订单服务需要启动两个消费者组，两个消费者组分别配置两个不同的 Name Server 集群地址，从而实现这两个消费者组能连接到两个不同的集群中消费消息。

（2）作为生产者往不同的集群发送消息

以订单服务作为例子，系统在生成订单的时候，需要往订单团队维护的 RocketMQ 集群发送订单变更的消息，可能还需要做一些数据埋点，所以需要往数据团队维护的一个 RocketMQ 集群发送一些埋点消息，如图 14-2 所示。

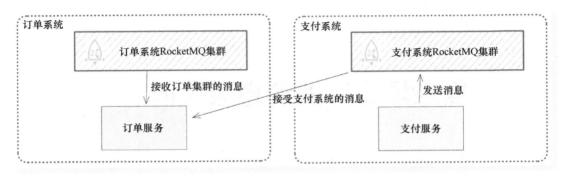

● 图 14-1　消费者从两个集群消费消息示意

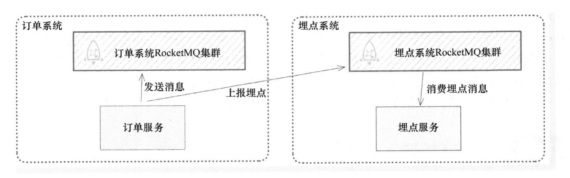

● 图 14-2　生产者同时向两个集群发送消息示意

　　按照图 14-2 中的部署架构，因为订单变更的主题和数据埋点的主题隶属于两个不同的物理集群，有两个不同的 Name Server。所以作为订单服务，需要建立两个不同的生产者实例，分别连接不同的 Name Server 地址，从而发送对应的消息到对应集群中的对应主题。

　　（3）同时作为消费者和生产者从不同的集群收发消息

　　还有一种情况是，订单服务可能需要接收下单的消息（从订单团队的 RocketMQ 集群中订阅），同时消费完之后，需要发送发货消息（仓库团队维护的单独的 RocketMQ 集群），如图 14-3 所示。

　　按照图 14-3 中的部署架构，下单的消息所属的主题是订单系统的 RocketMQ 集群，而发送的主题则是仓库团队的库存系统 RocketMQ 集群，所以订单服务需要启动一个消费者连接订单集群的 Name Server 地址，还需要启动一个生产者实例，这个实例连接仓库集群的 Name Server 地址。从而做到从一个集群消费消息，然后往另外一个集群发送消息。

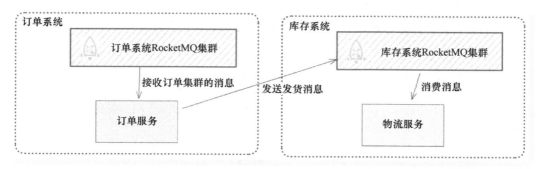

● 图 14-3　同时作为消费者和生产者连接两个集群示意

14.1.2　多集群场景下消息窜乱揭秘

以上三种情况都是非常合理且常见的使用场景。但是有非常多的研发人员都会踩到一个"坑"里。以同时作为消费者和生产者从不同的集群收发消息为例揭示这里的"坑"。如果系统有一个订单要从 A 集群的 Topic-A 消费，然后往 B 集群的 Topic-B 发送，在初始化这里消费者和生产者的代码时，开发者可能会这样写。

1）初始化一个生产者，配置地址为 B 集群的 Name Server。

```
// 新建一个生产者实例
DefaultMQProducer producerToClusterB = new DefaultMQProducer("MyProducer-B");
// 假设集群 B 的 Name Server 地址是 30.179.195.35:9876;
producerToClusterB.setNamesrvAddr("30.179.195.35:9876");
producerToClusterB.start();
```

这里生产者的初始化和普通生产者没什么区别。

2）初始化一个消费者，配置地址为 A 集群的 Name Server，消费回调中利用前面建立好的生产者实例发送消息到 Topic-B。

```
DefaultMQPushConsumer consumer = new DefaultMQPushConsumer("MyOrderConsumer");
// A 集群的 IP 地址假设是 30.179.195.34
consumer.setNamesrvAddr("30.179.195.34:9876");
// 设置从队列的消费位置
consumer.setConsumeFromWhere(ConsumeFromWhere.CONSUME_FROM_FIRST_OFFSET);
// 订阅 A 集群的 Topic-A 主题
consumer.subscribe("Topic-A", "*");
```

```
// 设置消费回调
consumer.registerMessageListener(new MessageListenerConcurrently() {
    @Override
    public ConsumeConcurrentlyStatus consumeMessage(List<MessageExt> msgs,
        ConsumeConcurrentlyContext context) {
        // 这里省略代码逻辑,通常情况下会涉及数据库的写入,这里只是简单的打印日志
        System.out.printf("%s Receive New Messages: %n",, msgs);
        // 调用生产者的发送代码逻辑,这里简单发送一个固定的消息到 Topic-B
        Message msgToClusterB = new Message("Topic-B",("Hello RocketMQ").getBytes(Re-
motingHelper.DEFAULT_CHARSET));
        SendResult sendResult = producerToClusterB.send(msg);
        return ConsumeConcurrentlyStatus.CONSUME_SUCCESS;
    }
});
consumer.start();
```

和正常的消费者启动没什么区别，消费的逻辑看起来也很直观。

（1）从 A 集群消费发往 B 集群消费的常见错误

如果像上面这样实现的话，很可能会在消息生产的时候遇到类似下面这样的错误。

```
No route info of this topic: Topic-B
```

也可能在订单消费者启动的时候发现有类似下面的 WARN 日志。

```
No topic route info in name server for the topic: Topic-A
```

无论是哪种错误，都是在指引读者到一个方向：忘记建立主题了。

但是两个集群都彻底检查过了，发现 A 集群确实存在 Topic-A，B 集群也确实建立了 Topic-B，并且两个主题的权限都是正常的。那么为什么 RocketMQ 会报这么奇怪的错误？难道是 RocketMQ 不支持垮集群的操作？

其实 RocketMQ 是支持垮集群操作的，而这个问题的原因也不是主题没有创建导致的，而是客户端连接的地址可能出现问题了。也就是说，生产者和消费者可能都连接到了同一个集群。如果都连接到了 A 集群，那么在发送消息的时候，就会报 Topic-B 主题不存在；如果都连接到了 B 集群，那么在消费者启动的时候就会报 Topic-A 不存在。当在多集群使用场景时遇到了报主题不存在的错误，如果确认主题是没问题的话，可以去控制台里面的消费者实例/生产者实例中查看实例列表。可能会发现这样一个现象：在消费者实例列表中出现了一个本来以为是生产者的实例 ip，而在生产者列表中出现了一个本来以为是消费者实例的 ip。

图 14-4 和图 14-5 是两个示意的例子，方便大家理解出现这个现象的原因。

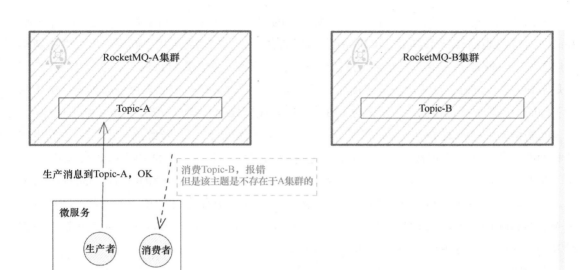

● 图 14-4　跨集群使用报错现象 1

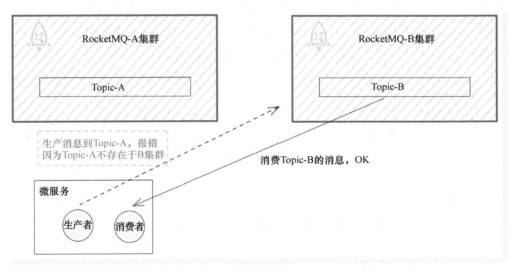

● 图 14-5　跨集群使用报错现象 2

（2）从 A 集群消费发往 B 集群消费的错误初探

以上问题常见于 4.8.1 之前的版本，那么为什么会有这样的一个 Bug？这个原因得从 RocketMQ 对于资源的管理说起。大部分情况下，对于一个服务来说都是只会连接一个集群的，这个服务通常情况下既要做消费者也需要做生产者，而且操作的主题也是多个的。

那么请思考这样一个问题，假设一个微服务的实例作为生产者需要发送消息到 Topic-A、Topic-B。同时也需要从 Topic-C、Topic-D 中消费消息，那么要完成这 4 个操作，这个微服务实例应该和 Broker 建立多少个长连接？默认情况下，只需要一条连接就可以了。消费和生产仅仅只是不同的指令而已，都使用一条连接能有效地复用资源。试想一下如果每个交互指令或者每个不同的主题都分开连接的话，那么对于 Broker 来说连接数就很容易"爆炸"而影响稳定性。

而集群窜乱连接的 Bug 实际上就是来自于这个默认策略，从而导致同一个实例下的生产者和消费者共用了一条连接，不小心就出现往错误集群的一个不存在的主题里收/发消息。

在 RocketMQ 的客户端中，所有的网络资源的管理都封装到一个 MQClientInstance 的对象中。一个对象就决定了 Broker 与 Name Server 的连接管理。所有的生产者、消费者实例都有一个 MQClientInstance 对象在底层帮助管理连接、地址等信息，例如与 Broker 的长连接管理，记录 Name Server 拉取到的主题对应的 Broker 地址等。

而 MQClientInstance 在建立的时候就需要确定 Name Server 的地址，当需要和 Name Server 交互的时候，就能获取到对应地址的长连接。而需要和 Broker 交互的时候，则是先从 Name Server 获取 Broker 的地址，再和对应的地址建立长连接。

但是从资源的角度看，复用连接是最优的策略，所以就需要复用 MQClientInstance 这个对象，才能做到复用。默认情况下，一个服务内建的所有生产者、消费者实例都是共用一个 MQClientInstance 对象的，以此做到复用连接。但是 MQClientInstance 又唯一确定了 Name Server 地址，所以默认情况下，单服务创建多个消费者/生产者实例的时候是图 14-6 所示的情况。

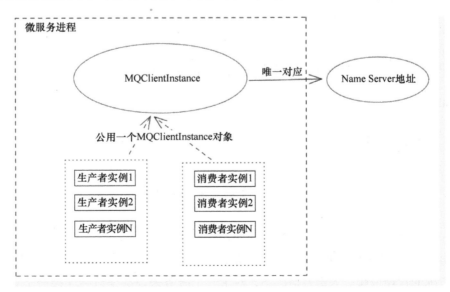

● 图 14-6　MQClientInstance 对象示意

这个在 Name Server 地址是一样的情况下是很好的设计，一旦遇到前文说到的需要垮集群收/发的场景，就可能出现连接固定在一个集群的问题。从而导致出现与预期不符的连接情况，也就是图 14-4 和图 14-5 所示的情况。

按照预期，生产者和消费者应分别连接两个独立集群（如图 14-1 和图 14-2 所示的那样）。那么有没有办法实现？答案是有的，只是需要让生产者实例和消费者实例有自己私有的 MQ-ClientInstance 实例。

要做到这点，读者需要知道 MQClientInstance 实例底层是怎样被创建和管理的。在 RocketMQ 的客户端实现中，MQClientInstance 是一个能被复用的对象资源，所有拥有同一个 clientId 的客户端实例都会共用一个 MQClientInstance 对象，而 MQClientInstance 对象只能有一个 Name Server 地址。所以只要让不同的客户端实例有不同的 clientId 即可。

那么 clientId 是怎样构成的？简单来说就是 ip+InstanceName 唯一决定的。在 4.8.1 之前的版本，InstanceName 默认情况下会用进程号取代，所以同一个微服务实例下，ip 和 InstanceName 都一样，那么就拥有一样的 ip 和进程号，所以自然就有一样的 clientId，最后就会共用一个 MQ-ClientInstance 实例，从而导致这个问题。

而 InstanceName 实际上是可以在客户端用 setInstanceName 去修改的，InstanceName 也会显示在控制台上方便管理查看，所以建议大家都显式地设置一下 InstanceName。如连接到不同集群的可以带不一样的前缀：

```
// 显式设置发消息给 Cluster-A 的生产者 InstanceName
producer.setInstanceName("Cluster-A-producer"+UtilAll.getPid());

...
// 显式设置从 Cluster-B 收消息的消费者 InstanceName
consumer.setInstanceName("Cluster-B-consumer"+UtilAll.getPid());
```

而如果用的是 4.8.1 以后的版本，InstanceName 的默认值由进程号取代改成了进程号+启动时间的纳秒数（1 纳秒等于十亿分之一秒）取代，所以即便是同一个实例，InstanceName 默认是不一样的，那么默认就不会复用一个 MQClientInstance 实例，源码如下所示。

```
//注意,如果启动的实例是消费者实例的话,此替代只会在集群模式下生效,广播模式下不会触发这段代码:
public void changeInstanceNameToPID() {
    if (this.instanceName.equals("DEFAULT")) {
        this.instanceName = UtilAll.getPid() + "#" + System.nanoTime();
    }
}
```

但是需要注意的是，新版本这样改之后，不显式设置 InstanceName 的情况下，不同客户端实例的连接将不会被复用，所以如果代码里建立了很多 producer 的临时实例，即使它连接的都是一个集群，这里面的连接都是隔离的，容易造成连接资源的浪费。所以从这个角度上看，新版本为了修复这个问题也改动默认的连接管理表现。

（3）客户端资源管理的源码讲解

接下来介绍核心的源码片段，以加深对这一部分内容的理解。

在客户端的实现中，无论是消费者还是生产者，在底层都会有一个 MQClientInstance 的字段。以生产者为例，在 DefaultMQProducerImpl.java 中，有一个命名为 mQClientFactory 的字段，就是 MQClientInstance 类。

```java
public class DefaultMQProducerImpl implements MQProducerInner {
    ...
    private MQClientInstance mQClientFactory;
    ...
}
```

MQClientInstance 本身不会在生产者对象创建的时候初始化，而是在 start() 调用的时候初始化，但是其具体的实例不是简单创建，而是尽可能复用。所以初始化的时候会有类似下面这样的代码。

```java
public class DefaultMQProducerImpl implements MQProducerInner {
...
    public void start(final boolean startFactory) throws MQClientException {
        switch (this.serviceState) {
            case CREATE_JUST:// 如果状态是未启动的
                this.serviceState = ServiceState.START_FAILED;
                this.checkConfig();
                // 默认情况下,InstanceName 是 DEFAULT,会在启动的时候替换成进程号相关的字符串
                if (!this.defaultMQProducer.getProducerGroup().equals(MixAll.CLIENT_
INNER_PRODUCER_GROUP)) {
this.defaultMQProducer.changeInstanceNameToPID();
                }
                // 赋值 MQClientInstance 对象,这里会尽可能复用已有的对象,复用的标准就是看是否
有相同的 clientId
                this.mQClientFactory = MQClientManager.getInstance().getOrCreateMQCli-
entInstance(this.defaultMQProducer, rpcHook);
                boolean registerOK = mQClientFactory.registerProducer(this.default-
MQProducer.getProducerGroup(), this);
                if (!registerOK) {
                    this.serviceState = ServiceState.CREATE_JUST;
                    throw new MQClientException("The producer group[ " + this.default-
MQProducer.getProducerGroup()
                        + "] has been created before, specify another name please." +
FAQUrl.suggestTodo(FAQUrl.GROUP_NAME_DUPLICATE_URL),
```

```
                        null);
            }
this.topicPublishInfoTable.put(this.defaultMQProducer.getCreateTopicKey(), new Top-
icPublishInfo());
                // 启动,底层主要是一些心跳、网络连接、Name Server 地址更新等相关的逻辑
                if (startFactory) { //注:在正常的使用场景下,这里的 startFactory 参数都是 true
                    mQClientFactory.start();
                }
                log.info("the producer [{}] start OK.sendMessageWithVIPChannel = {}",
this.defaultMQProducer.getProducerGroup(),
this.defaultMQProducer.isSendMessageWithVIPChannel());
                this.serviceState = ServiceState.RUNNING;
                break;
            // 其他已启动状态都抛出异常
            case RUNNING:
            case START_FAILED:
            case SHUTDOWN_ALREADY:
                throw new MQClientException("The producer service state not OK, maybe
started once, "
                    + this.serviceState
                    + FAQUrl.suggestTodo(FAQUrl.CLIENT_SERVICE_NOT_OK),
                    null);
            default:
                break;
        }
        ...
    }
}
```

从上面的源码可以看到，生产者启动的时候会依赖 **MQClientManager** 一个单例对象的 **getOrCreateMQClientInstance** 方法去获取一个 **MQClientInstance** 对象，无论是生产者还是消费者的实现都是一样的。

而这里的 **getOrCreateMQClientInstance** 就是低版本出现多集群地址窜乱的关键，其逻辑非常简单，代码如下所示。

```
public class MQClientManager {
...

    public MQClientInstance getOrCreateMQClientInstance(final ClientConfig clientCon-
fig, RPCHook rpcHook) {
        // 从 ClientConfig 对象中获取其 clientId,后续会作为 map 中的 key 值。clientId 主要由 ip
和 instanceName 构成
        String clientId = clientConfig.buildMQClientId();
```

```
          // 尝试在已有的 map 中看有没有已经存在的 MQClientInstance 对象
          MQClientInstance instance = this.factoryTable.get(clientId);
          // 若没有,就创建一个,并且记录在 factoryTable 这个 map 中
          if (null == instance) {
              instance =
                  new MQClientInstance(clientConfig.cloneClientConfig(),
this.factoryIndexGenerator.getAndIncrement(), clientId, rpcHook);
              // 用 putIfAbsent 做并发控制
              MQClientInstance prev = this.factoryTable.putIfAbsent(clientId, instance);
              if (prev != null) {
                  instance = prev;
                  log.warn("Returned Previous MQClientInstance for clientId:[{}]", clien-
tId);
              } else {
                  log.info("Created new MQClientInstance for clientId:[{}]", clientId);
              }
          }
          return instance;
      }
...
}
```

可以看到，这里对象的获取是以 clientId 维度做一定的复用的，所以之前 clientId 创建过 MQClientInstance 实例的话，就不会重新创建一个新的实例，而是复用原来的实例。

而一个 MQClientInstance 对象只能有一个 ClientConfig 对象，同一个 ClientConfig 对象又只能有一个 namesrvAddr，这就意味着不同的 Name Server 地址连接一定要有独立的 MQClientInstance 对象。

最后，InstanceName 的默认逻辑里会影响 clientId 的值，从而最后影响 MQClientInstance 的实例获取。这部分代码很小，只有几行，在 ClientConfig.java 中，具体如下。

```
public class ClientConfig {
...
    public void changeInstanceNameToPID() {
        // 如果 InstanceName 还是 DEFAULT,证明没有被显式设置过,就改成进程号+时间纳秒数
        if (this.instanceName.equals("DEFAULT")) {
            this.instanceName = UtilAll.getPid() + "#" + System.nanoTime();
        }
...
    }
}
```

注：以上源码是 4.8.2 版本之后的实现，在之前的版本，其实现仅仅只是用进程号替换。

```
public class ClientConfig {
...
    // 在 4.8.2 之前的版本,只是用进程号做替换
    public void changeInstanceNameToPID() {
        if (this.instanceName.equals("DEFAULT")) {
            this.instanceName = String.valueOf(UtilAll.getPid());
        }
    }
...
}
```

所以在老版本里，不动 InstanceName 的情况下，生产者实例和消费者实例都是一个 InstanceName（当前的进程号），从而导致有相同的 clientId（相同的 ip，相同的进程号）。这样当第二个实例启动的时候，就会拿到第一个实例创建好的 MQClinetInstance 对象，最后用这个对象的 Name Server 地址去管理后续的连接，最后导致连接的地址发生了窜乱。

▶▶ 14.1.3　多集群使用下的最佳实践

讲到这里，相信读者已经弄清楚多集群场景下遇到地址窜乱的问题的根源了。总结来说，多集群的场景下，有一些最佳实践分享。

（1）使用新的客户端版本

要彻底规避这个问题，可以使用 4.8.1 及以后的客户端版本，因为这个版本之后的 InstanceName 默认情况下就是不一样的。不一样的 InstanceName 会有不一样的底层网络资源管理，就能规避连接窜乱的问题。

（2）设置合理的 InstanceName

从连接管理的角度看，连接能复用肯定是更好的。所以无论是否使用新的客户端版本，合理的 InstanceName 设置会比默认的 InstanceName 更好。合理的 InstanceName 无论是连接管理的优化还是说控制台上对现有连接的观测更清晰都是有好处的。

建议 InstanceName 还是显式设置成合理的值，而不是使用默认值。

从实践的角度，可以考虑生产者的实例都用同一个后缀（如-producer），消费者的实例都用同一个后缀（如-consumer），而相同的集群用同一个前缀（如 ClusterA-）。

但是需要注意的是，为了更好地定位哪个服务创建了哪些生产者/消费者实例，开发者会在 InstanceName 中添加一些时间戳或者进程号（这些会变化的标识）。这在正常使用的时候没有问题，也是很好的实践。但是在广播模式下是有害的，因为广播模式下消费进度的存储是在本地的某个和 clientId 有关的目录下存储的，而 clientId 就是和 InstanceName 直接相关且拼凑的（ip+InstanceName），如果每次启动 InstanceName 都是变化的话，会导致消费进度丢失。所

以建议广播模式的消费者实例和其他的实例设置不同的 InstanceName，其中广播模式的 Instance-Name 最好要保证每次启动都是固定的。

（3）不同的集群共用一个 NameServer 地址

在 Broker 的配置中，有一个参数叫作 brokerClusterName，这是用来标识一个 Broker 集群的配置项，默认值是 DefaultCluster，很多情况下开发者无须改动这个配置值。

但是在多集群的场景下，开发者也可以利用这个参数去部署一个统一的大集群。例如有一个订单集群和一个数据上报的集群，其中的主题完全不一样。为了让它们成为一个逻辑集群，在启动订单集群的 Broker 时，可以像下面这样配置。

```
brokerClusterName=OrderCluster
namesrvAddr=192.168.0.10:9876
```

而在启动数据上报集群的 Broker 时，可以像下面这样配置。

```
brokerClusterName=DataCluster
namesrvAddr=192.168.0.10:9876
```

可以看到，这两个集群都使用了一个 Name Server 的地址。这在 RocketMQ 的架构里是完全可行的。这样一来，从客户端的角度来说，不同的实例实际上都是从同一个 Name Server 地址中获取连接地址信息的，这样即使在低版本的客户端也不会出现任何窜乱的问题。这种部署架构如图 14-7 所示。

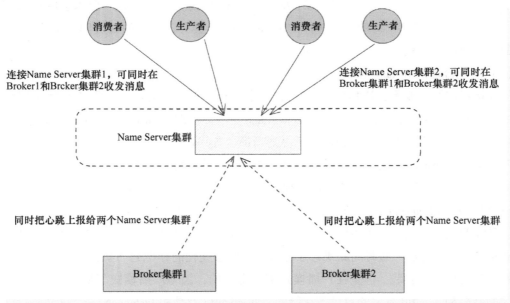

● 图 14-7　不同集群共用一个 Name Server

前面的章节介绍了客户端的负载均衡的策略。RocketMQ 在当前的 4.x 版本里都采用客户端的队列负载均衡策略。也就是说这是一个无中心化的策略，这个策略有时候会发现一些奇怪的问题。

14.2 队列分配错误导致的消息丢失

▶▶ 14.2.1 队列分配的奇怪现象

如果有一个消费者组 string_consumer 监听了 Topic-A 和 Topic-B，两个主题都是两条队列，消费者组实例有两个。这时候正常的负载均衡策略（默认）如图 14-8 所示。

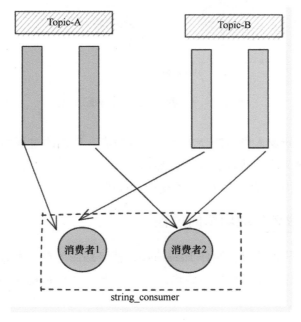

● 图 14-8 正常的队列分配情况示意

Topic-A 的两个队列被两个实例分别获取 1 条。同样道理，Topic-B 的两个队列也会分别获取 1 条。但是，有些时候可能会看到下面的这种情况，如图 14-9 所示。

从里面可以看到，Topic-B 的其中 1 条队列并没有分配出去，同时也有 1 个实例是接收不到 Topic-B 的消息的。

这个现象的后果就是有一个队列会一直堆积消息，因为根本就没有消费者往里面消费消息。从消费者的角度来看，因为消息已经发送了但是却收不到，看起来就像是消息丢了。

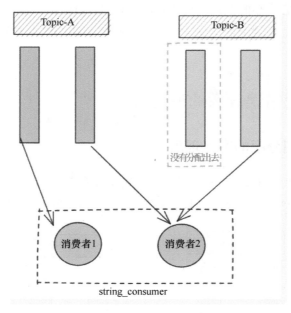

● 图 14-9　异常的队列分配示意

遇到这个问题后，研发人员可能会重启这个消费者，重启的过程中可能会发现消息确实开始消费了，然后很快又没消费者消费了就继续堆积。

要解析这个问题，得从客户端的负载均衡的过程讲起。

▶▶ 14.2.2　消费者负载均衡的过程

消费者客户端分配队列的过程叫作 Rebalance，直接翻译为重平衡或者重排，笔者更倾向于翻译为负载均衡，所以下文所说的负载均衡统一代指这里的 Rebalance。下面带着几个问题来了解这一过程。

1. 负载均衡解决什么问题

首先需要弄清楚的是，RocketMQ 消费者客户端负载均衡并不是直接对消息的分配做负载均衡的，而是针对队列做负载均衡。也就是说如果有 4 条消息过来，负载均衡并不是分配这 4 条消息来控制客户端，而是控制每个客户端获取的队列数量来控制负载的。因为队列里面的消息一般情况下都是均衡的，所以控制队列的负载约等于控制了消息的负载。

负载均衡的过程里，如果 RocketMQ 给了某个消费者实例较高的负载——即分配了更多的队列。严格意义上说，这并不意味着这个消费者实例能接收更多的消息（虽然绝大部分场景可以这样理解），只是说它有更多的队列渠道可以拉取到消息。

为什么说有更多的队列可能并不代表有更多消息消费呢？举一个例子，假设两个消费者实例中的消费者 A 获得了 1 个队列 q0，另一个消费者 B 获得了两个队列 q1 和 q2。这个负载均衡的结果就是分配了给 B 更多的"负载"（队列），如图 14-10 所示。

但是如果队列 q2 是不可写的（在主题的设置中可以设置读队列数量、写队列数量，所以可能存在一些队列可读，但不可写的情况），又或者生产者通过 selector 控制了发送队列的目标，使得这个过程从来都不选择 q2，只有 q0 和 q1 在做发送，甚至大部分情况下都往 q0 发送，这时候消费者 B 实例其实都没有真正意义上的更高消息负载，如图 14-11 所示。

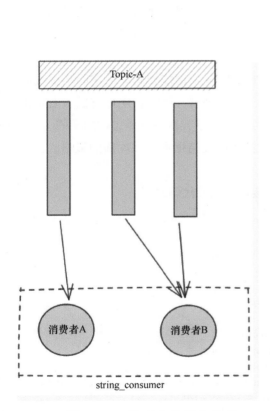

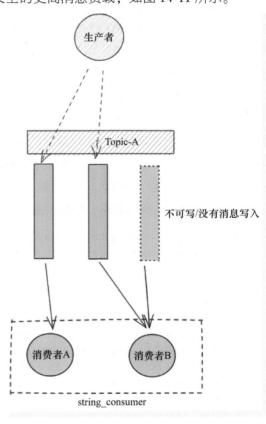

● 图 14-10　队列负载不均示意　　● 图 14-11　队列负载不均示意——消息负载均衡

简单总结就是所谓的消费者 Rebalance，其实是分配队列的过程，它本质上希望解决的是一个消费者的负载问题，但实际的工作其并不直接改变一个消费者实例的真实负载（消息），而是间接决定的——通过管理分配队列的数量。而绝大部分情况下，都可以认为队列的负载就是真实的消息负载的原因是基于这样一个前提：消息基本是均匀分配在不同的队列上的，所以在这个前提下，获得了更多的队列实际上就是获得了更多的消息负载。

2. 负载均衡是如何决定队列分配数量的

RocketMQ 的负载均衡实际上是无中心的，这和 Kafka 有本质区别。

Kafka 的消费者负载均衡虽然也是客户端进行的，但是 Kafka 在做负载均衡之前，会在所有客户端中选定一个 Leader，由这个 Leader 把控全局分配的过程，而后再把每个消费者对 partion 的分配结果广播给各个消费者。而 RocketMQ 则没有一个节点做这个统一分配，而是每个消费者"有秩序地"计算出自己应该获取哪些队列。就像是一群学生去打扫卫生，Kafka 的模式是由一个卫生委员指派打扫卫生的任务，最后使得每个学生的打扫任务都一样，而且教室肯定会被扫干净。而 RocketMQ 的模式则是大家都很有默契、很有秩序地决定去哪里打扫，虽然不知道别的同学会打扫哪里，但是最后教室的所有角落确实被打扫干净了，而且每个学生打扫任务的工作量也几乎是一样的。

读者可能会觉得很神奇，RocketMQ 是怎样做到所有消费者实例能如此有秩序而不出现混乱的？这个神奇的设计在于 RocketMQ 给了所有客户端一个"默契算法"，使得它们虽然相互不通信，但是实际上却像预先沟通好似的。下面将介绍这个"默契算法"是怎样实现的。

通过前面章节的内容，读者已经知道了 RocketMQ 是可以支持很多负载均衡的策略的，甚至还支持用户自己实现一个负载均衡策略。

无论是哪个负载均衡的策略，归根结底就是一个接口，相关代码如下。

```
/*** Strategy Algorithm for message allocating between consumers * /public interface Al-
locateMessageQueueStrategy {
    /**
     * Allocating by consumer id
     *
     * @param consumerGroup current consumer group
     * @param currentCID current consumer id
     * @param mqAll message queue set in current topic
     * @param cidAll consumer set in current consumer group
     * @return The allocate result of given strategy     * /
    List<MessageQueue> allocate(final String consumerGroup, final String currentCID,
      final List<MessageQueue> mqAll, final List<String> cidAll);

    /*** Algorithm name
     *     * @return The strategy name
     * /
    String getName();
}
```

里面有两个方法：一个是 getName，另一个是 allocate。其中 getName 方法只是一个唯一标识，用以标识该消费者实例是用什么负载均衡策略去分配队列的，这个会显示在日志或者控制台里。

关键在于 allocate 方法。这个方法的出参就是当前客户端实例的负载均衡结果——本实例应该被分配到的队列列表。4 个入参分别是：

1）消费者组名。

2）当前消费者实例的 clientId（实际上就是 client 的 ip@instanceName 再加上时间戳）。

3）当前准备负载均衡的主题下的所有队列。

4）当前这个消费者组的在线 clientId。

实际上靠这 4 个参数，就能完成这个"默契算法"。

假设设计一个主题下的队列分配算法，实际上最关键的就是两个视图：

1）这个主题下当前在线的消费者列表。

2）这个主题下的所有队列。

例如，当前有 4 个消费者 C1、C2、C3、C4 在线，某主题下有 8 个队列 q0、q1、q2、q3、q4、…、q7。那么 8/4 = 2，每个消费者应该获取 2 个队列。

例如最简单的按顺序获取，C1 拿到 q0、q1，C2 拿到 q2、q3，C3 拿到 q4、q5，C4 拿到 q6、q7。实际上，这就是 RocketMQ 默认的分配策略。

要实现这个效果，现在唯一的问题在于 RocketMQ 没有一个中心节点统一做分配。所以 RocketMQ 需要做一定的调整：每个客户端实例都是同一套代码的算法，而且这个算法能感受到别的消费者实例的存在。基于这套算法，它要实现一种默契。

比如对于 C1，它需要能推导出以下内容：

"我是 C1，我知道当前包含我在内有 4 个消费者 C1、C2、C3、C4 在线，也知道这个主题下有 8 个队列 q0、q1、q2、q3、q4、…、q7，那么 8/4 = 2。我就能知道每个消费者应该获取 2 个队列，而且因为我知道别的消费者的存在，假设大家都和我用同样的思考模式，我能保证我算出来我要的队列就是 q0 和 q1 且别人是不会要这两个队列的"。

同理对于 C2，它要能推导出以下内容：

"我是 C2，我知道当前有 4 个消费者 C1、C2、C3、C4 在线，也知道这个主题下有 8 个队列 q0，q1，q2，q3，q4，…q7，那么 8/4 = 2。我就能知道每个消费者应该获取 2 个队列，而且因为我知道别的消费者的存在，假设大家都和我用同一套思考模式，我能保证我算出来我要的队列就是 q2 和 q3，且别人是不会要这两个队列的"。

要做到无中心地完成这个目标，除了前面说到的两个视图（消费者列表和队列列表），实际上唯一还需要增加的输入项就是"我是 C1""我是 C2"这样的入参。所以在上文提到的 allocate 方法下，当前的消费者实例的 clientId 就是干这个事用的。

为了更好地理解这个过程，请读者阅读默认策略的源码，这个默认策略就是前文例子按顺序获取的策略。

```
@Override
public List<MessageQueue> allocate(String consumerGroup, String currentCID, List<Mes-
sageQueue> mqAll,List<String> cidAll) {

    // START: 一些前置的判断,不关键
    if (currentCID == null || currentCID.length() < 1) {
        throw new IllegalArgumentException("currentCID is empty");
    }
    if (mqAll == null || mqAll.isEmpty()) {
        throw new IllegalArgumentException("mqAll is null or mqAll empty");
    }
    if (cidAll == null || cidAll.isEmpty()) {
        throw new IllegalArgumentException("cidAll is null or cidAll empty");
    }

    List<MessageQueue> result = new ArrayList<MessageQueue>();
    if (!cidAll.contains(currentCID)) {
        log.info("[BUG] ConsumerGroup: {} The consumerId: {} not in cidAll: {}",
            consumerGroup,
            currentCID,
            cidAll);
        return result;
    }
    // START: 一些前置的判断,不关键
    // 核心分配逻辑开始
    int index = cidAll.indexOf(currentCID);
    int mod = mqAll.size() % cidAll.size();
    int averageSize = mqAll.size() <= cidAll.size() ? 1 : (mod > 0 && index < mod ? mqAll.
size() / cidAll.size() + 1 : mqAll.size() / cidAll.size());// 平均分配,每个 cid 应该分配多少
队列
    int startIndex = (mod > 0 && index < mod) ? index * averageSize : index * averageSize +
mod; // 从哪里开始分配,分配的位点 index 是什么
    int range = Math.min(averageSize, mqAll.size() - startIndex);// 真正分配的数量,避免除
不尽的情况(实际上,有除不尽的情况)

    // 开始分配本 cid 应该拿的队列列表
    for (int i = 0; i < range; i++) {
        result.add(mqAll.get((startIndex + i) % mqAll.size()));
    }
    return result;
}
```

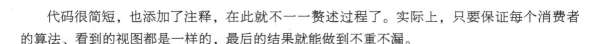
代码很简短，也添加了注释，在此就不一一赘述过程了。实际上，只要保证每个消费者的算法、看到的视图都是一样的，最后的结果就能做到不重不漏。

3. 如何进行多主题的负载均衡

实际上上面提到的策略分配接口里，并没有订阅关系的信息，如果一个消费者组订阅了Topic1，也订阅了 Topic2，且不同主题下的队列数量是不一样的，那么最后分配的结果肯定也是不同的，这应该怎样实现？

其实很简单，每次分配是针对主题级别进行的，所以一个主题的分配就会单独调用一次allocate 接口，即每次负载均衡实际上是多次分配组合而成的。这部分源码在 RebalanceImpl.java 中，具体源码也很简单，如下所示。

```java
public void doRebalance(final boolean isOrder) {
    Map<String, SubscriptionData> subTable = this.getSubscriptionInner();
    if (subTable != null) {
        for (final Map.Entry<String, SubscriptionData> entry : subTable.entrySet()) {
            final String topic = entry.getKey();
            try {
                this.rebalanceByTopic(topic, isOrder);
            } catch (Throwable e) {
                if (!topic.startsWith(MixAll.RETRY_GROUP_TOPIC_PREFIX)) {
                    log.warn("rebalanceByTopic Exception", e);
                }
            }
        }
    }

    this.truncateMessageQueueNotMyTopic();
}
```

可以看到，每次负载均衡的时候需要先把订阅的主题枚举出来，每次的枚举都会触发一次 rebalanceByTopic。这个方法实际上最重要的步骤就是执行前文说的 allocate。

▶▶ 14.2.3 订阅关系不同引发的问题

（1）订阅了不同的主题引发的问题

在了解了以上负载均衡的原理后，读者可以尝试解释为什么可能会出现本章开头的现象了，即为什么有些消费者没有被分配到队列？这个问题基本上是一个原因：同一个消费者组中不同的消费实例拥有不一样的订阅关系。

这是 RocketMQ 官方文档里明确强调过的：同一个消费者组必须拥有完全一样的订阅关系。潜台词就是不一样肯定会有问题，这里的问题表象很多，最明显的就是发现有队列一直都没有分配出去，就像图 14-9 所示的那样。

　　要理解这个现象的本质，没有阅读过源码是很难理解的。但源码解读不是本书的主旨，所以下面笔者尽可能用通俗的语言解释这个现象的关键原因。

　　首先，读者已经知道分配队列是客户端的策略各自计算得到的。这意味着如果有一个实例自己计算错了导致它拿少了实例，别的客户端是不会顶上去补救的。问题正是出现在这里。当订阅关系不一致的时候，总有实例会计算错自己应该拿到的队列。

　　前文介绍过，要计算拿到什么队列，最关键的就是拿到这个主题的所有队列的列表，以及这个消费者组在线的列表。队列的列表很简单，直接从 Name Server 获取即可，即使一时半会拿到的不是最新的队列，但是随着 Broker 和 Name Server 心跳的进行，列表总会更新到最新的。消费者在线的列表这个值看起来很简单，实际上问题的玄机就出在这里。

　　回到开篇的例子，要复现这个问题很简单，读者可以启动一个消费者，其消费者组叫作 string_consumer，假设这时候有两个主题 Topic--A 和 Topic--B，两个主题都分别有 2 个队列。如果 string_consumer 启动了两个实例，其中实例 1 监听 Topic--A，实例 2 则同时监听 Topic--A 和 Topic--B。问题就可能出现以下的现状：Topic--A 的主题队列分配是正常的，但是 Topic--B 主题却不正常——有一条队列没有实例监听。如图 14-12 和图 14-13 所示的就是这种情况下的 RocketMQ Dashboard 的截图。

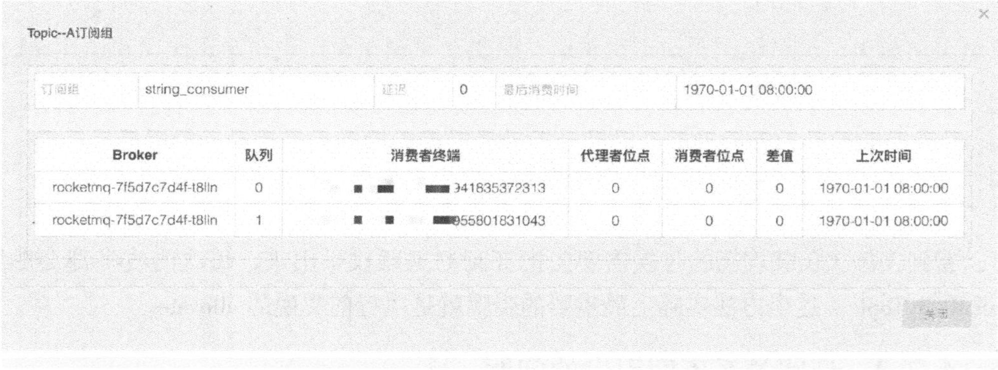

订阅组	string_consumer		延迟	0	最后消费时间		1970-01-01 08:00:00

Broker	队列	消费者终端	代理者位点	消费者位点	差值	上次时间
rocketmq-7f5d7c7d4f-t8lin	0	941835372313	0	0	0	1970-01-01 08:00:00
rocketmq-7f5d7c7d4f-t8lin	1	955801831043	0	0	0	1970-01-01 08:00:00

● 图 14-12　RocketMQ Dashboard 截图 1

　　之所以遇到这个奇怪的现象，问题就出在负载均衡的 allocate 方法这里。实例 2 在进行主题 Topic--B 负载均衡的时候，发现队列有两条（这是对的），发现在线的消费者实例也是有两个（这理论上也没问题）。但是实例 2 认为在线的消费者有两个，而队列又有两条，所以在执行默认策略的时候，它会计算自己只拿 1 条队列（从它的视角里看这也是对的）。但是对于实例 1 来说，因为实例 1 根本就没有订阅主题 Topic--B，所以实例 1 是根本不会尝试去对 Topic--B

进行队列获取的（这也是对的）。最终的结果就是有一半的队列没有被分配出去。

Topic--B订阅组

| 订阅组 | string_consumer | | 延迟 | 0 | 最后消费时间 | 1970-01-01 08:00:00 |

Broker	队列	消费者终端	代理者位点	消费者位点	差值	上次时间
rocketmq-7f5d7c7d4f-t8lln	0		0	0	0	1970-01-01 08:00:00
rocketmq-7f5d7c7d4f-t8lln	1	.46#66955801831043	0	0	0	1970-01-01 08:00:00

关闭

● 图 14-13　RocketMQ Dashboard 截图 2

两个实例从自己视角看似乎都做了应该做的事，但是从结果上看，Topic--B 的负载均衡是不完整的，最终导致有一半的消息会没有消费者消费，从而一直堆积。

如果一一直观察这个控制台的分配关系，甚至会发现有一段时间 Topic--B 是一直没有分配任何消费者实例的。

（2）订阅了不同主题引发的问题汇总

主题订阅关系不一致的现象还有很多，这只是其中一个最容易发现的现象，毕竟一个主题只有一半的队列被分配出去这个现象太诡异了，实际上它还可能有别的更奇怪的现象，如表 14-1 所示。

表 14-1　不同订阅关系的异常现象汇总

场　　景	实例 1 订阅关系	实例 2 订阅关系	诡异的现象 1	诡异的现象 2
场景一	Topic--A	Topic--A+Topic--B	大部分时间看到 Topic--B 有队列没有分配到消费者实例	偶尔会周期性地看到 Topic--B 的队列都没有分配到实例
场景二	Topic--A+Topic--B	Topic--A	Topic--B 下的所有队列都没分配实例	无
场景三	Topic--A	Topic--B	大部分情况能看到 Topic--A 和 Topic--B 都只有一部分队列分配出去了	偶尔会周期性地观察到 Topic--A 和 Topic--B 队列都没有分配到实例

各种诡异的现象背后的原因都有不同的细节，但总的来说都是因为主题订阅关系不一样导致的。

场景一的现象是各自客户端实例没有互通导致的信息不对齐。场景二则是服务端认为主题 Topic--B 已经没有消费者了，所以对于主题 Topic--B 来说根本就没机会分配队列了。场景三则是两个消费者都只负载了自己认为应该订阅的主题，但是看到的消费者列表都有除自己以外的存在，导致两个消费者都只分配到了应该分配的一半队列。

至于为什么场景一和场景三可能会观察到一些"闪烁"，是因为两个实例在不断发送心跳。发送心跳的过程会重新触发负载均衡，就会出现不同的负载结果。

（3）灰度发布的过程可能导致主题订阅关系的不同

虽然官网上一再强调这是一个不支持的使用方式，但实际上在灰度发布的时候，研发人员还是很可能会面临这个问题的。

例如现网消费者已经订阅 Topic--A 了，因为新功能需要上线，所以需要多订阅一个 Topic--B。假设总共有 2 台机器，现在已经发布了 1 台，那么就会遇到上面的场景一。这个场景一对于业务侧的影响就是有很多消息是没有消费者消费的，会一直堆积，直到发布完成，如图 14-14 所示。

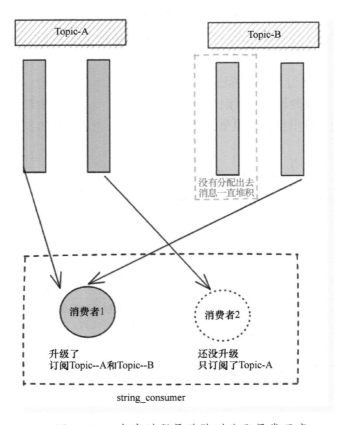

● 图 14-14　灰度过程导致队列分配异常示意

实际上这个问题很容易遇到，只不过当发布结束之后，消息还是可以继续被消费到的。是否需要特殊处理取决于这个灰度发布的过程有多长，以及消息的及时性是否非常重要。

（4）灰度发布的过程可能导致主题订阅升级的解决思路

既然这个问题已经影响到业务了，架构师需要拿出一个手段去规避这个问题。其中一个思路就是在设计之初，让一个消费者组肯定只会订阅一个主题。那么新增消费主题的时候只需要新增一个消费者组去监听这个主题，从而避免新增监听主题的时候"踩到这个坑"。减少监听主题的场景即是下线老消费者组，如图 14-15 所示。

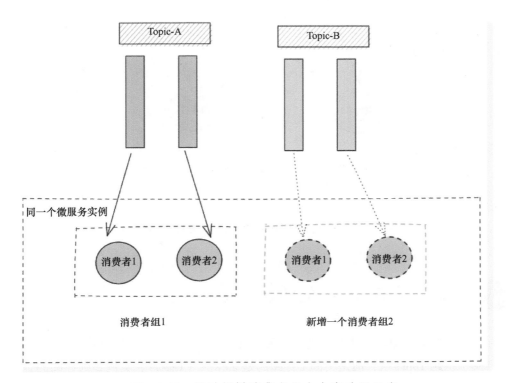

● 图 14-15 通过新增消费者组去灰度升级示意

那么更换主题？这时候也需要新增一个消费者组，去订阅一个新的主题，同时下线原主题的消费者组即可。

还有一种解决方法不需要新增消费者组，但是需要每次有消费者组主题订阅关系变更的时候，都需要更换消费者组的名称，如图 14-16 所示。

这样队列肯定是不会漏分的，但是发布过程中却会出现一些队列被两个消费者组监听的情况，这时候就需要做好消息幂等的工作了。

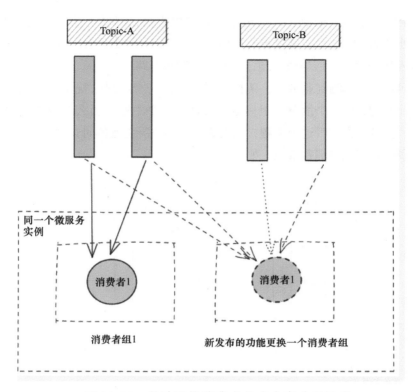

● 图 14-16 通过更换消费者组名灰度升级示意

14.3 标签订阅不同引发的消息丢失

还有一个问题更为隐蔽且致命，就是订阅了相同的主题，但是却订阅了不同的标签。例如同时订阅了主题 Topic--A，但是实例 1 订阅的是 a 标签（Tag-a），实例 2 则订阅的是 b 标签（Tag-b）。

从负载均衡的角度来看，两个实例都会看到一样的队列列表，一样的消费者列表，而自己也的确订阅了 Topic--A，所以分配队列的时候并不会出现问题，如图 14-17 所示。

但这里有一个致命的问题：消息丢失。如图 14-17 所示，实例 1（监听 Tag-a）拿到了队列 q0，实例 2（监听 Tag-b）拿到了队列 q1。

这时候过来了 10 条 b 标签的消息，5 条落到 q0，5 条落到 q1。因为实例 1 实际上没监听 b 标签，所以并不会收到消息，也就是说消息有监听但是却一直拉取不下来。所以最后看起来就是消息丢了一半。

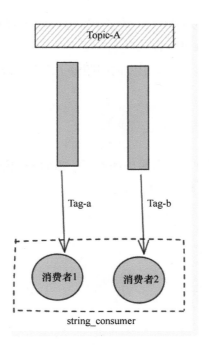

● 图 14-17　正常的标签订阅示意

1. 灰度发布的过程可能导致的标签不同

以上问题很严重，但是在服务灰度发布的时候很容易"踩坑"。例如线上的版本需要监听的是 a 标签，现在新需求发布的过程是服务需要更新到 b 标签就进行监听，这个过程就会出问题。

2. 灰度发布的过程可能导致标签更新的解决思路

和主题更换的问题类似，其中一个解决思路是不订阅多标签，而是每个标签的订阅都使用一个独立的消费者组解决。

另外的解决思路则是订阅关系的变化都需要变换消费者组的名称。同样道理，注意做好消息的幂等。

14.4　本章小结

本章介绍了多集群的一些使用场景，且以一个场景的低版本错误作为引子，详细讲解了底层的资源管理问题，以及 MQClientInstance 的一些关键性源码，以便更深入地理解 RocketMQ 在地址管理上的一些设计理念。同时给出了一些多集群使用的实践建议。

接下来针对常见的灰度升级问题，介绍了 RocketMQ 的消费者负载均衡的核心原理和过程。最后以此知识去解释一个非常难懂的队列分配现象。然后针对主题订阅关系的不同、标签订阅关系的不同，对两个不同的场景引发的问题做了详细的讲解。

14.5 思考题

读者是否遇到过本章中提到的消息丢失的问题，当时是通过什么途径发现原因不是主题没有创建，而是连接错了 Name Server 地址的？

第15章

▶▶▶▶▶▶▶

应对消息大量堆积

本章要讨论使用消息中间件产品都会遇到的一个话题：消息堆积。在 RocketMQ 场景下，消息堆积有很多的共性，同时也有一些特殊点，最常见的问题就是如何解决、如何预防消息堆积？以及为什么运维人员对集群扩容了，却好像没有效果？这些问题都会在本章得到解答。

15.1 消息堆积发生的原因及影响

一般来说，开发人员使用消息中间件的目的就是为了应付消费速度可能跟不上生产速度的场景，也就是说在其中的一个时间点去看队列里的消息，都是会存在一定量的堆积的。只不过正常情况下，这个堆积可能是几条或者几十条消息这种量级的。而一旦生产的量非常大，消费的速度和生产速度差距又比较大的话，来不及消费的消息就会持续累积，当到达比较大的量（如堆积达几万或者几十万条消息）时，就会被称为大量堆积。

▶▶ 15.1.1 消息堆积的场景

从原因上看，RocketMQ 出现消息堆积大体是以下几个原因。

1）消费速度客观上就是比较慢，而生产速度在某个时段确实比较大。典型的场景是日志系统的场景，一般情况下，日志存储需要批量处理，消费的耗时比较大，而日志的生产量在正常场景下可能看不出来什么延迟，一旦到了峰值就会发现有明显的生产消费速度差而导致的延迟。

2）消费的处理能力出现了异常。有些时候生产的速率也没太大变化，但是突然就不断堆积了，这时候可能是消费端的处理能力出现了问题，如出现了某些异常的消息消费导致慢查询卡死了消费的线程，或者某些消费线程一直在等待锁。

3）消费者状态异常。这是一种很异常的场景，如消费者启动出现了问题，导致不拉取消息了，又或者出现了某些异常的问题导致某条队列没有消费者获取，从而导致消息一直堆积没人消费。

▶▶ 15.1.2　消息堆积的危害

一般情况下，消息的堆积是没太大问题的，因为只要消息的消费在持续进行，最终总会把堆积的消息持续消费掉。但是消息的堆积意味着消息的消费是有延迟的，因为消息队列总是先进先出的，那么在堆积的情况下，最新到的消息是需要等待前面已经堆积的消息全部消费完才有机会消费的。这可能会导致以下两个问题。

1）更重要的消息被迫需要等待。新来的消息可能更重要，但是必须要等前面的消息消费完才可以消费，从而产生了相互影响。例如一个工单的消息堆积了，付费用户的某个工单消息和免费用户的消息都使用一个主题一个队列，付费用户的新消息也会因为消息堆积而延迟处理。

2）资源都被历史消息独占，服务无法恢复。这通常出现在一些对消息延迟较为敏感的场景，如购买成功后需要发送一条短信，如果发送短信的消息堆积了 10w 条，累积的延迟是 2h，那么新购买一个手机的时候，这条短信需要等非常久才能收到（消费速度慢的话，甚至要到第二天），这显得短信通知的功能像失效了一样。实际上，处理堆积的消息也是在发送一条很老的短信（如 2 小时前的信息），也就是说这时候即使一瞬间把堆积的消息全部消费了，对于这些历史消息的短信通知也已经延迟了两个小时了，再多延迟几分钟或者少延迟几分钟已经没有差别了。但是如果能更优先地处理新消息，则至少保证看起来当前时段这个功能是没有受影响的。所以从优先级的角度来看，更好的表现应该是优先处理新的消息，再慢慢处理历史消息，然而在 RocketMQ 堆积的场景下，这是不支持的。

15.2　消息堆积了，哪些扩容手段是有用的？

当遇到消息堆积时，大家第一反应通常是扩容。但有些时候扩容却无效，这具体是怎么一回事呢？本节将做解答。一般有以下 5 种扩容的手段。

1）消费者服务扩容。

2）消费者线程扩容。

3）Broker 队列数扩容。

4）Broker 扩容。

5）下游服务扩容。

▶▶ 15.2.1　消费者服务扩容对堆积的影响

大部分情况下，消费者服务扩容（增加消费者的实例数量）对堆积是有效果的。原因在于 RocketMQ 在设计上就是支持消费者的横向扩展的，所以整体的消费能力通常情况下会随着消费者数量的增加而增加。然而，这里有一个特殊的场景需要考虑，即队列数和消费者数量的比例。

前面介绍负载均衡的时候讲过，无论是哪个负载均衡策略，最终都脱离不了以下的约束：每个队列只会分配给一个消费者实例。所以如果扩容前，队列数比消费者数大或者队列数等于消费者实例数，那么扩容之后队列数肯定大于消费者实例数。这样一来，多出来的消费者实际上是会空载的，也就是说这对消息的堆积丝毫没有帮助，如图 15-1 所示。

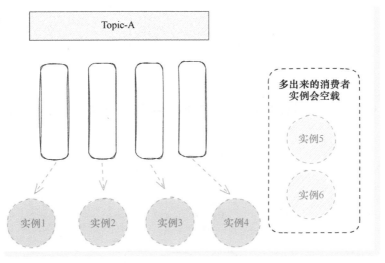

● 图 15-1　消费者实例扩容——消费者数量多于队列数量

这就是为什么有些时候扩容没有一点效果的缘故。

而如果一开始队列数就是大于消费者数量的，假设队列数是 4，消费者数量是 2。那么每个消费者是可以获取两个队列的，假设一个消费者消费速度是 10 条/s，那么每个队列的消费速度就是 5 条/s，最终整个主题的消费速度就是 5×4 = 20 条/s，如图 15-2 所示。

假设消费速度没有下游的依赖或者说下游依赖没有瓶颈的情况下，研发人员把消费者数量扩充到 4，结果就是每个消费者会单独获取到一个队列。而一个消费者速度是 10 条/s，所以每个队列的消费速度也是 10 条/s，最终整个主题的消费速度就变成 10×4 = 40 条/s，达到了一倍的扩容，如图 15-3 所示。

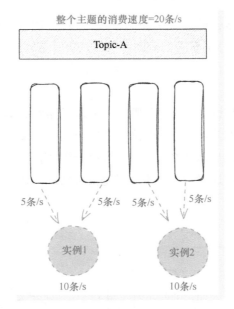

• 图 15-2　RocketMQ 正常消费情况——实例数量少于队列数量

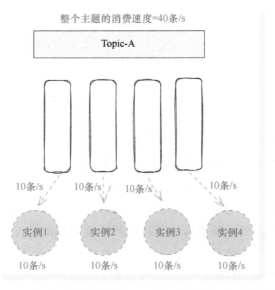

• 图 15-3　消费者集群扩容——队列数量与实例数量一致

▶▶ 15.2.2　消费者线程扩容对堆积的影响

还有一种手段甚至比消费者服务扩容更有效更直接，那就是直接扩容消费者的线程数。前面介绍消费者线程模型的时候提到过，RocketMQ 的消费者模型对比 Kafka 是进行了很大的优化的。RocketMQ 虽然一个消费者也是只能分配一条队列，但是这个消费者的并发数是可以大于 1 的，也就是说这个消费者实际上是多线程地在消费队列中的数据，如图 15-4 所示。

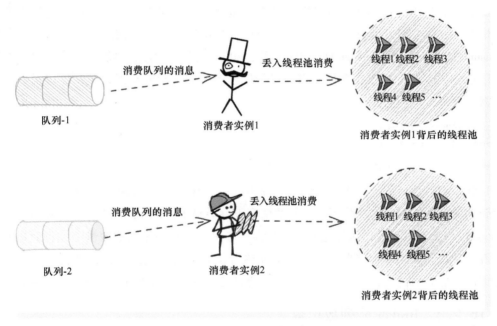

● 图 15-4　RocketMQ 多线程消费示意图

如果当前是 2 条队列，2 个消费者，每个消费者的线程数是 5。其中每个消费者的消费速度是 10 条/s，那么整个消费者组集群的总消费速度是 20 条/s。在不考虑依赖服务瓶颈的情况下，可以得出每个线程处理一条消息的速度是 10/5＝2 条/s。假设不扩容消费者的实例数，仅仅只是把这 2 个消费者的线程数提升到 10，那么一个消费者的消费速度就会提升到 2×10＝20 条/s，整个消费者组集群的消费速度就会提升到 40 条/s。同样达到了一倍的消费速度扩展。

为什么说消费者线程扩容通常情况下应对堆积会是更有效的扩容方式呢？有以下两点原因。

1）存量堆积数据的消费加速。对于已经堆积到队列的数据，因为队列无法同时分配给多个消费者，假设研发人员采取消费者实例数扩容，最终总会到达这样的一个状态：消费者数量＝队列数量。到达这个状态之后，再扩容消费者实例已经没有意义了。但是队列里面堆积的数据是没办法迁移的，如果要加速这个队列的消费速度，最终只能提升单个消费者的消费速度来加速堆积数据的处理。而消费者的线程数是可以继续扩容的，而且扩线程数就是扩并发数。也就是说只要扩容了线程数，在不考虑资源消耗（多线程的上下文切换、内存开销等）的情况下，对于整体的消费速度总会线性提升的。

2）线程池参数优化。很多情况下，开发者对于线程池的前期评估是不准的，大多数情况下都是按照一些简单的经验做的保守设置，如 16。但是现阶段很多服务器的机器资源是很充足的，CPU 的利用率远远不够，适当提升线程数是低成本实现消费能力扩展的很好手段。还有一种情况下，很多研发人员对于线程池参数设置是错误的。默认情况下，消费者线程数是 20（consumeThreadMin 和 consumeThreadMax 都是 20），也就是说默认情况下一个队列的并发量最大可以达到 20。但是由于很多研发人员对于线程池的原理理解有误，经常设置类似下面这样的参数。

```
consumeThreadMin = 1
consumeThreadMax = 64
```

这些研发人员误以为设置的意思是这样的：

平时低峰的时候保留一个线程，如果处理不过来，就一直扩充线程直到 64 个。

然而这理解是错误的，在队列无限长的情况下（默认 RocketMQ 的消费者线程池的队列长度是 Integer.MAX_VALUE），线程池的线程数会一直保持在最小设置的数量上，也就是说上面的设置等同于设置成单线程消费。所以，除非单机负载真的比较高了，否则通常情况下增加消费者实例数能应对的堆积问题，改为设置更合理的线程数会是更优更低廉的扩容手段。

▶▶ 15.2.3　Broker 队列数扩容

有些时候某些研发人员或者运维人员看到队列大量堆积了，就病急乱投医，直接考虑扩充队列数去解决堆积问题，实际上这种扩容方式大部分情况下是没有效果的。原因在于 RocketMQ 的队列发生数量变化的时候，并不会做数据的搬迁。假设现有 4 个队列，每个队列都堆积了 10 万条消息，那么当研发人员把队列数量扩容到 8 条的时候，原来的 4 条队列每条还是堆积了 10 万条消息，而新创建的队列则没有堆积的消息。

同时，对于消费能力来说，也没有帮助。因为消费能力实际上是消费者本身的能力决定的，在堆积的场景下（消费能力追不上生产能力），每个队列基本都是堆积的，从而导致消费者的线程池一直是满的，也就是说原本的队列已经消费不过来了，再分配更多的队列只会增加负载，并不会提升其消费能力。就像是餐厅繁忙的时候，很多顾客都在等待，每个店员最多只能同时服务 4 桌顾客，即便老板要求他服务 8 桌顾客，实际上同一时刻能被服务到的也只有 4 桌顾客，并不会提高效率，反而可能会增加别的负担。

所以说对于已经堆积的消息，队列数扩容无论是对消耗堆积的消息，还是增加消费能力都是没有帮助的。然而这个举措并不是一无是处的，在某些情况下，队列数扩容确实能解决一些别的问题。

其中一个场景是，如果队列数本身已经大于等于消费者实例数了，那么要扩容消费者实例数的话，前提必须是队列数的扩容，否则多出来的消费者实例拿不到队列的话实际上是空载的，如图 15-5 所示。

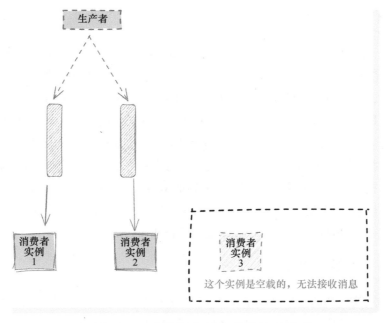

● 图 15-5　消费者实例空载的情况示意

还有另外一个场景是可以缓解新消息的处理延迟问题。前文提及过堆积会导致新消息需要一直等待老消息的消费结束才能消费。例如 4 个队列中的每个队列都堆积了 10 万条消息，假设有个消费者分别以 100/s 的速度消费，那么消费完 10 万条消息需要 1000s，即大约 16min 的时间。如果这个消息是一个类似会议提醒之类的通知，那么这时候突然来了一个会议需要提醒的话，则消费者需要延迟 16min 才会收到提醒，而且是所有新的提醒都会有这个延迟。

很多时候，研发团队希望发生故障的时候能尽可能不影响新的请求。也就是说堆积的消息已经受影响了，可能没什么办法，但是研发团队是希望新的消息能在这些影响中得到隔离。这时候扩容队列数对这个问题会有缓解作用。还是以前面的例子为例，4 个队列中的每个队列都堆积 10 万条消息，假设把队列扩到 8 条，那么就会有 4 个新的、空的队列，而这 4 个队列也会分配给现在的消费者。因为消息生产默认是轮询的，那么每新发送 8 条新消息，就会有 4

条消息落到没有堆积的新队列中，所以这 4 条消息就能有机会更快地被消费，而不是像前面说的等待 16min。

当然了，因为消费者本地也存在线程池的队列，这个线程池的队列也是串行的，所以新的消息即便能快速到达消费者实例内存中，也是需要和别的队列中的消息共同等待线程释放的。也就是说这部分新的消息虽然能大量提前其被处理的时间，但也做不到没有消息堆积时的时效性。总的来说，队列扩容对于新消息的更及时处理有一定的效果。

▶▶ 15.2.4 Broker 扩容

还有些时候，研发人员会认为消息堆积是和 Broker 的投递性能有关的，所以考虑扩容更多的 Broker，以获得更好的堆积消息处理吞吐量。这几乎是无用功。首先，RocketMQ 的消费投递的性能极高，因为有大量的零拷贝、Page Cache、批处理、长轮询等设计，RocketMQ 无论是消息查找，还是消息拉取方面性能都是极高的，几乎不存在瓶颈。如果非要说有瓶颈，那可能就是网卡的瓶颈。然而生产上不太可能消费端的处理速度快到让瓶颈出现在网卡上的情况，所以 Broker 扩容对于消息堆积是没有意义的。即便真的是网卡出现了问题，该扩的也是该 Broker 所在的机器上面的网卡，而不是扩容新的 Broker。实际上，Broker 的扩容在消息堆积场景下起到的作用和队列数扩容的效果是一样的，所以如果仅仅只是为了让新的消息能更及时地被消费到，在原 Broker 上扩容队列数也能达到一样的效果。

▶▶ 15.2.5 下游服务扩容

通常情况下，排除 Broker 投递上遇到的瓶颈（网卡），堆积肯定是消费性能跟不上导致的。而消费性能一般又分为自身资源不足和下游服务性能不足导致的。如果是自身资源不足的情况，通过对消费者服务的扩容或者对消费者线程的扩容都是可以起到不错的效果的。但是如果瓶颈出现在下游的服务、存储上的话，那么扩容消费者本身的线程或者实例都只能是加重下游的负担，对于加速堆积消息的消费反而是有害的。举个例子，目前消费逻辑很简单，就是解析消息体中的内容，开启事务对数据库进行一定的更新、写入操作；此时速度已经达到 1000 条/s，运维人员日常观测时发现消息已经持续堆积了。在消费链路中因为对于数据库的操作是强依赖的，假设数据库对于当前的事务操作的性能大概就是 1000/s 左右的话，基本可以判断当前的瓶颈就出现在数据库上。这个时候如果运维人员对于消费者服务扩容，带来的效果只会是加重数据库的压力（如增加连接数、并发数），最后可能会发现消费速度反而下降了。所以当定位到瓶颈出现在依赖的服务、存储的时候，需要做的不是消费者本身的扩容，而是依赖的服务、存储的扩容。千万不要盲目扩容，这样可能会使得下游压力加大而雪崩，最后堆积情况反而加重了。

那么如何判断瓶颈到底是服务本身还是下游呢？在生产遇到故障的时候，已经很少有时间给研发人员分析代码，或者在机器上看线程状态做具体的分析了。一个成本比较低、响应比较快的方式是先快速扩容少量的实例数，或者调整某几台消费者的线程数，然后观察整体的消费速度是否有上升，如果有上升，证明当前的瓶颈还没到下游，而是并发能力限制的消费能力。如果这样操作后没有得到消费能力的上升，那么应该尽快分析链路上的强依赖路径，看耗时主要消耗在哪里，找到该路径的服务、存储进行对应的扩容处理。

15.3 消息堆积的一些定位手段

▶▶ 15.3.1 定位消费瓶颈

堆积最大的可能是消费速度确实跟不上生产的速度了，所以一直堆积。这可能是程序的问题，也可能是下游服务的问题。该怎样定位呢？

消费者消费的时候实际上是用一个线程池消费的。而这个线程池的线程在 RocketMQ 里面都是有专门名称的，且都是以 ConsumeMessageThread_ 开头。在最新的版本中，这个线程名还会带上消费者组的组名，但无论如何都肯定是以 ConsumeMessageThread_ 开头的。

所以当研发人员在消费者服务上进行 jstack 操作打出线程堆栈时，可以尝试搜索 ConsumeMessageThread_关键字。通过结果可以知道当前消费线程池中正在运行的线程数，也就是并发数。如果发现这个数很不正常的话，则需要回头看看参数配置是否正确。最典型的情况就是像前文所说的，线程数其实只有 1 个，所以导致并发能力很差。也有可能是线程数量过大，导致性能反而下降。这两种情况都是可以通过调整线程数量来提高消费能力的。

如果线程的数量看起来是健康的，接下来则可以看看堆栈中的线程正在做什么。通常情况下，如果消费的瓶颈来自于某个慢的代码，那么进程中的那些线程在一瞬间（进行 jstack 的时候）大概率都在执行相同的代码，所以它们的堆栈会非常相像。例如以下的例子。

```
STATE: TIMED WAITING
java.lang.Thread.sleep(Native Method)
mqtest.DelayTest $1.consume(DelayTest.java:51)
com.aliyun.openservices.ons.api.impl.rocketmq.ConsumerImpl $ MessageListenerImpl.
consumeMessage(ConsumerImpl.java:101)
com.aliyun.openservices.shade.com.alibaba.rocketmq.client.impl.consumer.ConsumeMes-
sageConcurrentlyService $ConsumeRequest.run(ConsumeMessageConcurr
entlyService.java:415)
java.util.concurrent.Executors $RunnableAdapter.cal|(Executors.¡ava:511)
java.util.concurrent.FutureTask.run(FutureTask.java:266)
```

```
java.util.concurrent.ThreadPoolExecutor.runWorker(ThreadPoolExecutor.java:1149)
java.util.concurrent.ThreadPoolExecutorSWorker.run(ThreadPoolExecutor.java:624)
java.lang.Thread.run(Thread.java:748)
```

可以看到，消息线程处于睡眠等待的状态，而导致这个状态的代码是在 mqtest.DelayTest 的 consume 方法，其代码行数是在第 51 行 [从 mqtest.DelayTest ＄1.consume(DelayTest.java：51) 这一行可看出]。通过这样的定位可以判断得出问题的根源可能是代码里的第 51 行执行了 sleep 方法导致程序的吞吐下降。

再比如以下是一个很典型的例子。

```
STATE: RUNNABLE
java.lang.ClassLoader.loadClass(ClassLoader.java:404)
sun.misc.Launcher $AppClassLoader.loadClass(Launcher.java:349)
java.lang.ClassLoader.loadClass(ClassLoader.java:357)
org.apache.http.impl.conn.PoolingHttpClientConnectionManager.&lt;init&gt;(Pooling-
HttpClientConnectionManager.java:174)
org.apache.http.impl.conn.PoolingHttpClientConnectionManager.&lt;init&gt;(Pooling-
HttpClientConnectionManager.java:158)
org.apache.http.impl.conn.PoolingHttpClientConnectionManager.&lt;init&gt;(Pooling-
HttpClientConnectionManager.java:149)
org.apache.http.impl.conn.PoolingHttpClientConnectionManager.&lt;init&qt;(Pooling-
HttpClientConnectionManager.java:125)
refactor.base.Tools.getHttpsClient(Tools.java:138)
refactor.base.Tools.httpsPost(Tools.java:257)
mqtest.DelayTest $1.consume(DelayTest.java:58)
com.aliyun.openservices.ons.api.impl.rocketmq.Consumerlmpl $ MessageListenerImpl.
consumeMessage(ConsumerImpl.java:101)
com.aliyun.openservices.shade.com.alibaba.rocketmq.client.impl.consumer.ConsumeMes-
sageConcurrentlyService $ConsumeRequest.run(ConsumeMessageConcurr
entlyService.java:415)
java.util.concurrent.Executors $RunnableAdapter.call(Executors.java:511)
java.util.concurrent.FutureTask.run(FutureTask.java:266)
java.util.concurrent.ThreadPoolExecutor.runWorker(ThreadPoolExecutor.java:1149)
java.util.concurrent.ThreadPoolExecutor $Worker.run(ThreadPoolExecutor.java:624)
java.lang.Thread.run(Thread.java:748)
```

从堆栈上看，线程是正常的运行状态。如果很多线程都在这个状态，证明里面肯定有一些代码片段很慢，导致消费太久了。而上面这个例子，出问题的代码片段是 mqtest.DelayTest 里面的 consume 函数，其代码行数是在第 58 行 [从 mqtest.DelayTest ＄1.consume(DelayTest.java：58) 这一行可看出]，里面调用了 httpsPost 的方法导致了瓶颈。

那么具体 http 的瓶颈可能是下游的服务太慢了，也可能是某些参数设置不合理，但无论如何，定位的方向算是清楚了。

还有一种很特殊的情况，大量线程处于空闲状态，代码如下。

```
STATE: WAITING
sun.misc.Unsafe.park(Native Method)
java.util.concurrent.locks.LockSupport.park(LockSupport.java:175)
java.util.concurrent.locks.AbstractQueuedSynchronizer $ ConditionObject.await (Ab-
stractQueuedSynchronizer.java:2039)
java.util.concurrent.LinkedBlockingQueue.take(LinkedBlockingQueue.java:442)
java.util.concurrent.ThreadPoolExecutor.getTask(ThreadPoolExecutor.java:1074)
java.util.concurrent.ThreadPoolExecutor.runWorker(ThreadPoolExecutor.java:1134)
java.util.concurrent.ThreadPoolExecutor $Worker.run(ThreadPoolExecutor.java:624)
java.lang.Thread.run(Thread.java:748)
```

如果从堆栈上看到以上这样的情况，证明该消费线程是空闲的。而如果大量消费线程是空闲的话，理论上证明没有什么消息需要消费。但是如果确实看到队列有堆积，那么可能出现以下两个问题。

1）进度同步出现了问题，导致消费了，但是没同步到 Broker。这块需要关注客户端里进度同步相关的日志。

2）中间某条消息把进度卡住了。前面的章节提到过，进度的提交是一批一批的，如果中间有消息一直处于消费中很久（如死锁、死循环），那么消费进度也会一直卡住，看起来就是进度一直停滞不前，但是实际上其他消息都是可能正常消费的。这时候应该可以发现其中某些线程是正常消费的，但是一直卡在某个状态。借助 jstack 也可以定位到具体的代码片段。只不过这种问题会比较难定位，因为很可能是在很特殊的条件下才会触发。这类问题需要特别关注的是有没有一些特殊的消费逻辑的分支或者在某些特殊的数据状态下可能导致的高耗时逻辑。

▶▶ 15.3.2 定位数据倾斜

有些时候研发人员可能会发现同一个主题下，大部分的队列可能没有堆积，只有某个队列特别慢、堆积特别多。

这种情况下，有两种可能：

1）这个队列分配到的消费者特别慢。这可能是消费逻辑的问题，可以用前面讲的 jstack 的手段定位。还有另一种比较常见的情况是部署上的问题，例如这个队列所属的消费者是另外一个机房的。

2）还有一种情况是消费者可能并没有太多问题，问题出现在消息的分配策略上。例如 4 个消费者的处理速度都是 10 条/s，这 4 个消费者都得到一条队列。如果说消息以 40 条/s 的速度生产，在平均负载的情况下消息是不应该有堆积的。但是假设有三个队列的消费速度是 1

条/s，剩下的一个队列是 47 条/s，那么就有一条队列以 37 条/s 的速度在堆积了。这很可能是产生了一些热点问题。最典型的情况就是开发人员在消息生产的时候采用了 selector 的策略以控制了消息生产的负载均衡。例如做直播业务的时候，开发人员以直播间的房间 id 作为分片键去计算应该投递的队列。当出现了一个超级大热门的直播间的时候，某个队列可能就会因为数据严重倾斜导致堆积。这时候定位上需要特别关注这个堆积的队列里消费的消息是否具备特殊的特征，从而回头审视 selector 的逻辑是否需要优化。

▶▶ 15.3.3 定位队列分配数量

还有一种情况是消费队列分配导致的消息堆积。

（1）消费队列数量分配不均

假设现有 3 个队列，有 2 个消费者实例，按照默认的规则分配队列。结果会出现有一个消费者实例分配了 2 个队列，而另外一个消费者实例分配了一个队列。那么分到两个队列的消费者实例自然负载更高，更可能导致这两个队列出现消费堆积，如图 15-6 所示。

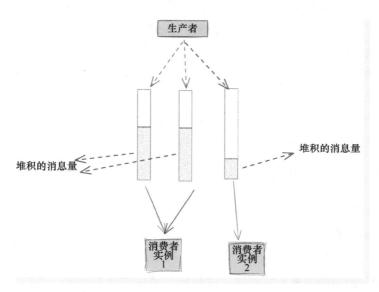

● 图 15-6 消费队列数量分配不均情况示意

这时候可以适当调整队列的数量，让队列数量是消费者数量的整数倍。

（2）消费队列没有消费者组

这是一个很异常的场景。因为如果有队列没有消费者消费，RocketMQ 会触发重平衡，很快就会把它分配出去。但是如果一直都没有分配出去，则会导致消息只进不出，当然就会一直堆积了。

导致这个情况的原因一般有以下两个。

1）自定义分配均衡策略问题。客户端是可以支持指定分配策略的，需要定位分配策略的算法是否有问题。

2）相同消费者组下存在不同的订阅关系。这是 RocketMQ 常见的一个问题。例如两个实例都是 Consumer-Order 的消费者组，其中一个消费了 Topic-A，另外一个消费了 Topic-A、Topic-B，这时候可能就会导致 Topic-B 的某些队列是没有消费者实例的。具体的原因前面章节已介绍，读者可以回看。这种情况需要提前规避，常见于发布过程之中。例如现网版本只消费一个主题，新功能需要多消费一个主题，在发布的过程中就会遇到相同消费者组、不同的实例有不同订阅关系的情况。

15.4　处理消息堆积的实践建议

实际上虽然扩容有时候是可以解决大部分问题的，但是堆积的数量太大，已经严重影响了线上业务的时候，作为一名优秀的研发人员，需要考虑的第一要务是怎样快速恢复业务。下面介绍处理堆积的一些实践手段。

15.4.1　快速扩容

遇到消息堆积，通常情况下需要第一时间快速扩容。具体如何扩容，前文已有介绍。

15.4.2　快速恢复新消息的消费

扩容之后，研发团队还需要考虑让新消息能有机会被消费到。前面说过，扩容即使可以提升消费能力，但还是无法做到让新消息插队。

这时候以下几个方法是可以参考的。

1）更换消息主题。研发人员可以让生产者更换一个主题，让消息能进到另外一个主题中，这时候让消费者组也更换新的消费主题，从而实现新消息能及时分配资源。

2）重置消费进度。研发人员也可以通过控制台或者运营命令行重置这个消费者组的消费进度，使其跳过历史的消息而只消费新消息。

3）更换消费者组名，策略设置为 CONSUME_FROM_LAST_OFFSET。这样这个新消费者组会立刻从队列的末尾开始消费。

15.4.3 恢复历史消息的消费

这之后，就可以做到新消息能立刻被消费。但是可能会导致这期间堆积的消息"丢失"。如果这些消息无关紧要或者和时间强相关，那么到这一步就可以了。

而如果这些消息要求不能丢失，借助 RocketMQ，研发团队也可以补救。最简单的策略就是再启动一个新的消费者组，设置一个合理的消费位点去回放这些堆积的消息。

15.5 预防消息堆积的实践建议

为了预防消息堆积，有不少实践建议。下面将介绍这些实践。

15.5.1 合理地规划消费并行度

首先，消费的并行能力是最容易导致消费瓶颈的，而这其中特别需要关注以下三个指标。
1）消费者的实例数量。
2）每个消费者能分配到的队列数。
3）消费者线程池的线程数。

15.5.2 避免热点数据

某些场景下，程序需要做一些消息分区的动作，这时候一定要注意选择好分片键，因为可能会出现热点问题。例如刚刚所说的直播间功能，如果按照直播间房间 id 做消息分区的话，大房间的场景下就会导致某个分区堆积，而如果选择观众的账号 id 去分区的话，就能避免。同样的问题可能出现在商品上，一些商品可能会突然产生大量浏览记录，如果按照商品 id 去做消费分区的话，这里浏览记录的主题可能也会出现热点数据的问题，导致某个队列的数据特别多。

15.5.3 适当丢弃过老的消息

为了避免消息的堆积而大量影响新消息的消费，程序可以在处理消费逻辑的时候适度丢弃老的消息，从而让新消息能更快地被消费。

有两个手段去判断消息是否过老。第一种可以依赖消息的生产时间。类似的代码如下所示，一分钟之前的消息直接认为无须消费而丢弃。

```
@Override
public ConsumeConcurrentlyStatus consumeMessage(List<MessageExt> msgs, ConsumeCon-
currentlyContext context) {
```

```
        for(MessageExt msg: msgs) {
if(System.currentTimeMillis()-msg.getBornTimestamp()>60 * 1000) {// 一分钟之前的认为过期
            continue;// 过期消息跳过
        }

        ...// 这里是消费逻辑

    }
    return ConsumeConcurrentlyStatus.CONSUME_SUCCESS;
}
```

另外一种手段可以看堆积的数量，如果堆积太多了，那么就舍弃一批。代码如下所示，如果消费逻辑中发现当前都已经堆积了 10 万条消息，则立刻丢弃当前消息。

```
@Override
    public ConsumeConcurrentlyStatus consumeMessage(//
        List<MessageExt> msgs, //
        ConsumeConcurrentlyContext context) {
        long offset = msgs.get(0).getQueueOffset();
        String maxOffset = msgs.get(0).getProperty(MessageConst.PROPERTY_MAX_OFFSET);
        long diff = Long.parseLong(maxOffset) - offset;
        if (diff > 100000) { // 消息堆积了 10 万条情况的特殊处理
            return ConsumeConcurrentlyStatus.CONSUME_SUCCESS;
        }
        ...// 这里是消费逻辑
        return ConsumeConcurrentlyStatus.CONSUME_SUCCESS;
    }
```

通过这种丢弃策略，系统可以更好地把资源倾斜给新消息，而不用一直被老消息阻塞。这种策略特别适用于时间比较敏感的消费逻辑，例如消息通知。

有些研发人员可能担心丢失一些消息会导致业务有损。这方面借助 RocketMQ 是可以比较简单地恢复这些消息的。首先通过日志可以知道哪些消息触发了丢弃。例如某研发人员发现 5h 前触发了丢弃策略，类似前文所说的，可以换一个消费者组的名称启动这个消费服务，把这个消费者组的消费进度调整到 5h 之前，这样消息就可以回溯消费了。当然这个过程需要注意消息的幂等处理。

15.6 本章小结

本章介绍了消息堆积发生的原因，同时探讨了各种扩容手段的效果，从而了解了如何进行正确的扩容。同时还介绍了定位消息堆积瓶颈的手段。最后，从实践的角度介绍了处理消息堆积的一些方法，以及预防消息堆积需要提前考虑的点。

15.7 思考题

数据热点可能会导致消息堆积。以直播间为例，程序为了加速一些消费的逻辑做了大量的本地缓存处理。例如直播间的基本信息等都在本地缓存中，为了增加本地缓存的命中率，现在确实需要对房间进行一定的分区处理，让它能进到同一个机器中命中本地缓存。但是这在大房间的情况下，又会导致严重的数据倾斜。如果想要兼容这两者，该如何取舍设计 selector 的逻辑呢？

第 16 章

大型互联网系统双活 RocketMQ集群架构

随着业务的发展，对技术架构的要求会越来越高。随之而来的部署架构也会演进，单机房的架构会逐步升级为同城双机房、两地三中心、异地多活等架构。本章以同城双机房为突破口，讨论这个架构下，业务应该如何更好地使用 RocketMQ。本章以北京两个机房（汇天、昌平）部署后台服务为例，其中以汇天机房作为主机房。

16.1 常见的同城双活后台架构

一般而言，一个后台服务里，消息中间件不是必需的，但数据库和后台应用基本是必需的，所以最简单的同城双活是这样的架构。汇天和昌平两个机房独立部署应用，其中数据库也是跨机房部署，主部署在汇天机房，昌平机房如果有写请求的流量，写请求会连接到汇天机房的主库进行写入，而读请求通过读写分离可以访问本机房的数据库。图 16-1 所示是一个很经典的业务双机房架构。

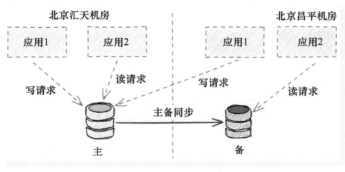

● 图 16-1　经典的业务双机房架构

那么如何双活呢？一般而言可以有以下两种手段。

1）双域名。第一个手段是两个机房对外提供服务的域名是不一样的，端侧通过一些路由策略选择对应的域名，把请求打到对应的机房中，如图 16-2 所示。

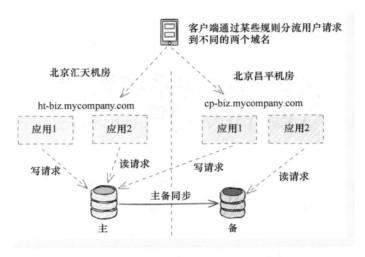

• 图 16-2 双活架构——双域名隔离

2）网关路由。第二个手段是在应用前面建设一个统一网关，由统一网关做一定的路由策略，把对应请求打到合适的集群中，如图 16-3 所示。

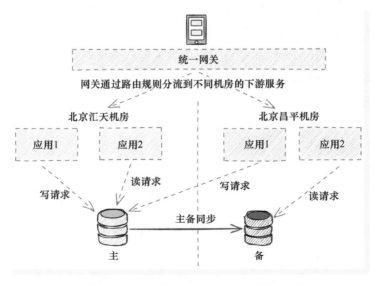

• 图 16-3 双活架构——统一网关分流

两者各有优点，各业务场景可以选择合适的架构进行实践，在此就不展开了。但无论如何，这种架构都希望达到一个目标：任何一个机房的服务、中间件、存储出现问题，都可以用另外一个机房接替，以提供服务。例如汇天机房部分网络有问题，导致服务成功率很低，那么最简单的恢复手段就是把所有流量打到昌平机房中。因为本章主要探讨的是 RocketMQ 的双机房架构，所以上面的两个手段不是本章关心的内容，故下文的架构中也会略过此部分。但是需要注意的是，在架构实施的时候，路由、域名策略实际上是后台架构非常重要的一环。

16.2 同城双机房的 RocketMQ 部署架构

▶▶ 16.2.1 简单的同城双机房 RocketMQ 部署架构

基于以上的同城双活后台架构，当架构师引入 RocketMQ 后，最简单的架构就是两个机房独立部署一套 RocketMQ 的 Broker、Name Server，如图 16-4 所示。

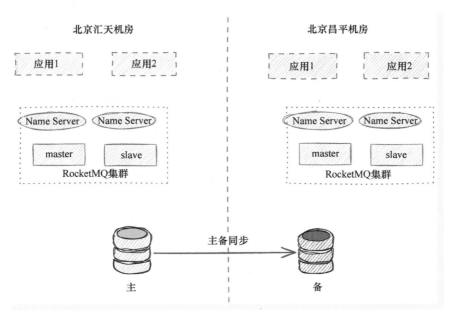

● 图 16-4 简单的同城双机房 RocketMQ 部署架构

在这样的架构下，两套机房的 RocketMQ 集群是完全独立的，没有任何交集。

但这样有一个最明显的问题，虽然整体的服务可以通过流量调度的方式去恢复业务，但是流量调度毕竟是需要操作时间的，也就是说业务肯定还是会有一段时间受影响的。而 RocketMQ

本身并不是双活的，一旦一个机房下 RocketMQ 集群发生了问题，那么 RocketMQ 在该机房就不可用了，例如汇天机房的 Broker 磁盘都坏了，那么该机房所有的服务就受影响了，而且消息数据都在汇天机房，已经无法恢复了。

▶▶ 16.2.2　同城双机房高可靠的 RocketMQ 部署架构

可以尝试调整一下 Broker 的部署架构，在汇天机房的 Broker 集群增加一个昌平机房的 slave，以增加集群的可靠性。这样即使整个昌平机房的 Broker 磁盘都坏了，运维人员依旧可以用昌平机房的 slave 恢复服务。同样的道理，昌平机房的 Broker 集群也增加一个汇天机房的 slave。整个部署架构如图 16-5 所示。

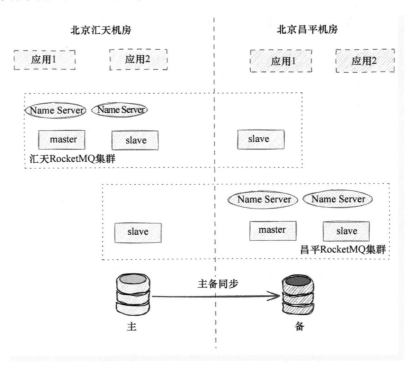

● 图 16-5　同城双机房高可靠的 RocketMQ 部署架构

▶▶ 16.2.3　同城双机房的 RocketMQ 部署架构（写高可靠）

基于 master/slave 的架构是不支持自动主备切换的，所以如果汇天机房的 master 宕机了，虽然 slave 还能继续提供消费消息的服务（历史消息），但是整个汇天机房的写入消息的服务将不可用，也就是说对于消息写入的功能并不是高可靠的。

要解决这个问题，一个很简单的思路是开启 DLedger 的部署方案，那么整个集群就支持主备切换了。但是因为 DLedger 在真实业务中实践不多，且 5.0 版本之后还有一个新的主备切换方案——controller 模式，所以个人并不推荐在生产中贸然使用 DLedger 模式。为了解决写高可靠的问题，推荐的方案是在主备模式的基础上，对等地部署多一组的 Broker，利用两组 Broker 提供读写服务。那么即使其中的一组 Broker 中的 master 发生故障，也能利用另外一组 Broker 继续提供写服务，如图 16-6 所示。

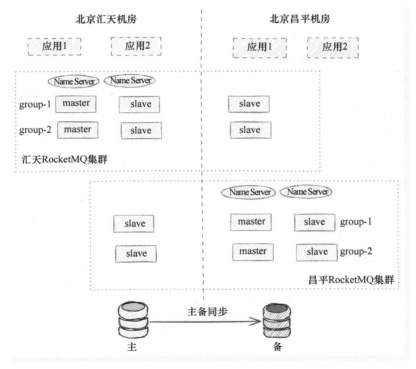

● 图 16-6　同城双机房的 RocketMQ 部署架构（写高可靠）

16.3　同城双活的 RocketMQ 部署架构

同城双活的 RocketMQ 部署架构（写高可靠）这个方案已经能解决 90% 以上的容灾架构问题了，国内大公司里的绝大部分业务也不会比这个架构更加高级（就消息中间件而言）。但是，这个架构还有一个问题，就是两个集群是独立的，当一个集群整体不可用的时候，该机房的消息服务都会不可用。例如汇天机房的集群出了问题，那么整个汇天机房的所有依赖消息中间件的业务都将不可用。当然，正常情况下，双机房架构的业务都具备流量调度的方式，在汇天机房的 RocketMQ 集群出现故障时，运维人员也可以整体把汇天机房所有的流量导入昌平机房，这样也能实现服务的恢复，这也是为什么同城双活的 RocketMQ 部署架构（写高可靠）基本已经能解决大部分业务场景的原因。

但流量调度毕竟是一个全局的调度，属于牵一发而动全身的动作，而且容易放大另外一个机房的整体流量压力，从而导致别的服务或者数据库的负载也会上升。如果希望再次优化这个架构，那么下一阶段则是希望两个机房的服务能相互替换，在灾难场景下能自动接管流量。

▶▶ 16.3.1 简单的同城双活部署架构

实际上，基于前面的同城双机房（写高可靠）策略，只需要把两个机房的集群打通形成一个逻辑的大集群，即可实现双活的架构。架构师可以让汇天机房的 Broker 和昌平机房的 Broker 都上报到一个 Name Server 集群中。这时候任何一个生产者或者消费者接入这套集群，两个集群对于它来说都是可用的，自然就可以实现两个 MQ 集群的双活。而当一个机房集群发生了故障，另外一个机房集群也是可以继续提供读写服务的。整体部署的架构如图 16-7 所示。

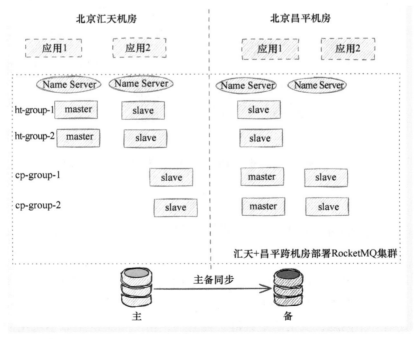

● 图 16-7　简单的同城双活部署架构

▶▶ 16.3.2　同城双活的技术挑战

简单的同城双活部署架构解决了两个机房可靠性的问题，但是却引入了另外一个问题。即两个机房的流量是串的，有可能汇天机房的实例生产的消息是投递到昌平机房的消息集群中，最后被昌平机房的消费者消费，反之亦然。甚至可能一条消息在两个机房绕了一圈之后又回到本机房消费，这种现象被称为流量穿越，如图 16-8 所示。

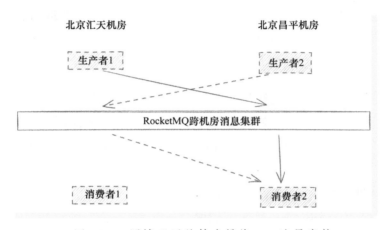

● 图 16-8　同城双活的技术挑战——流量穿越

流量穿越的问题主要在以下 3 点。

1）给问题的定位提高了复杂度。本来问题的定位只需要一个机房就能查询整个链路，现在变成了可能到处串流，特别是如果中间隔着多个消息链路的话会变得更为复杂。

2）对于架构复杂度的要求提升。因为请求可能垮机房处理，所以服务需要保证数据的状态是跨机房能互通的。例如数据库是同一个，或者两个机房的数据具备同步能力等。

3）延迟提升。虽说同城机房延迟非常低，但是毕竟物理距离客观存在，这个延迟肯定会比同机房内部要大得多。这也会给服务的稳定性带来一定隐患。

所以建设了同城双活的消息架构后，开发者通常都需要解决一个就近接入的问题，或者直白地说就是消息的自产自销，即本机房的消息投递到本机房的 MQ 集群，最后由有本机房的消费者消费。只有在集群出现故障的时候，消息才会垮集群进行收发。

▶▶ 16.3.3　基于全局路由的同城双活部署架构

这时候一个比较直接的思路是建设全局路由的服务，这个服务可以是一个独立的模块，也可以是一个配置中心。

　　两个机房的消费者和生产者都基于这个全局的路由服务拿到一个集群的 Name Server 地址，通过这个 Name Server 集群来启动对应的消息生产和消费。

　　例如汇天机房的实例生产消息的时候，通过路由服务返回集群地址，这时候返回的应该是汇天机房的 Name Server 集群地址。随后该服务实例会创建一个该集群的生产者实例，发送消息给汇天机房的消息集群。同样道理，汇天集群的服务实例在消费者实例启动前，也需要连接到路由服务获取集群地址，这时候拿到的也会是汇天机房的 Name Server 地址。随后根据汇天机房的地址创建出来的消费者实例就只会消费汇天机房里消息集群的消息。以后在汇天机房内部就形成了自产自销，如图 16-9 所示。

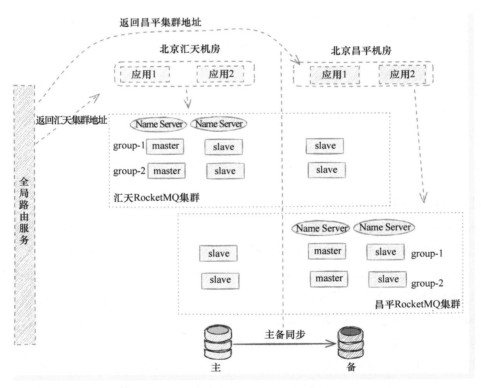

●图 16-9　基于全局路由的同城双活部署架构

　　在汇天机房的 MQ 集群故障的时候，运维人员把路由服务的集群地址下发成昌平机房的地址。这时候原本汇天机房服务生产的消息就可以投递到昌平机房的 MQ 集群里了，从而实现消息集群的跨机房容灾。至于原本汇天机房的那些消费者，运维人员可以把其切换到昌平机房消费，也可以不切换。

如果不切换消费者的话，那么消息就会从汇天机房的实例生产到昌平机房的消息集群，最后被昌平机房的消费者消费到，如图 16-10 所示。

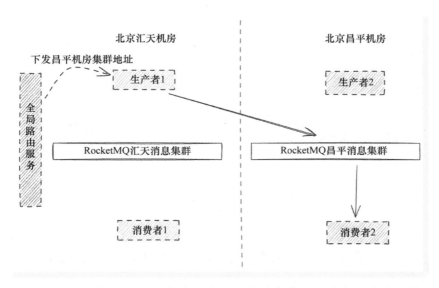

● 图 16-10　基于全局路由的同城双活部署架构——单机房故障切换
生产者集群处理示意

但是如果像图 16-10 所示进行切换，所有消费的压力都会压到昌平机房，如果机房本身的容量足够，这样其实没什么问题，甚至更好，因为生产的链路出现了一次跨机房的调用，后面的链路都会重新闭环在昌平机房中。但是如果昌平机房本身容量不能支撑两个机房同时生产的流量，那么消费者也需要切换了。

如果切换消费者，也需要让全局路由服务下发昌平机房的 Name Server 地址，这时候汇天机房发现集群地址变了，也需要新建一个消费者实例连接到这个新集群中进行消费。这样以后消息就会从汇天机房的生产者投递到昌平机房的 MQ 集群，然后消息被昌平机房和汇天机房两个机房的消费者共同分摊消费，如图 16-11 所示。

至于这个策略的全局路由服务怎样感知集群是否发生了故障，这里有两个方向。第一个是纯手动，也就是说全局路由本身不和 Broker 集群有什么交互，是否需要切换是靠人为变更的。另外一个思路是用一些心跳机制去探测 Broker 是否存活等，发现不存活，自动变更地址。

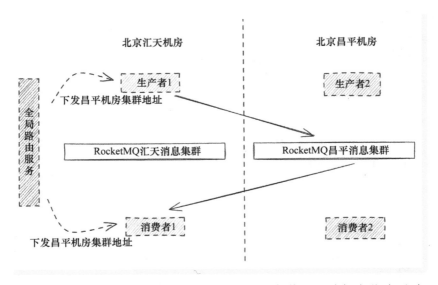

● 图 16-11　基于全局路由的同城双活部署架构——单机房故障同时
切换生产者和消费者集群处理示意

▶▶ 16.3.4　基于自定义负载均衡策略的同城双活部署架构

基于全局路由的同城双活部署策略的优点是非常灵活，想切换就切换，能手动能自动。但其对于架构的改造成本较高，首先需要开发一个全局路由的服务，其次所有使用 RocketMQ 服务都需要接入路由服务，当路由服务下发一个新的集群地址时需要动态地创建出该集群下的消费者、生产者实例。

这个方案是基于 RocketMQ 内置支持的自定义负载均衡策略。前面提到过生产者和消费者是怎样进行负载均衡的，默认情况下两者都是使用平均的策略做负载均衡。但是 RocketMQ 也支持用户实现自定义的负载均衡策略，以满足不同场景的需求。生产者则依靠自定义的 MessageQueueSelector，而消费者则依靠自定义的 AllocateMessageQueueStrategy。有了这两个利器，实际上就可以完成就近接入、自产自销的目标。

首先按照简单的同城双活部署架构那样的手段，把两个机房的集群混合部署成一个大集群。这样对于生产者和消费者而言，两个机房的集群都是"可见"的。至于如何做到就近接入，则是通过自定义负载均衡策略实现的。

先介绍生产者要做什么事情。在生产者生产消息前，会在客户端进行一轮负载均衡的选择，选择的对象是所有这个主题下的队列，最后选择的结果就是这些队列中的一条。假设现有一个主题叫作 TOPIC-A，在两个机房都有 4 个队列，那么在负载均衡的时候，就需要在这 8

个队列中选出一条作为目标进行消息的生产。开发者可以实现下面这样的负载均衡策略。

1）首先对所有队列进行分组，分组的标准就是以机房的维度分。在本章的例子中，队列最多分成两组：昌平机房的一组、汇天机房的一组。

2）判断是否有与本生产者实例处在一个机房的分组。如果有，那么后续就只用这个分组的队列作为选择的对象；如果没有，证明属于同机房的 Broker 集群已经发生故障了，或者根本就没有部署，则所有的队列可以作为选择的对象。

3）对选择的对象进行随机策略，最终选择出一个队列进行发送。

这样如果汇天机房和昌平机房都存活，那么汇天机房的生产者就只会在汇天机房的 4 个队列中进行平均发送消息，昌平机房的生产者也只会在昌平机房的 4 个队列平均发送消息。这样就实现了就近生产的子目标。

这个 selector 的代码实现上也比较简单，以下是一个样例，读者可以参考一下。

```
public class MachineRoomSelector implements MessageQueueSelector {
    private Random random = new Random(System.currentTimeMillis());
    // 这里假设已知本实例是在汇天机房
    // 实际上这里可以从配置文件取或者从 IP 中解析
    private String myMachineRoom = "HT";

    @Override
    public MessageQueue select(List<MessageQueue> mqs, Message msg, Object arg) {
        // 先按照机房分组
        Map<String/* machine room */, List<MessageQueue>> mr2Mq = new TreeMap<String,
List<MessageQueue>>();
        for (MessageQueue mq : mqs) {
            // 假设 Broker 的名字都是以 IDC 名称开头命名的, 例如 CP-Broker, HT-Broker
            String brokerMachineRoom = mq.getBrokerName().split("-")[0];
            if (StringUtils.isNoneEmpty(brokerMachineRoom)) {
                if (mr2Mq.get(brokerMachineRoom) == null) {
                    mr2Mq.put(brokerMachineRoom, new ArrayList<MessageQueue>());
                }
                mr2Mq.get(brokerMachineRoom).add(mq);
            } else {
                throw new IllegalArgumentException("Machine room is null for mq " + mq);
            }
        }

        List<MessageQueue> nearMQs = mr2Mq.get(myMachineRoom);

        // 没有本机房的队列就随机挑一条
        if (nearMQs == null) {
            int value = random.nextInt(mqs.size());
```

```
        return mqs.get(value);
    } else { // 有本机房的队列,就只在本机房随机挑一条
        int value = random.nextInt(nearMQs.size());
        return nearMQs.get(value);
    }
    }
}
```

解决完生产者的就近生产问题,接下来解决消费者就近接入的问题。消费者具体分配哪些队列是由 AllocateMessageQueueStrategy 的具体实现决定的,在新建消费者实例的时候就可以指定。而 RocketMQ 为双机房就近消费的场景提供了一个内置的策略:AllocateMachineRoom-Nearby,这个策略是笔者贡献给开源社区的。其思路和前文讲到的生产者就近接入的思路是一致的。

1)首先对待分配的所有队列进行分组,分组的标准就是以机房的维度分。对应本文的例子则应该会最多分成两组:昌平机房的一组、汇天机房的一组。

2)判断是否有与消费者实例处在同一个机房的分组。如果有,那么后续就只用这个分组的队列作为分配的对象;如果没有,证明属于同机房的 Broker 集群已经发生故障了,或者根本就没有部署,那么所有的队列可以作为选择的对象。

3)对选择的对象进行平均分配的策略,最终计算出对应数量的队列进行消费。

4)对于剩下的队列,如果还有未分配的队列,证明那个机房的消费者可能全部挂了或者没有部署,那么这种情况需要把这些队列也分配给别的机房消费者。

因为相关逻辑已经内置在 RocketMQ 客户端了,所以用户不用关心相关的实现代码,需要使用的时候调用 setAllocateMessageQueueStrategy,设置一个 AllocateMachineRoomNearby 实例进去即可。但这里需要注意的是创建 AllocateMachineRoomNearby 是需要一个 MachineRoomResolver 的实例的,MachineRoomResolver 的作用很简单,就是用来告诉 RocketMQ 消费者在哪个机房、队列在哪个机房。以下是一个使用的例子。

```
DefaultMQPushConsumer consumer = new DefaultMQPushConsumer("MyConsumer");

// 创建一个 MachineRoomResolver 实例,假设 clientId 和队列的命名都是以 IDC 命名开头
// 假设消费者 ID 的命名是:HT-CID-1、HT-CID-2、CP-CID-1、CP-CID-2
// 假设 Broker 的命名是 HT-broker-1,CP-broker-1
AllocateMachineRoomNearby.MachineRoomResolver machineRoomResolver =   new Allocate-
MachineRoomNearby.MachineRoomResolver() {
    @Override public String brokerDeployIn(MessageQueue messageQueue) {
        return messageQueue.getBrokerName().split("-")[0];
    }
```

```
@Override public String consumerDeployIn(String clientID) {
    return clientID.split("-")[0];
}
};
```

基于上面的 MachineRoomResolver 实例，创建一个 AllocateMachineRoomNearby 实例，并使用其作为消费者负载均衡策略。

```
AllocateMessageQueueStrategy allocateMessageQueueStrategy = new AllocateMachineRoom-
Nearby(new AllocateMessageQueueAveragely(), machineRoomResolver);
consumer.setAllocateMessageQueueStrategy(allocateMessageQueueStrategy);
```

基于这样的策略，架构师就可以实现消费者的单边就近接入了。也就是说如果汇天机房的 Broker 集群和消费者在线，无论汇天机房的消费者数量和队列的数量是多少，都会在同一个机房内部分配完，如图 16-12 所示。

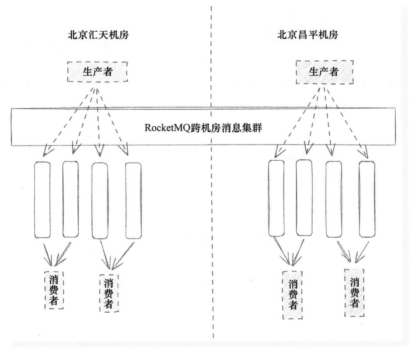

● 图 16-12 双机房部署就近接入示意

如果汇天机房的 MQ 集群出现故障，那么就会出现下面这样的分配情况，如图 16-13 所示。

如果汇天机房的全部消费者不在线，那么汇天机房的队列也会分给昌平机房的消费者，如图 16-14 所示。

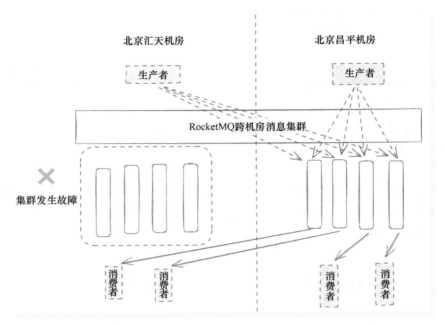

● 图 16-13 双机房部署就近接入——单机房消息集群故障示意

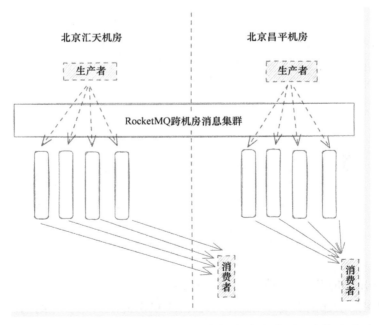

● 图 16-14 双机房部署就近接入——单机房消息集群+消费者故障示意

依赖这样简单的自定义策略，开发者便可以实现就近生产和就近消费，同时任意一个机房的集群出现故障，另外一个机房的集群也能接替这样的双活架构。

16.4　本章小结

本章介绍了一个较为高级的双机房架构的话题，从最简单的双机房分别部署 RocketMQ 架构讲起，随后又讨论了如何跨机房提高可靠性的同城双机房高可靠的 RocketMQ 部署架构。为了解决写高可靠的问题，又介绍了同城双机房的 RocketMQ 部署架构（写高可靠）。

为了进一步提高可靠性，还讨论了 RocketMQ 的双活架构。这里也有简单的同城双活部署的架构，即把两个集群部署成一个大集群的方案。但是消息集群的双活要解决的最大难点在于就近接入、自产自销。所以又介绍了两个能解决此问题的双活部署架构，一个是基于全局路由的方案，另一个是基于自定义负载均衡策略的方案。相信本章的内容能让架构师结合自身业务情况，设计出更合适自身业务特点的消息架构。

16.5　思考题

本章所讨论的方案聚焦在 Broker 层面上的高可用，那么 Name Server 应该如何解决双机房的高可靠问题呢？

思考题参考答案

第 1 章思考题参考答案

思考题一：一个消息中间件或者互联网后台系统要做好最终一致性，需要做许多工作。这其中故意没有指出都有哪些工作。不知道读者是否了解这其中消息中间件和应用程序的哪些环节是可能会因处理不当而导致事务无法最终一致性的呢？

答：场景的异常如下所示。

1）生产者发送消息的过程中可能因为网络故障而无法发送成功。

2）消息中间件处理消息成功了，但是在存储上发生问题导致消息丢失。

3）消息中间件投递消息给消费者的过程中，因为如网络故障、消费者程序错误等导致消息没有接收到或者接收到了没有消费成功。

思考题二：本章我们提到阿里巴巴当时随着淘宝的业务发展，急需一个具有堆积能力良好的消息中间件。那么为什么在互联网场景下，堆积能力是一个很重要的特性呢？

答：主要原因是互联网业务具有流量突增的特性。一个业务流量的高峰和低峰的差距极大，例如双十一整点可能瞬间产生几十亿条消息，而没有活动的时候，则只是几万条。用户的流量我们是无法拒绝的，否则就会影响业务的发展，同时背后业务系统的处理能力通常也是有限的。这样一来，突如其来的流量洪峰压到处理能力一般或者容量不足的下游系统，就极可能出现雪崩，这时候就需要有一个缓存的消息中间件做削峰填谷的处理。消息生产的速度减去消息处理的速度就是消息堆积的速度。如果这个时间持续很久，消息堆积的量就会很大。而消息中间件本身的处理能力也是有上限的，通常情况下堆积就意味着负担。所以消息中间件能处理更大的堆积量，意味着能帮助业务抗住更久的洪峰，这在快速发展的互联网业务中显得异常重要。

思考题三：要实现顺序消息，无论是消息生产还是消息消费，在实际使用上都有约束。

在消息消费方面，本章提到了要用顺序消费的回调去消费消息，那么对于消息顺序生产，要怎样实现消息顺序投递到同一个队列呢？例如现在订单消息里有创建、支付、发货三个消息需要顺序执行，具体要怎样投递？

答：在分布式环境下要保证时序是很困难的。所以最有效的手段是需要把三个投递消息的动作放在同一个服务内。然后在同一个服务内使用单线程的手段顺序性地发送创建、支付、发货三个消息。发送的过程使用同步发送的模型，这样前一个消息已经被收到后，再发送后面的消息，以保证发送的时间是顺序的。最后，要保证三者能一定投递到一个队列，我们可以使用 selecor 的回调，用订单号做一定的散列，以求出一个一样的队列号进行发送。总的来说，就是以下三个手段。

1）让发送动作固定到某个进程内。

2）发送消息使用同步发送，且在同一个线程中顺序发送。

3）发送消息使用某业务标识进行 selector 散列，散列到同一个队列号中。

第 2 章思考题参考答案

思考题：消息发送失败时，如果采取重试的方式，是否会带来重复消息的问题？如果有，应该怎样避免其影响？

答：消息发送重试很可能会带来消息的重复。所有的消费者应该幂等地处理好重复消息。此部分内容可以参考第 13 章的内容。

第 3 章思考题参考答案

思考题：Push 并发消费的时候，会有线程池进行多个消息的消费。如果有位点 1~5 的 5 条消息拉取下来，其中位点等于 3 的消息消费失败了，其他都成功了。那么这时候 RocketMQ 应该怎样提交位点呢？

答：因为 RocketMQ 是按位点提交消费结果的。如果这时候提交位点值是 5 的话，那么位点等于 3 的消息相当于就丢失了，因为这条消息并没有被成功消费过一次。但是如果不提交，可能会有另外两个问题：一是消息一直停滞不前，无法继续消费后面的消息；二是消息继续消费，但是等服务重启的时候，Broker 会把位点 1 以后的消息全部重复投递一遍。要解决这个问题，RocketMQ 会先把位点值是 3 的这条消费失败的消息重发给 RocketMQ，而后提交位点值 5。重发的消息会被 RocketMQ 重新投递一遍。

第 4 章思考题参考答案

思考题一：在生产环境迁移的过程中，可以在原有的 Name Server 集群中新增一套独立的

Broker 集群来实现无缝迁移。但这个过程可能是有风险的，例如流量一过来发现有些消费者没启动成功等，这时候成熟的公司会要求这个过程能实现灰度，请问如果要逐步放量的话，该如何实现？

答：最简单的一个方式是控制主题的队列数量。例如原集群的某主题 A 下有 9 个队列，在创建这个 A 到新集群的时候，只配置 1 个写队列，那么对于整个大集群而言，就只会有 10% 的写流量进到新集群中，当继续扩大写队列到 2 个的时候，就会有 18%（2/11）的流量进入，从而起到灰度放量的目的，读流量同理。

思考题二：在同城灾备模式中，由于 Name Server 和 Broker 都是跨机房部署的，这对于生产者和消费者而言，在逻辑上都是同一套大集群。这可能会导致 50% 的请求是跨机房访问的。能否在维持相同可用性的前提下解决此问题呢，即在不出现灾难的情况下，尽可能让读写请求都闭环在本机房？

答：大体方向是生产者通过修改 selector 回调实现消息的就近生产；而消费者则使用自定义的负载均衡策略来实现优先获取就近的队列。此方案在第 16 章中有详细讨论，读者可阅读对应章节的内容获得答案。

第 5 章思考题参考答案

思考题一：长轮询需要设置一个较长的超时时间，为什么不干脆设置无限长的超时时间让服务端只是有数据的时候才返回呢？这样不是更能减少做数据请求的无用功吗？读者可以脱离 RocketMQ 甚至消息中间件的领域去思考本问题。

答：主要原因是网络传输层走的是 TCP 协议，TCP 协议是可靠面向连接的协议，通过三次握手建立连接。但建立的连接是虚拟的，可能存在某段时间网络不通、服务端程序非正常关闭、fullgc 等问题，面对这些情况，客户端实际上不知道服务端此时已经不能返回数据，仅仅依靠 TCP 层的心跳保活很难确保可用性，所以设置一定的超时时间是有必要的。同时，很多业务场景客户端可能需要实时修改请求的内容，例如消息中间件的场景订阅关系、拉取参数已经修改了，在配置中心的场景用户需要新增配置的监听，在这两个场景下长轮询可能都已经发出去了，如果一直没有消息又不设置超时时间，这个新的拉取请求就没有机会及时发送出去了。

思考题二：消息消费失败的时候会发送到消费者组独立的重试主题中，那么为什么需要每个消费者组独立创建重试主题呢？全局共用一个重试主题可否？

答：因为消息是否消费失败是属于某个消费者组自有的状态，而不是主题级别的状态，因为一个主题实际上是可以被多个消费者组公共消费的——例如被 A、B 两个消费者组共同订阅。例如消费者组 A 消费某个消息失败了，B 消费是成功的，如果我们公用了一个重试主题，那么 B 也会收到一个重新消费的消息，所以这个主题必须是和消费者组维度绑定的。死信主题也是一样的道理，某个消息不断重试也无法成功，我们需要知道是哪个消费者组有这样的状态表现，以便最后人工干预的时候，把消息重发到哪个消费者组消费。

第 6 章思考题参考答案

思考题一：在默认的客户端负载均衡策略（平均分配）下，当消费者实例、队列数量发生变化的时候，会发生大规模的重排现象，这个重排现象背后会对业务带来什么影响呢？

答：最显著的影响就是出现大量的消息重复。原因是 RocketMQ 的消息持久化是异步的方式去持久化的（集群模式下是持久化到 Broker）。这个时间可能已经消费了大量的消息，在没有持久化的时候，如果发生大规模的重排现象，重排完成后的第一件事是判断应该从哪个 offset 开始拉取消息，而由于最新的进度并没有持久化，这时候判断的拉取 offset 就是一个更老的 offset，所以一些已经被消费过的消息仍然会被拉取下来进行消费。在默认的负载均衡策略下，如果消息的并发量很高，一个显著的现象就是有很多已经消费过的消息仍然会再次被投递进行消费，所以开发者一定要做好消息的幂等处理。

思考题二：广播消费者有消费进度的持久化处理，但广播消息的消费逻辑有时候是带时效性的。如果一个消费者中途宕机后很久才重新启动，可能会导致大量超过时效的消息会重新消费，这时候怎样避免消费到超过时效的消息呢？

答：RocketMQ 不支持按照时间做过滤，我们可以考虑在消费逻辑中通过消息的创建时间做客户端过滤，以达到快速抛弃过期消息的效果。

第 7 章思考题参考答案

思考题：一个消息的写入，除了写入消息本身的 CommitLog 文件外，还需要写 Consume-Queue 文件和 IndexFile 文件，如果后面两文件写入失败了会怎样？读者觉得可以怎样处理？

答：问题不大。从设计上，RocketMQ 的 commitLog 拥有所有必须完整的消息。RocketMQ 有一条线程会不断从 CommitLog 中做 doReput 操作，其工作内容就是根据 CommitLog 中的内容去分发构建出 ConsumeQueue 和 IndexFile 文件。所以即使没有及时写入成功，只要 CommitLog 存在 RocketMQ 就有能力把该存储的 ConsumeQueue、IndexFile 文件对应的项目写入成功。甚至把 RocketMQ 的 ConsumeQueue 文件删除了，RocketMQ 都能把它重新构建出来。

第 8 章思考题参考答案

思考题：RocketMQ 强同步策略采取的是同步双写。对比其他消息中间件或者数据库等产品，有哪些是采取类似的策略，又有哪些是采取不一样的策略？

答：RocketMQ 的同步双写策略有点像 MySQL 的版同步策略。而类似 Kafka 的强同步策略则需要全部副本写入才算成功。

第 9 章思考题参考答案

思考题：RocketMQ 标签不支持多个标签，原因是需要通过 hash 值去比较，如果支持多标签，那么这个 hash 值就无从比较了。但是换一个角度，如果直接存储标签的值，不就可以支持多标签的消息了吗，为什么还要绕一圈选择 Tag 的 hash 值做存储呢？

答：RocketMQ 的标签存储在 ConsumeQueue 文件中，此文件作为一个索引文件，需要支持快速检索，所以文件中的每个消息的索引都要求定长存储。如果直接存储标签值，则没办法保证定长存储，所以存储 hash 值可以认为是一个妥协性设计。

第 10 章思考题参考答案

思考题：RocketMQ 的顺序消息有分区热点的问题。如果某直播系统需要利用顺序消息，可以采取直播间房间号作为散列的依据。正常情况下没有问题，一旦遇到热门的大 V 直播间，就可能造成单一队列热点，业务逻辑该怎样处理这种情况？

答：一般而言，要解决热点问题，思路是尽可能避免热点。假设我们要处理直播间带货的订单消息，因为订单的创建、支付、退货需要顺序处理，所以可能会把这个直播间的消息散列到一个分区中。这样必然就会导致大 V 直播间出现热点。我们可以在房间号的基础上加上二级的分区标准，例如购买者的用户 ID，那么就变成了 roomId+userId 二维去决定一个分区，这样就可以尽可能避免热点的问题。还有一种思路就是，想办法在一开始就把一个大的房间号逻辑拆分成 N 个子房间号（例如房间 id 是 1001，拆分成 3 个子房间，则可以是 1001_0、1001_1、1001_2），然后在发送顺序消息之前，先把同一批的消息散列到同一个子房间号中，从而把一个大热点逻辑拆成多个小热点。

第 11 章思考题参考答案

思考题一：结合自身经历，读者参与的项目中遇到了哪些分布式事务的难题，项目的原作者都是怎样解决的？采用的是本章介绍的方法之一吗？

答：略

思考题二：事务消息回查的时候，半消息的状态有些是确认/回滚，有些是未确认的，虽然通过 OP 主题可以知道每个消息的处理状态，但是 CID_RMQ_SYS_TRANS 的消费进度，RocketMQ 是怎样的呢？例如一瞬间来了 1000 条半消息，假设 offset 是 1~1000。很快 2~1000 的半消息都提交了，因为进度 1 的消息未确认，那么 CID_RMQ_SYS_TRANS 很可能就停在了

1，这个进度一直卡住了，读者觉得 RocketMQ 可以怎样处理这个问题呢？

答：在事务回查时，如果 Broker 发现某消息是未知状态的，它把这条消息再追回写入事务主题的队列中，然后继续下一条消息处理。回查的进度一直往后处理，等遇到刚才重新追加的事务消息时，再从 op 队列里检查是否已经处理过了，如果还没有会继续重复这个动作，直到达到事务回查的最大次数。达到最大次数的那条事务消息会被丢弃。

第 12 章思考题参考答案

思考题：如果使用逼近法实现定时消息的服务，在实践的过程中需要注意哪些方面呢？

答：需要避免距离当前时间很远的定时消息。因为 RocketMQ 的延迟级别是有限的，每个级别都需要一个额外的队列存储和维护定时任务。如果存在非常远的定时消息，那么就可能导致需要非常多的延迟级别，这会影响整个 RocketMQ 延迟消息的调度性能。另外一个方面是需要特别关注消息堆积、异常恢复所导致的调度延迟问题。

第 13 章思考题参考答案

思考题：实际上无锁的消息表方案有一个最简单的方案，也是很多系统使用的方案——消费前插入一张消息表，如果消息表存在，就认为消息重复，如果消息表不存在，就正常消费。这样的方案会带来什么问题？

答：容易造成消息丢失。有一种最可能的情况，当一条消息接收到的时候，插入到消息表中。这时候消费的逻辑需要 3s，在第 2s 的时候发生了重启（如发版升级），那么对于 RocketMQ 来说，因为业务回调没有执行完，消费位点是没有提交的。所以 Broker 会尝试重新投递这条消息，这是为了保证消息不丢失。但是因为消息已经插入到消息表了，按照无锁消息表的方案，这时候会被认定消息已经被消费过了就直接抛弃，导致这条消息被 "过度幂等" 而丢失了。

第 14 章思考题参考答案

思考题：读者过去是否遇到过本章中提到的消息丢失的问题，当时是通过什么途径发现原因不是主题没有创建而是连接错了 Name Server 地址导致的？

答：略。

第 15 章思考题参考答案

思考题：数据热点可能会导致消息堆积。以直播间为例，程序为了加速一些消费的逻辑做了大量的本地缓存处理。例如直播间的基本信息等都在本地缓存中，为了增加本地缓存的命中率，现在确实需要对房间进行一定的分区处理，让它能进到同一个机器中命中本地缓存。但是这在大房间的情况下，又会导致严重的数据倾斜。如果想要兼容这两者，该如何取舍设计 selector 的逻辑呢？

答：可以考虑针对某些热房间做分片处理。例如总共有 10 条队列。默认情况下我们可能会直接用 roomId % 10 计算出该分配给哪个队列（如 roomId = 1000 应该分配给队列 0）。这时候可以让 1000 这个房间拥有 5 个子分片，即 1000_0、1000_1、1000_2、1000_3、1000_4。每当有消息过来的时候，可以先求一个 0~4 的随机数，从而得到对应的分片号。最后拿这个分片号来散列出对应的队列号（如对分片号求 MD5 后，对 10 取模）。这样一个大房间的热点就会被均匀打散到 5 个队列中，从而让消息最多可以被 5 个消费者消费，而且能命中其中的本地缓存。

第 16 章思考题参考答案

思考题：本章所讨论的方案聚焦在 Broker 层面上的高可用，那么 Name Server 应该如何解决双机房的高可靠问题呢？

答：在不考虑 Name Server 就近接入的情况下，可以考虑把 Name Server 进行跨机房部署。如果希望 Name Server 能就近接入本机房的机器，可以借助 HTTP 寻址的方式进行下发，在 A 机房则只下发 A 机房对应的机器列表，而在 B 机房则只下发 B 机房对应的机器列表。